Power BI 数据分析
与可视化实战

▷ Excel Home ◎编著 ◁

北京大学出版社
PEKING UNIVERSITY PRESS

内 容 提 要

本书从Power BI概述及对Power BI进行基本操作讲起，逐步展开，依次讲解输入和连接数据、数据的清洗和整理、管理行列数据、建立数据分析模型、创建与修饰可视化报表、数据可视化报表高阶应用、常用视觉对象类型、Power BI在线服务、Power BI实战演练等，形成了一套结构清晰、内容丰富的Power BI知识体系。

通过对本书的学习，读者可以从烦琐的数据处理和报表编制中解脱，快速从海量数据中抽取关键信息并制作令人惊艳的交互式商业报告，此外，还可以将报告通过PPT或网络与他人分享，实现自我价值的提高，为企业决策提供助力。

本书面向有一定Excel使用经验，需要进一步提升数据分析能力与数据可视化能力的信息工作者。无论是Power BI的初学者、中高级用户，还是IT技术人员，或者是在校学生，都将从本书中找到值得学习的内容。

图书在版编目(CIP)数据

Power BI数据分析与可视化实战 / Excel Home编著. — 北京 ： 北京大学出版社，2022.11
ISBN 978-7-301-33356-3

Ⅰ. ①P… Ⅱ. ①E… Ⅲ. ①可视化软件—数据分析 Ⅳ. ①TP317.3

中国版本图书馆CIP数据核字(2022)第170116号

书 名	Power BI数据分析与可视化实战
	POWER BI SHUJU FENXI YU KESHIHUA SHIZHAN
著作责任者	Excel Home 编著
责 任 编 辑	王继伟　滕柏文
标 准 书 号	ISBN 978-7-301-33356-3
出 版 发 行	北京大学出版社
地　　　址	北京市海淀区成府路205号　100871
网　　　址	http://www. pup. cn　新浪微博: @ 北京大学出版社
电 子 信 箱	编辑部 pup7@pup. cn　总编室 zpup@pup. cn
电　　　话	邮购部 010-62752015　发行部 010-62750672　编辑部 010-62570390
印 刷 者	北京宏伟双华印刷有限公司
经 销 者	新华书店
	787毫米×1092毫米　16开本　23.75印张　625千字
	2022年11月第1版　2024年7月第4次印刷
印　　　数	10001—13000册
定　　　价	128.00元

推 荐 序

非常感谢 Excel Home 站长周庆麟老师邀请我为本书作序！

这是 Excel Home 的又一本 Power BI 大作。学习 Power BI 的人，大部分学习过 Excel，相信很多人在学习 Excel 的过程中，因为看了 Excel Home 的众多学习资料而受益匪浅。Excel Home 的图书，从未让人失望过！

不知不觉间，Power BI 产品推出已经 7 年了，在这 7 年中，越来越多的人开始了解、学习 Power BI，并从中受益。作为 BI 市场的佼佼者，Power BI 易学易用的特点让它受到了越来越多数据分析人员的青睐，不管是在外企、国企，还是在私企，都有越来越多的用户开始学习使用 Power BI。有人预测，未来的电脑上都会预装微软 Power BI，就像今天的电脑上都会预装 Excel 一样。

如果你还未开始学习 Power BI，可以从本书学起。本书从数据获取、数据建模分析和数据可视化等几个方面，深入浅出地介绍了 Power BI 的各个功能模块，并通过实战案例，让用户快速理解知识点，并应用于实际工作中。本书用了大量篇幅，介绍如何将 Power BI 报表做得更美观、易读，这是一大特色。

本书的编著者赵保恒老师是业内资深的 Power BI 从业者，对 Power BI 有着非常深厚的了解和见解，在他的课程中，我也学到了很多。本书的另一位编著者赵文妍老师有着丰富的图书编写经验、极深的文字功底，通过她的加工，这本书更加通俗易懂。希望本书的读者能坚持学习 Power BI，并尽快将各种技巧应用在工作中，相信 Power BI 一定能帮助您获得工作上的提升！

借此机会，再次感谢周庆麟老师一直以来对我的帮助和支持！周老师是微软中国第一位 MVP（全球最有价值专家），在技术的道路上坚持精进二十余年，是非常令人敬佩的！周老师是我的偶像、老师、兄长，感谢周老师长期以来给予我的无私支持和帮助！

祝本书早日上市，也祝 Excel Home 越来越好！

赵文超
微软 Power BI MVP
Power Pivot 工坊创始人
敏捷艾科数据技术有限公司总经理

前　言

INTRODUCTION

非常感谢您选择《Power BI 数据分析与可视化实战》这本书。

在大数据热潮中，各种数据分析与可视化工具层出不穷，微软公司出品的 Power BI 后来者居上，目前在同类软件市场中所占份额已遥遥领先。Power BI 延续了微软软件的一贯风格，上手容易，功能强大，而且可以与微软公司的 Excel 软件无缝协作，成为许多数据工作者首选的数据分析与可视化工具。

本书由 Excel Home 技术专家精心编写，是一部 Power BI 从基础入门到实战演练的技术教程，全书共 13 章，完整、详尽地介绍了 Power BI 的功能技术特点，并设计了案例实战演练。

本书从 Power BI 概述及对 Power BI 进行基本操作讲起，逐步展开，依次讲解输入和连接数据、数据的清洗和整理、管理行列数据、建立数据分析模型、创建与修饰可视化报表、数据可视化报表高阶应用、常用视觉对象类型、Power BI 在线服务、Power BI 实战演练等，形成了一套结构清晰、内容丰富的 Power BI 知识体系。

本书作者不但精通数据分析，有大量企业实战案例的操刀经验，也有平面设计的相关工作经验，因此，关于如何将可视化报表设计得更加美观与合理，也是本书的特色内容之一。

本书采用循序渐进的方式，由易到难地讲解各个知识点，除了对原理进行介绍、对操作方法进行基础性讲解，还配有大量典型案例，帮助读者加深理解。阅读本书的过程中，读者甚至可以在自己的实际工作中直接进行借鉴。

本书读者对象

本书面向有一定 Excel 使用经验，需要进一步提升数据分析能力与数据可视化能力的信息工作者。无论是 Power BI 的初学者、中高级用户，还是 IT 技术人员，或者是在校学生，都将从本书中找到值得学习的内容。

本书约定

在正式开始阅读本书之前，建议读者用几分钟时间，了解一下本书在组织和编写时使用的一些惯例，这会对您的阅读有很大的帮助。

- **软件版本**

本书的写作基于安装在中文版 Windows 10 上的中文版 Power BI Desktop。

微软公司出品的 Power BI 升级迭代的速度非常快，几乎每个月都发布更新，但核心功能始终稳定。本书在写作过程中数次更新，使用最新版本的 Power BI 介绍其功能，建议读者直接安装最新版本的 Power BI 进行学习和实战演练。

需要说明的是，在 Power BI Desktop 中，设置报表对象中数字的数值格式时，可选的选项比较有限，英文版仅提供了数字单位 Thousands、Millions、Billions、Trillions，中文版仅提供了与英文版对应的数字单位（千、百万、十亿、万亿），且不支持自定义，亦不支持添加数量单位。因此，有时报表对象（比如卡片图）中显示的数值可能不太符合中文表达习惯。

- 鼠标指令

本书中介绍鼠标操作的时候都使用标准方法——"指向""单击""右击""拖动""双击""选中"等，读者可以清楚地知道它们所表示的意思。

- 键盘指令

当读者见到类似 <Ctrl+F3> 这样的键盘指令时，需要同时按下 <Ctrl> 键和 <F3> 键。

书中的 <Win> 表示 <Windows> 键，即键盘上画着 ▦ 的键。

此外，本书中还会出现一些特殊的键盘指令，表示方法相同，但操作方法略有差别。相关内容会在相应的章节中进行详细说明。

- DAX 函数与语法

本书中涉及的 DAX 函数将全部使用英文大写字母，比如 DISTINCTCOUNT 函数，用于计算一个数字列中不同单元的数目。

DISTINCTCOUNT 函数的语法如下：

DISTINCTCOUNT(<column>)。

- 图标

注意	表示此部分内容非常重要或者需要引起重视
提示	表示此部分内容属于经验之谈，或者是某方面的技巧
深入了解	为需要深入掌握某项技术细节的用户所准备的内容
视频	表示此部分内容有视频教程，可下载观看

本书结构

本书包括 13 章内容。

第 1 章　Power BI 概述

主要介绍 Power BI 软件的功能与特点、Power BI 系列组件、Power BI 软件的下载与安装、Power BI 免费用户注册方法、认识 Power BI 的工作界面等。

第 2 章　快速理解 Power BI 数据分析可视化流程

通过一个简单案例，实现使用 Power BI 获取数据源、数据清洗与整理、创建表与表之间的关系、创建度量值、制作数据可视化报表、嵌入 PPT 实现数据联动效果等整套 Power BI 数据分析可视化流程。

第 3 章　Power BI 基本操作

主要介绍报表的创建、保存、关闭、打开等基本操作，报表页的创建、设置、复制、移动、删除、重命名、显示、隐藏等基本操作，以及创建针对手机应用的报表的基本操作。

第 4 章　输入和连接数据

主要介绍 Power BI 的常用数据类型、在 Power BI 中输入和编辑数据的方法、Power BI 中的数据连接与导入方法、将 Excel 工作簿导入 Power BI 的方法，以及连接其他类型的文件数据，如 Web 数据、文本文件数据、数据库数据、从网页中采集的数据等的操作。

第 5 章　整理和清洗数据

主要介绍 Power Query 编辑器和工作界面，涉及在 Power Query 编辑器中整理查询表，删除错误值、重复项、文本中的空格与不可见字符，替换数据值和错误值等不规范数据等操作。

第 6 章　管理行列数据

主要介绍在 Power BI 中转置行列数据、删除行与保留行、排序行与筛选行、移动列与删除列、添加列数据、从列中提取信息、合并列与拆分列、汇总行列数据、合并与追加查询数据、二维表与一维表的相互转换等操作。

第 7 章　建立数据分析模型

主要介绍数据与模型模块视图，以及创建和管理数据关系、了解与应用 DAX 函数、新建快速度量值等分析数据时的常见操作。

第 8 章　创建数据可视化报表

主要介绍创建 Power BI 报表的基本操作，包括在报表中添加筛选器、在报表中插入文本框和形状、在报表中添加按钮和书签、书签的常见应用、编辑交互报表、深化和钻取视觉对象、导出用于报表视觉对象的数据等。

第 9 章　修饰数据可视化报表

主要介绍自定义报表主题颜色、设置报表页面大小和背景、编辑视觉对象、设置自定义视觉对象的格式，以及对齐、锁定报表中的视觉对象，对报表中的视觉对象进行分组等操作。

第 10 章　数据可视化报表设计高级知识

主要介绍 Power BI 报表的结构与布局，色彩三要素、配色技巧、四大设计原则在 Power BI 报表设计中的高级应用等知识。

第 11 章　常用视觉对象的类型及高端数据分析工具的使用方法

主要介绍 Power BI 常用视觉对象的类型，以及对柱形图、条形图、折线图、散点图、瀑布图、丝带图、KPI、组合图等视觉对象的应用。此外，还介绍了如何使用组功能让图表更美观，如何使用折线图进行销售预测分析，如何高亮显示特定期间数据，如何巧用工具提示功能等实操技巧。

第 12 章　Power BI 服务

主要介绍报表的发布、了解 Power BI 服务界面、创建仪表板、制作和编辑仪表板、Power BI 在线版的协作和共享等内容。

第 13 章　Power BI 实战演练

通过导入数据、建立数据关系、新建表和度量值、制作导航按钮、实现报表的可视化效果及分享报表，完成一个综合案例实战。此外，还有使用 Power BI 完成财务数据报表分析可视化、使用 Power BI 完成人事信息报表分析可视化、使用 Power BI 完成制造业综合业务看板、使用

Power BI 完成销售业绩报表分析可视化等实战案例应用。

✎ 写作团队

本书知识与案例节选自 Excel Home 的"Power BI 实战数据分析可视化"课程，主讲人为赵保恒。

本书由赵保恒完成技术策划，由赵文妍和赵保恒共同编写，由周庆麟完成统稿。

长期以来，Excel Home 论坛管理团队和培训团队都是 Excel Home 图书的坚实后盾，他们是 Excel Home 中最可爱的人，在此，向这些最可爱的人表示由衷的感谢。

衷心感谢 Excel Home 论坛的五百万会员，是他们营造了热火朝天的学习氛围，并通过多年来不断的支持与分享，成就了今天的 Excel Home 系列图书。

衷心感谢 Excel Home 微博的所有粉丝和 Excel Home 微信公众号的所有关注者，那些"赞"和"转"，是我们不断前进的动力。

⚙ 后续服务

尽管在本书的编写过程中，每位团队成员都未敢稍有疏虞，但纰缪和不足之处仍在所难免，敬请读者提出宝贵的意见和建议，您的反馈将是我们继续努力的动力，本书的后继版本也将更臻完善。

在阅读本书的过程中，您可以访问 Excel Home 论坛，我们开设了专门的板块用于本书的讨论与交流；您也可以发送电子邮件到 book@excelhome.net，我们将尽力为您服务。

同时，欢迎您关注我们的官方微博（@ExcelHome）和微信公众号（Excel 之家 ExcelHome），这里每日更新很多优秀的学习资源和实用的 Office 使用技巧，与大家进行交流。

编者

《Power BI 数据分析与可视化实战》
配套学习资源获取说明

步骤 **1** ● 微信扫描下面的二维码，关注 Excel Home 官方微信公众号 或"博雅读书社"微信公众号。

步骤 **2** ● 进入公众号以后，输入关键词 "220916"，点击"发送"按钮。

步骤 **3** ● 根据公众号返回的提示，获得 本书配套视频、示例文件以及 其他赠送资源。

目　　录

CONTENTS

第 1 章

Power BI 概述

　　本章主要对 Power BI 这一商业数据分析和共享工具进行介绍，包括 Power BI 的构成、组件、安装方式、用户注册方式，以及 Power BI 的工作界面等相关知识。

　　通过本章的学习，用户可以了解 Power BI 的基本功能，为后续进一步掌握 Power BI 的应用技巧打下基础。

1.1 Power BI 简介

Power BI Desktop（Power Business Intelligence Desktop，商业智能分析桌面版软件），是微软官方于 2015 年推出的可视化数据探索和交互式报告工具。

值得一提的是，不管对于企业还是个人，这款产品都有丰富的应用场景，其处理数据的核心组件在 2013 版本之后的 Excel 中均已内嵌，或者说，Power BI 的功能本身就源自这些组件，它能够把相关的静态数据转换为相当酷炫的可视化报表，根据过滤条件对数据进行动态筛选，从不同角度和维度分析数据，并使用实时仪表板和报表让数据变得生动。

Power BI 主要由三部分组成：Power BI Desktop、Power BI Service 和 Power BI Mobile。Power BI Desktop 供报表开发者使用，用于创建数据模型和报表 UI；Power BI Service 是管理报表和用户权限，以及查看报表（Dashboard）的网页平台（Web Portal）；Power BI Mobile 主要用于移动端，可在 iOS、Android 及 Windows 手机上展现，这些系统的手机上都有对应的 APP 可以下载，如图 1-1 所示。

图 1-1　Power BI 应用端

如果想发布或存储报表到服务器端并分享给他人，需要根据情况选择服务端的产品。

目前，微软的 Power BI 有三种部署方式：Power BI Pro（微软云上的 SaaS 服务）、Power BI Premium（私有云）、Power BI Report Server（报表服务器）。

简言之，Power BI Desktop 是本地报表的编辑器，可以在本机编辑和预览报表，Power BI Pro、Power BI Premium、Power BI Report Server 是三种部署方式，前两种是云端部署，第三种是本地部署。

1.2 Power BI 的组件

Power BI 由四个部分组成，分别是 Power Query（数据获取和整理）、Power Pivot（数据建模和分析）、Power View（数据可视化）和 Power Map（地图增强版）。其中，Power Query 和 Power Pivot 均在 2013 版本后的 Excel 中内置，功能十分强大。

⟩ 1.2.1 ⟩ Power Query

Power Query 是一种数据连接技术，可用于发现、连接、合并和优化数据源，以满足分析需要，也可以说是一个 ETL 工具，用来处理数据。Power Query 支持的数据源十分丰富，包含各种主流数据库、Web、文件、主流数据平台、云服务等。在实际工作中，Power Query 针对各种主流数据源的优化和支持都十分不错。

Power BI 中的 Power Query 如图 1-2 所示。

Excel 中的 Power Query 如图 1-3 所示。

图 1-2　Power BI 中的 Power Query

图 1-3　Excel 中的 Power Query

Power Query 可以加载和转换数据，并且对数据进行预处理，例如，替换空值、新建列、表关联、表连接、创建表等。

Power Query 支持的数据源非常丰富，可整合包括内部数据和外部数据在内的超过 65 个数据源，如图 1-4 所示。

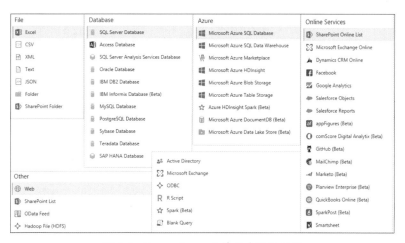

图 1-4　Power Query 支持的多种数据源

⟩ 1.2.2 ⟩ Power Pivot

Power Pivot 用于数据建模，它的核心是 DAX 引擎，用于建模和计算数据。

Power BI 中的 Power Pivot 如图 1-5 所示。

图 1-5　Power BI 中的 Power Pivot

Excel 中的 Power Pivot 如图 1-6 所示。

图 1-6　Excel 中的 Power Pivot

DAX 引擎可以处理各种计算结果，并且很容易入门。当然，想要正确、快速地计算复杂度量值，需要对 DAX 有深入的理解，并且需要掌握一些基础原理和函数。

1.2.3　Power View

Power View 最早是 Excel 中专门做图表展示的交互式图表工具，后被用于 Power BI，如图 1-7 所示。

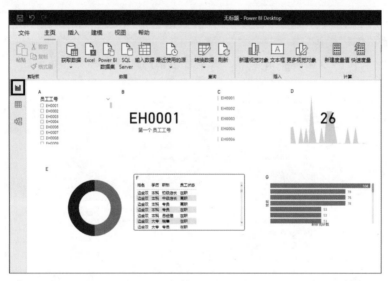

图 1-7　部分可视化对象

Power BI 的可视化对象支持自主开发，用户可以通过写代码构建一个可视化对象并打包，加载到报表中，绑定数据后展示。Power BI 的可视化对象可以打包后发布到网上公开的库或者组织的库中，供其他人下载。同样，用户也可以下载很多其他人开发的可视化对象。

1.2.4　Power Map

Power Map 是一种新的、3D 可视化的 Excel 地图插件，可以协助用户探索地理与时间维度上的数据变换，发现和分享新见解。

1.3　Power BI 安装

对于个人用户来说，下载 Power BI Desktop 即可。

登录 Microsoft Power BI 官方网站，下载 PBIDesktopSetup_x64.exe 安装文件，如果是 32 位系统，选择 32 位安装文件 PBIDesktopSetup.exe 即可。

提示 进入下载页面后，用户最好不要直接单击【免费下载】按钮，建议如图 1-8 所示，先单击【查看下载或语言选项】按钮，进入【选择语言】界面，选择【中文（简体）】选项，再单击【下载】按钮。

图 1-8　【中文（简体）】选项

下载完成后，安装步骤如下。

步骤 ① 双击安装文件，在弹出的【Microsoft Power BI Desktop（x64）安装程序】对话框中单击【下一步】按钮，如图 1-9 所示。

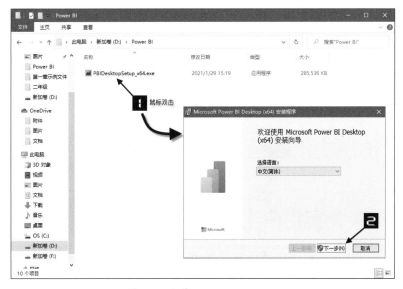

图 1-9　安装 Power BI Desktop

步骤 ② 在弹出的【Microsoft Power BI Desktop（x64）安装程序】对话框中单击【下一步】按钮，勾选【我接受许可协议中的条款】复选框，再单击【下一步】按钮，如图 1-10 所示。

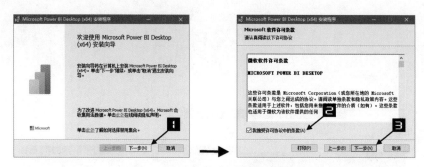

图 1-10　接受许可协议中的条款

步骤 ③　选择安装位置后，单击【下一步】按钮，默认保持勾选【创建桌面快捷键】复选框，单击【安装】按钮，如图 1-11 所示。

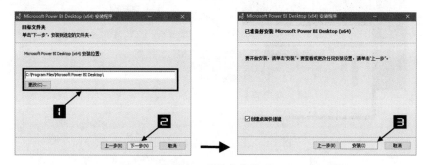

图 1-11　选择安装位置

步骤 ④　单击【完成】按钮，完成对软件的安装，如图 1-12 所示。

图 1-12　完成安装

1.4　Power BI 免费用户注册

Power BI 安装完成后，仅可以使用本地版功能，如果需要跨平台使用 Power BI 进行数据共享，必须进行注册，这里介绍一种简单的注册方法。

步骤 ①　打开浏览器，登录 Microsoft Power BI 官方网站，在网站界面中单击【开始免费使用】按钮，在弹出的界面左下角单击【注册】按钮，如图 1-13 所示。

步骤 ②　在弹出的【开始使用】对话框中输入电子邮件地址（需要输入正确的公司电子邮

件地址），单击【注册】按钮后，在弹出的【你的电子邮件地址是否是由公司提供】对话框中
单击【是】按钮，如图1-14所示。

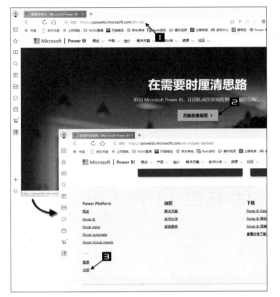

图1-13　登录官网并注册

图1-14　输入正确的电子邮件地址

步骤③ 在弹出的【创建你的账户】对话框中正确填写相关信息，并勾选对话框下方的同
意协议复选框，单击【开始】按钮，如图1-15所示。

步骤④ 在【邀请更多人】对话框中，可以邀请多个朋友进行数据的共享与讨论，这里单
击【跳过】按钮，如图1-16所示。

图1-15　创建你的账户

图1-16　邀请更多人

至此，完成注册，如图 1-17 所示。

图 1-17　完成用户注册

打开 Power BI Desktop，单击右上角的【登录】按钮，在弹出的【输入你的电子邮件地址】对话框中输入正确的邮件地址，单击【继续】按钮，在弹出的【登录到您的账户】对话框中单击自己的账户，如图 1-18 所示。

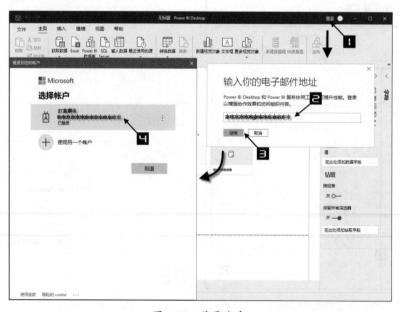

图 1-18　登录账户

界面右上角会出现用户的账户名称，如图 1-19 所示。

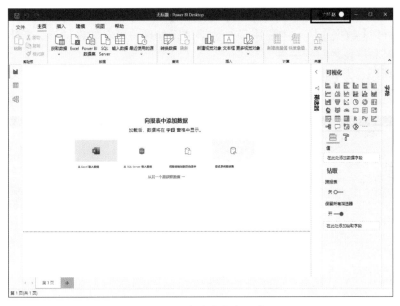

图 1-19　登录的账户名称

1.5　认识 Power BI 的工作界面

启动 Power BI Desktop，其工作界面非常简洁，与 Microsoft Office 的功能区界面风格一致，主要有功能区、画布区、图表类型、图表属性、数据字段等分区，如图 1-20 所示。

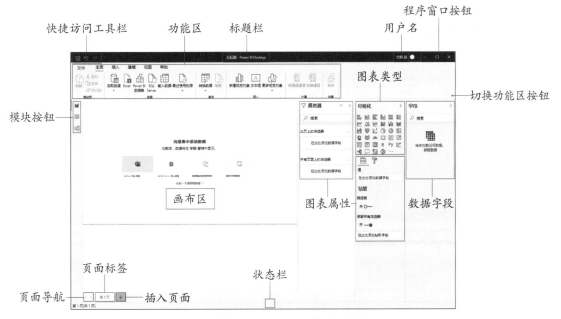

图 1-20　Power BI 主窗口界面

1.5.1 Power BI 的三大模块

Power BI 有三大模块，分别是【报表】【数据】和【模型】。其中，【报表】模块为可视化报表操作界面，【数据】模块主要用于对数据进行处理，可新建度量值、新建列等，【模型】模块则用于建立表与表之间的关系。

如图 1-21 所示，为【报表】模块，可视化数据在这里展示。Power BI 内置多种可视化控件，能够创建复杂、美观的报表。

图 1-21　【报表】模块

如图 1-22 所示，为【数据】模块，在这里可以对数据进行清洗、筛选、建立度量值等各种操作，是报表数据交互式呈现的关键。

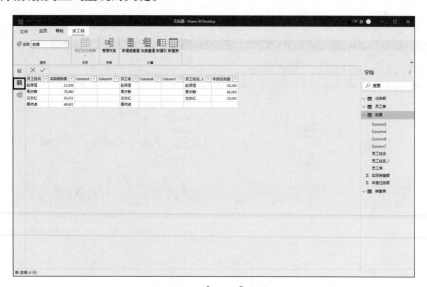

图 1-22　【数据】模块

如图 1-23 所示，为【模型】模块，在【模型】模块中，可以管理和建立数据关系。

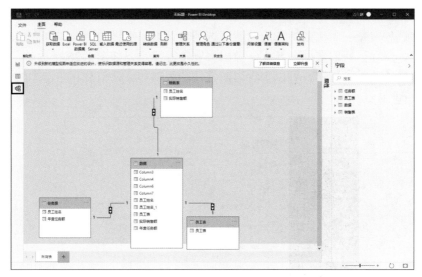

图 1-23　【模型】模块

1.5.2 功能区选项卡

功能区是 Power BI 窗口界面的重要分区，通常位于标题栏下方。功能区由多组选项卡功能面板组成，单击选项卡标签，可以切换选项卡功能面板。

如图 1-24 所示，此时功能区中选中的是【主页】选项卡，当前选中的选项卡被称为"活动选项卡"。每个选项卡中包含了多个命令组，每个命令组通常由一些密切相关的命令组成。例如，图 1-24 所示的【主页】选项卡中包含了【剪贴板】【数据】【查询】【插入】【计算】和【共享】6 个命令组，而【剪贴板】命令组中又包含多个常规操作命令。

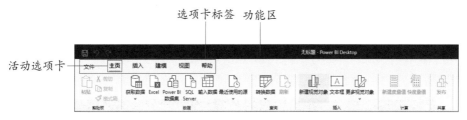

图 1-24　功能区

单击功能区右下角的【切换功能区】按钮，可以将功能区最小化，各命令组中的命令只显示简单图标，如图 1-25 所示。

图 1-25　功能区最小化

以下简要介绍【报表】模块中的主要选项卡，即【文件】选项卡及【主页】选项卡。

1.【文件】选项卡

【文件】选项卡是一个比较特殊的功能区选项卡,由一组纵向的菜单列表组成,包含报表的新建、打开、保存、获取数据、导入、导出、发布等按钮,如图 1-26 所示。

其中,单击【关于】选项,可以查看当前软件的版本和会话信息;单击【注销】选项,可以注销 Power BI 服务。

图 1-26　【文件】选项卡

2.【主页】选项卡

【主页】选项卡包含常用的剪贴板、数据、查询、插入、计算、共享等选项区域,可以用来复制、粘贴、获取数据源,转换数据进入 Power Query,新建文本框,新建度量值,发布报表等,如图 1-27 所示。

图 1-27　【主页】选项卡

　根据本书前言的提示,可观看"Power BI 界面认识及简单操作"的视频讲解。

第 2 章

快速理解 Power BI 数据分析可视化流程

本章将借助一个简单的案例，帮助读者快速了解 Power BI 数据分析可视化流程。通过介绍某企业在实际工作中对全国利润、收入、成本等数据进行可视化分析应用的方法，帮助读者对 Power BI 建立起基本认识，为今后的学习做好准备。

图 2-1 展示了 Power BI 数据分析与可视化的常见流程，首先建立对数据源的查询，并且在查询过程中完成数据整理；其次建立数据模型，包括定义表间关系和创建度量值；再次根据分析目标创建各类数据可视化报表；最后将报表发布到内网或 Internet 上，设置阅读权限，通知读者使用计算机或手机进行访问，或者嵌入 PPT 文件中进行展示。

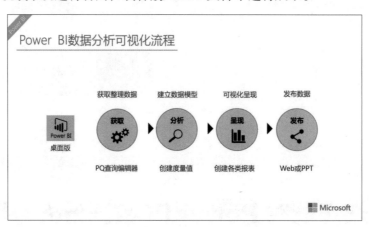

图 2-1　Power BI 数据分析可视化流程

2.1 案例背景介绍

某 IT 企业的主要业务是在全国范围内经营软硬件销售及配套服务销售，现已将其部分经营数据从 ERP（企业资源计划）中导出到 Excel 中。企业管理者需要从区域、业务类型、用户群体等多个维度入手进行数据分析，创建业务明细工作表中的利润、收入、成本、累计用户数等关键指标，并以动态可视化的形式查看分析结果，以便找出经营过程中的问题，研究有针对性的对策。

所有数据目前都保存在一个 Excel 工作簿中（数据源 .xlsx），此工作簿包含 4 张工作表，分别是“区域划分”“业务划分”“用户划分”“业务明细”工作表，如图 2-2 所示。

城市	省份	地区
北京	北京	华北
长沙	湖南	华中
成都	四川	西南
福州	福建	华东
广州	广东	华南
贵阳	贵州	西南
哈尔滨	黑龙江	东北
海口	海南	华南
杭州	浙江	华东
合肥	安徽	华东
呼和浩特	内蒙	华北
济南	山东	华东
昆明	云南	西南
拉萨	西藏	西南

业务代码	业务类型	业务细分
CPYJ	产品	硬件
CPRJ	产品	软件
FWHL	服务	互联网
FWPX	服务	培训

用户代码	用户类型
E	企业
P	个人

城市	业务代码	用户代码	结算日期	累计用户数	收入	利润	成本
乌鲁木齐	CPYJ	E	2018/1/31	1,624	3,830,296	1,371	3,828,925
乌鲁木齐	CPYJ	E	2018/2/28	1,672	1,736,822	32,751	1,704,071
乌鲁木齐	CPYJ	E	2018/3/31	1,711	3,083,085	39,159	3,043,926
乌鲁木齐	CPYJ	E	2018/4/30	1,716	5,431,553	36,512	5,395,041
乌鲁木齐	CPYJ	E	2018/5/31	1,723	4,104,147	188,668	3,915,479
乌鲁木齐	CPYJ	E	2018/6/30	1,758	3,256,977	23,658	3,233,319
乌鲁木齐	CPYJ	E	2018/7/31	1,761	1,413,114	30,010	1,383,104
乌鲁木齐	CPYJ	E	2018/8/31	1,840	4,477,404	75,765	4,401,639
乌鲁木齐	CPYJ	E	2018/9/30	1,850	5,990,958	295,065	5,695,893
乌鲁木齐	CPYJ	E	2018/10/31	1,853	2,973,470	94,118	2,879,352
乌鲁木齐	CPYJ	E	2018/11/30	1,857	4,839,072	131,889	4,707,183
乌鲁木齐	CPYJ	E	2018/12/31	1,869	4,580,133	77,489	4,502,644
乌鲁木齐	CPYJ	E	2019/1/31	1,887	5,882,905	15,951	5,866,954
乌鲁木齐	CPYJ	E	2019/2/28	1,891	3,143,049	22,299	3,120,750
乌鲁木齐	CPYJ	E	2019/3/31	1,905	1,014,982	11,366	1,003,616
乌鲁木齐	CPYJ	E	2019/4/30	1,915	2,862,773	141,408	2,721,365
乌鲁木齐	CPYJ	E	2019/5/31	1,944	2,478,042	23,011	2,455,031
乌鲁木齐	CPYJ	E	2019/6/30	1,948	4,868,756	173,690	4,695,066
乌鲁木齐	CPYJ	E	2019/7/31	1,956	5,295,203	19,339	5,275,864
乌鲁木齐	CPYJ	E	2019/8/31	1,967	1,118,027	45,376	1,072,651
乌鲁木齐	CPYJ	E	2019/9/30	1,992	5,568,484	236,694	5,331,790
乌鲁木齐	CPYJ	E	2019/10/31	2,007	2,770,339	77,800	2,692,539

区域划分　业务划分　用户划分　业务明细

图 2-2　“区域划分”“业务划分”“用户划分”“业务明细”工作表

2.2 实现目标

如果此任务在 Excel 中进行，首先，必须使用函数建立相关年、月、季度辅助列，使用函数编写季度辅助列相对来说比较难以理解；其次，要从省份与地区的维度分析利润、收入、成本等数据，需要利用 VLOOKUP 函数将地区、省份的字段调到业务明细表中，在大数据时代，数据量经常有数万行甚至数十万行，在 Excel 中直接操作，很容易卡机，整体比较麻烦；最后，制作出分析图表，在一定程度上可以说不够直观，且很难实现交互式。

使用 Power BI 实现可视化，相对比较容易，可以直接将多个数据表导入 Power BI 软件后建立关系，经过简单的数据整理并建立度量值，即可将分析结果以交互式可视化的方式呈现，如图 2-3 所示。

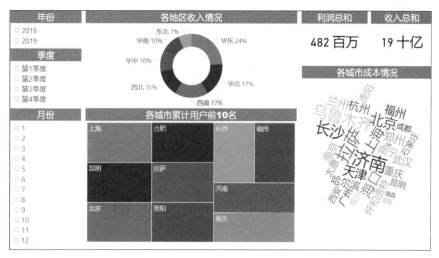

图 2-3 可视化效果图

将可视化报表放置在 PPT 中进行交互式报告分享时，仅一页 PPT 就可以将上面提到的所有维度都展示出来，如图 2-4 所示。

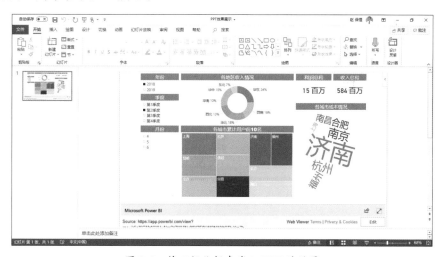

图 2-4 将可视化报表嵌入 PPT 的效果

2.3　Power BI 数据可视化简要流程

以下介绍实现目标的简要流程，帮助读者快速了解 Power BI 处理数据的基本原理。详细的功能讲解和具体步骤，请在对应的章节学习。

2.3.1　获取数据

启动 Power BI，通过目标 Excel 工作簿获取数据，如图 2-5 所示。

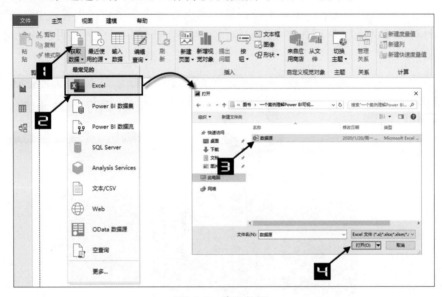

图 2-5　获取数据

导入数据后，将得到对应的 4 张数据表，如图 2-6 所示。

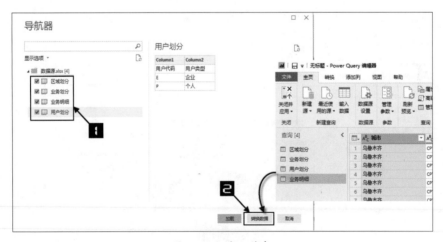

图 2-6　加载工作表

2.3.2　数据清洗与整理

导入的数据有时会存在一定程度的不规范，可以借助 Power Query 编辑器进行相应的清洗和整理，方便后续的分析操作，部分操作步骤如图 2-7 所示。

图 2-7　查询设置

2.3.3　创建数据表之间的关系

Power BI 支持在多个表之间建立关系，以便创建跨表数据查询。本案例的各个表中都包含相同的字段名称，会自动形成关系，如图 2-8 所示。

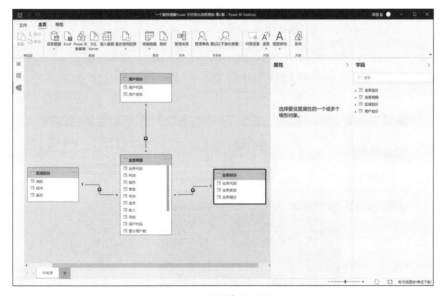

图 2-8　数据表的关系图

2.3.4　创建度量值

度量值类似于 Excel 中的"命名公式"（用名称创建公式进行计算），是用 Power BI 内置的 DAX 公式创建的虚拟字段，用于返回指定计算后的数据值。使用度量值，既不改变源数据，也不改变数据模型，一次创建，可以重复使用多次。

图 2-9 展示了创建度量值"利润总和"的过程，该度量值用于计算所有业务的利润汇总值。

图 2-9　输入 SUM 函数

为了方便地进行数据分析，往往需要创建多个度量值。

2.3.5　制作数据可视化报表

借助 Power BI 提供的多种数据可视化控件，如图 2-10 所示，可以快速地创建交互式报表。

图 2-10　内置的数据可视化控件

将多个数据图表和切片器合理地排列在报表页面上，就得到了一套交互式数据可视化报表，如图 2-11 所示。

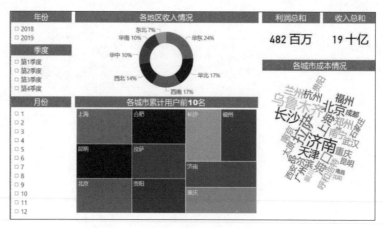

图 2-11　数据可视化美化后的效果

2.3.6　嵌入 PPT 实现联动的效果

将 Power BI 报表嵌入 PPT 后，演示汇报时，不需要切换就可以在 PPT 中实现 Power BI 报表的交互式联动操作，如图 2-12 所示。

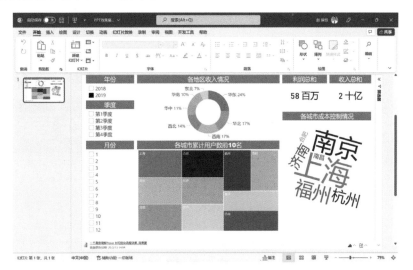

图 2-12　将可视化报表嵌入 PPT 并筛选后的效果

 根据本书前言的提示，可观看"快速理解 Power BI 数据分析可视化流程"的视频讲解。

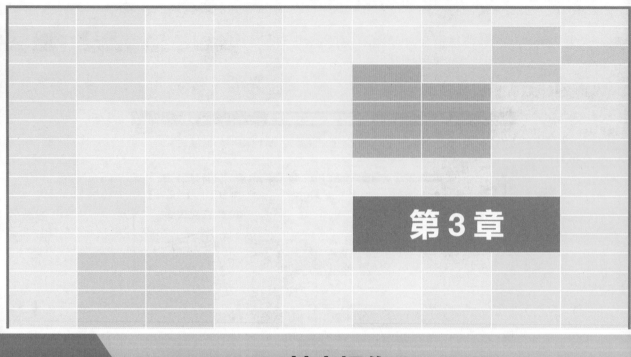

第 3 章

Power BI 基本操作

　　本章主要对 Power BI 报表和报表页的基本操作方法进行介绍，诸如报表的创建、保存，报表页的创建、移动、删除等。

　　通过本章的学习，用户可以掌握报表和报表页的基本操作方法，为后续进一步学习 Power BI 的其他操作打下基础。

3.1 报表的基本操作

Power BI 报表用于对数据集进行多角度审视，使用视觉对象表示数据集呈现的各种结果和见解。

3.1.1 Power BI 文件的类型

在 Power BI 中，用来存储并处理数据集的文件叫报表，每一个报表可以拥有多个报表页。Power BI 文件的类型有 PBIX、PBIT、PBIDS 三种。

其中，PBIX 文件保存了完整的 Power BI 报表内容；PBIT 文件不包含数据本身，其他方面都有包含；PBIDS 文件则仅保留数据源的连接凭据。三种文件类型具体包含的项目如表 3-1 所示。

表 3-1　Power BI 三种文件类型所包含的项目

	PBIX 文件	PBIT 文件	PBIDS 文件
数据源	√	√	√
PQ 层	√	√	×
数据集 (Import)	√	×	×
模型定义 (Import)	√	√	×
模型关系 (Import)	√	√	×
可视化组件	√	√	×
页面及报表布局	√	√	×
DirectQuery	√	√	√
Power BI	√	√	√
Power BI(RS)	√	√	√

保存一个新的报表时，可以在【另存为】对话框的【保存类型】下拉列表中选择所需要的报表文件格式，如图 3-1 所示。"*.pbix"为普通报表文件；"*.pbit"为模板文件。

图 3-1　Power BI 保存格式

PBIT 文件为 Power BI 临时文件，保留了 Power BI 前后端完整的设置，但不包含数据本身。任何 PBIX 报表都可以另存为 PBIT 文件，其特点是几乎不占用磁盘空间，所以在团队协作、版本迭代等工作中，不仅能提高协作效率，还有利于进行报表的版本管理。

PBIDS 文件则简陋了许多，仅包含数据源的连接凭据。任何 PBIX 文件都可以另存为 PBIDS 文件供后续使用，但在【另存为】对话框中是看不到相关选项的，需要在数据源设置里操作。

如图 3-2 所示，在需要另存为 PBIDS 文件的文件界面依次单击【文件】→【选项和设置】→【数据源设置】选项，在弹出的【数据源设置】对话框中保持默认设置，单击【导出 PBIDS】按钮，在弹出的【另存为】对话框中设置保存的路径和文件名，单击【保存】按钮即可。

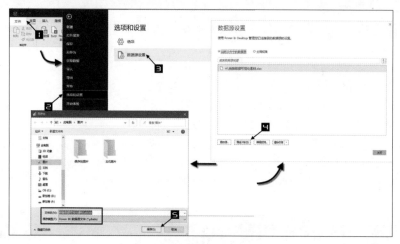

图 3-2　另存为 PBIDS 文件

> 提示　在 Power BI Service 及 PBIDS 中，还存在一个 RDL 文件，该文件属于分页报表文件。

3.1.2　创建报表

使用系统【开始】菜单或桌面快捷方式启动 Power BI，启动后的 Power BI 在工作窗口中自动创建名为"无标题"的空白报表页面，如图 3-3 所示。在用户进行保存操作之前，这个报表只存在于内存中，没有实体文件。

图 3-3　空白报表页面

在如图 3-3 所示的工作窗口中，有以下两种等效操作可以创建新的报表。

- 在功能区上依次单击【文件】→【新建】选项。

- 在键盘上按 <Ctrl+N> 组合键。

使用上述方法创建的报表在进行保存操作前同样只存在于内存中。

保存和关闭报表

经过保存，报表才能成为磁盘空间中的实体文件，用于读取和编辑。养成良好的保存文件的习惯，对于需要长时间进行报表操作的用户而言具有特别重要的意义。经常性保存，可以避免很多由于系统崩溃、停电故障等原因造成的损失。

1. 保存报表的几种方法

有以下几种等效操作可以保存当前窗口的报表。

- 在功能区中依次单击【文件】→【保存】（或【另存为】）选项。

- 单击【快速启动工具栏】中的【保存】按钮。

- 在键盘上按 <Ctrl+S> 组合键。

- 在键盘上按 <F12> 功能键（在笔记本电脑上按 <Fn+ F12> 组合键）。

此外，关闭经过编辑修改却未保存的报表时会弹出警告信息，询问用户是否要保存更改，如图 3-4 所示。单击【保存】按钮，即可保存此报表。关闭报表的详细内容，请参阅后续章节。

图 3-4　警告信息

2. 使用【另存为】对话框进行保存的具体操作

对新建的报表进行第一次保存操作时，会弹出【另存为】对话框，如图 3-5 所示。

图 3-5　【另存为】对话框

用户可以在【另存为】对话框左侧列表框中选择具体的文件存放路径。如果需要新建一个文件夹，可以右击后单击【新建】→【文件夹】选项，在当前路径中创建一个新的文件夹。

用户需要在【文件名】文本框中为报表命名，因为默认是无标题的。文件保存类型一般默认为"Power BI 文件"，即以"*.pbix"为扩展名的文件。单击【保存】按钮，关闭【另存为】对话框，即可完成保存操作。

深入了解

Microsoft 系列软件中都有两个和保存功能有关的命令，分别是"保存"和"另存为"。它们的名字非常相似，但实际作用有一定区别。

对于新创建的报表，第一次执行保存操作时，"保存"和"另存为"命令的功能完全相同——都将打开【另存为】对话框，供用户进行路径定位、文件命名和格式选择等一系列设置。

对于已经被保存过的报表，再次执行保存操作时，两个命令有以下区别。

执行"保存"命令不会打开【另存为】对话框，而是直接将编辑修改后的内容保存到当前报表中，报表的文件名、存放路径等不会发生任何改变。

执行"另存为"命令将会打开【另存为】对话框，允许用户重新设置存放路径、文件名和其他保存选项，得到当前报表的一个副本。

3.1.4　自动保存功能

由于断电、系统不稳定、用户误操作等原因，Power BI 程序可能会在用户保存文件之前意外关闭。使用"自动保存"功能，可以减少这些意外情况造成的损失。

设置"自动保存"的方法如图 3-6 所示。

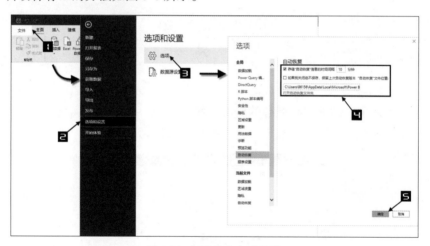

图 3-6　自动保存选项设置

步骤❶　依次单击【文件】→【选项和设置】→【选项】按钮。

步骤❷　勾选【存储"自动恢复"信息的时间间隔】复选框（默认被勾选），即所谓的"自动保存"，并在右侧的微调框内设置自动保存的间隔时间，默认为 10 分钟，用户可以设置 1~120 分钟之间的整数。若勾选【如果我关闭但不保存，保留上次自动恢复版本"自动恢复"文件位置】复选框，下方的文本框中，系统默认的保存路径为"C:\Users\86156\AppData\Local\Microsoft\Power BI Desktop\AutoRecovery"。

步骤❸　单击【确定】按钮，保存设置，并退出【选项】对话框。

开启"自动保存"功能之后，在报表文件的编辑修改过程中，Power BI 会根据所设置的自动保存间隔时间，自动生成备份副本。

3.1.5 打开现有报表

打开现有报表的方法如下。

1. 直接通过文件图标打开

如果用户知道报表文件保存的准确位置，可以使用 Windows 资源管理器找到文件，直接双击文件图标将其打开。

2. 通过【打开】对话框

如果用户已经启动了 Power BI 程序，可以通过执行"打开"命令打开指定的报表文件。有以下两种等效操作可以打开【打开】对话框。

- 在功能区依次单击【文件】→【打开报表】→【浏览报表】按钮，如图 3-7 所示。

图 3-7　使用功能区打开报表文件

- 在键盘上按 <Ctrl+O> 组合键，启动 Power BI 时单击启动界面中的【打开其他报表】按钮，如图 3-8 所示。

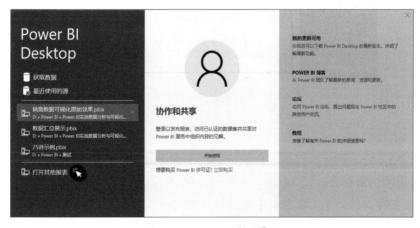

图 3-8　Power BI 启动界面

完成操作后，将弹出如图 3-9 所示的【打开】对话框。

图 3-9　【打开】对话框

在【打开】对话框中，用户可以在左侧的列表中选择报表文件的存放路径。在目标路径下选中具体文件后，双击文件图标，或者单击【打开】按钮，都可以打开文件。

3. 通过历史记录

用户近期打开过的报表文件，通常情况下都会在 Power BI 程序中留有历史记录。如果要打开最近操作过的报表文件，可以通过历史记录快速打开。

如图 3-10 所示，单击需要打开的报表文件的文件名，即可打开相应的报表文件。

图 3-10　【文件】菜单中的历史记录

3.1.6 关闭报表

用户结束使用 Power BI 进行的工作后，可以关闭报表，以释放计算机内存。有以下两种等效操作可以关闭当前报表。

- 单击报表窗口中的【关闭窗口】按钮。
- 在键盘上按 <Alt+F4> 组合键。

3.2 报表页的基本操作

报表页是用户使用 Power BI 进行操作的主要对象和载体，下面介绍报表页的新建、设置、删除等基本操作。

3.2.1 报表页的新建

在现有报表中，有以下三种等效操作可以新建报表页。

💧 在 Power BI 功能区的【插入】选项卡中单击【新建页】按钮，在弹出的下拉列表中单击【空白页】选项，如图 3-11 所示，即可在当前报表页后插入新报表页。

图 3-11　通过功能区创建报表页

💧 单击报表标签右侧的【新建页】按钮，如图 3-12 所示，即可在现有报表页后快速插入新报表页。

图 3-12　使用【新建页】按钮创建报表页

💧 当报表页为当前选中的对象时，使用 <←><→> 方向键可以在各报表页中进行切换；当选中【新建页】按钮时，按 <Enter> 键，即可快速插入新报表页。

 新插入的报表页，会根据已有的报表页数自动编号。

> 注
> 意　　在 Power BI 中，新建报表页的操作可以通过【撤销】按钮进行撤销操作。

3.2.2 设置当前报表页

在 Power BI 中操作报表时，始终有一个"当前报表"作为用户编辑处理的对象和目标，用户的大部分操作都在"当前报表"中得以体现。在报表标签栏中，"当前报表"的标签背景会反白显示，如图 3-13 中的"第 15 页"。

如果报表中包含的报表页较多，标签栏中不一定能够同时显示所有报表标签，可以通过单

击标签栏左侧的导航按钮滚动显示报表标签，如图 3-13 所示。

图 3-13　调整当前报表页的显示

如果报表中的报表页实在太多，需要滚动很久才能找到目标报表，用户可以在报表导航栏上右击，显示报表标签列表，如图 3-13 左侧列表所示。单击其中任何一项，即可选定并显示相应的报表页。当报表页太多时，标签列表右侧会出现滚动条，拖动滚动条，也可以显示更多的报表页。

3.2.3　报表页的复制与移动

执行"复制"命令，可以为当前报表页创建一个副本；执行"移动"命令，可以改变报表页间的排列顺序。

有以下两种等效操作可以复制目标报表页并为其创建一个副本。

◆　选中需要复制的报表页，在 Power BI 功能区上单击【插入】选项卡中的【新建页】按钮，在弹出的下拉列表中单击【重复页】选项，如图 3-14 所示。

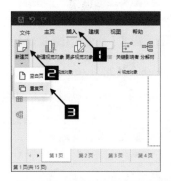

图 3-14　通过选项卡复制页

◆　在报表标签上右击，在弹出的快捷菜单中单击【复制页】选项，如图 3-15 所示。

图 3-15　通过报表标签复制页

完成以上任一操作，报表中即可出现目标报表页的副本。

拖动报表标签，可以实现报表页位置的移动。

将鼠标指针移到需要移动的报表标签上，按下鼠标左键，拖动鼠标，即可将对应报表页移动至其他位置。例如，在图 3-16 中，拖动第 6 页标签至第 8 页标签上方，第 8 页标签上方出现黑色线条，即标识报表页的移动插入位置，松开鼠标左键，即可把第 6 页标签移至第 8 页标签后。

图 3-16　移动报表页

3.2.4　删除报表页

在 Power BI 中，用户可以选择删除当前报表中的一个或多个报表页，有以下两种等效操作。

　当鼠标指针悬浮在要删除的报表页上方时，报表标签上会出现【删除页】按钮，单击该按钮，弹出【删除此页】提示对话框，单击【删除】按钮即可，如图 3-17 所示。

图 3-17　直接删除页

　在报表标签上右击，在弹出的快捷菜单中单击【删除页】选项，如图 3-18 所示。弹出如图 3-17 所示的【删除此页】提示对话框，单击【删除】按钮即可。

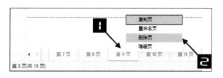

图 3-18　通过右键菜单删除页

> **注意**
> 删除报表页在 Power BI 中是无法撤销的操作，即若用户不慎误删了报表页，将无法恢复。不过，在某些情况下，马上关闭当前报表，不保存刚才所做的修改，可能能够有所挽回。报表中应至少包含一页可视报表页，当工作窗口中只剩下一页报表页时，无法删除此报表页。

3.2.5　重命名报表页

用户可以更改当前报表中报表页的名称。选中待修改名称的报表页，有以下两种等效操作可以为报表页重命名。

● 在报表标签上右击，在弹出的快捷菜单中单击【重命名页】选项，如图 3-19 所示。

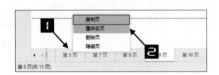

图 3-19　通过右键菜单重命名页

● 双击报表标签。

完成以上任一操作，选中的报表标签会显示黑色背景，即标识当前处于报表标签名称的编辑状态，可输入新的报表页名称。

3.2.6 显示和隐藏报表页

如果不希望将报表中的某些报表页显示出来，可以将这些报表页隐藏，使用 Power BI 直接查看报表时将看不到这些隐藏报表页。但这些隐藏报表页并未被删除，在需要时可以将其重新显示。

在报表标签上右击，在弹出的快捷菜单中单击【隐藏页】选项，即可隐藏当前报表页，如图 3-20 所示。

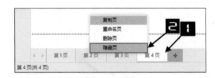

图 3-20　隐藏页

用户不可以隐藏某报表中的所有报表页。当报表中只有一张未隐藏报表页时，在该报表标签上右击，弹出的快捷菜单中只有【复制页】和【重命名页】两个选项。

隐藏后的报表页名称前面有一个闭着的眼睛标识，如图 3-21 所示。

如果要取消报表页的隐藏状态，只需要在该报表标签上右击，在弹出的快捷菜单中再次单击【隐藏页】选项，如图 3-21 所示。

图 3-21　取消隐藏页

3.3 创建针对手机应用的报表

为了在有限的屏幕区域中显示更多有用信息，提高用户使用手机等移动设备浏览报表的体验，可以在 Power BI 的移动布局中重新排列和调整视觉对象。

步骤❶ 切换布局方式。打开报表，默认情况下，报表的视图为"页面视图"。依次单击【视图】→【移动布局】按钮，如图 3-22 所示。

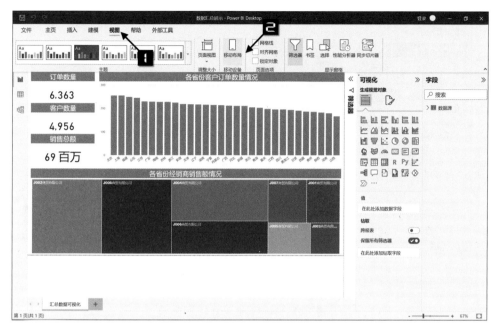

图 3-22　切换布局方式

步骤 2　添加视觉对象。在移动布局中，有一个空白的手机样式的画布，报表中的所有视觉对象将在右侧的【可视化】窗格中显示，如图 3-23 所示。双击要添加的视觉对象，或拖动要添加的视觉对象，都可以将其添加到画布中。

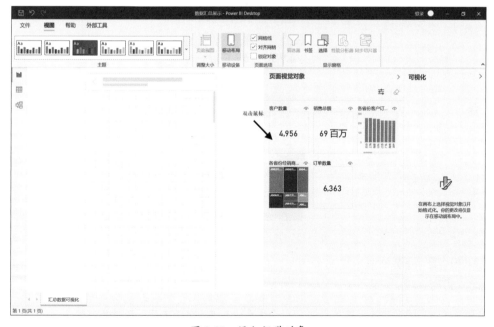

图 3-23　添加视觉对象

步骤 3　调整视觉对象的大小。如图 3-24 所示，添加至画布中的视觉对象将自动与画布中的网格对齐，用户可以通过拖拉视觉对象四周的控制柄调整其大小，以优化使用者的视觉体验。

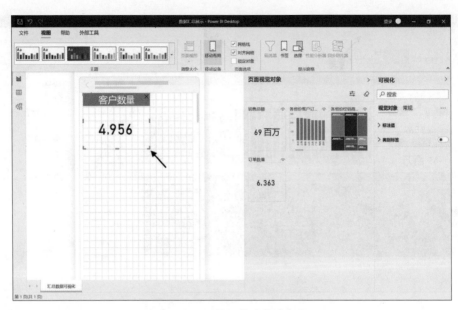

图 3-24　调整视觉对象的大小

　　添加至画布中的视觉对象,【可视化】窗格中将不再显示。所以,每个视觉对象只能在画布中添加一次。

　　单击画布中视觉对象右上角的删除按钮,可以删除画布中的视觉对象,将其还原至【可视化】窗格中,如图 3-25 所示。

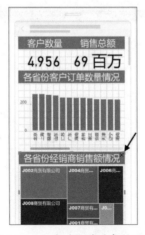

图 3-25　取消对视觉对象的添加

　　完成操作后,再次单击【视图】功能区的【移动布局】按钮,可切换至页面报表界面。

 根据本书前言的提示,可观看"Power BI 文件及报表页面操作"的视频讲解。

第 4 章

输入和连接数据

　　数据是 Power BI 创建报表等各种视觉对象的基础。用户不仅可以直接输入数据，也可以导入 Excel 工作簿和多种类型的数据源，如文本数据源、Web 数据源、OData 数据源等。

　　通过本章的学习，用户可以了解数据的类型、数据的输入和导入不同数据源的方法，为后续创建报表做准备。

4.1 数据类型的简单认识

数据是创建报表的基石，数据的编辑和清理是用户使用 Power BI 时最基础的操作之一。Power BI Desktop 中的数据由四种基本类型组成：数值、日期／时间、文本和公式。

4.1.1 数值

Power BI 支持三种数字类型：十进制数、定点十进制数和整数。

1. 十进制数

十进制数，表示 64 位（八字节）浮点数，是最常见的数字类型。

虽然十进制数这一数字类型被设计为处理带小数值的数字，但也可以处理整数。

十进制数这一数字类型可以处理从 $-1.79E +308$ 到 $-2.23E -308$ 的负值、0，以及从 $2.23E -308$ 到 $1.79E + 308$ 的正值。例如，34、34.01 和 34.000367063 等数字，都是有效的十进制数。

可以用十进制数数字类型表示的最大精度为 15 位数，小数分隔符可以出现在数字的任意位置。此外，十进制数数字类型与 Excel 存储其数字的方式相对应。

2. 定点十进制数

定点十进制数，小数分隔符的位置是固定的，其右侧始终有四位数，并可以表示有意义的 19 位数。

定点十进制数可以表示的最大值为 922, 337, 203, 685, 477.5807（正或负）。

定点十进制数这一数字类型在舍入可能会引发错误的情况下非常有用——在处理许多带小数值的数字时，有时会累积并强制性地使数据稍有偏离，这时，由于小数分隔符右侧四位数其后的数字会被截断，使用定点十进制数可以帮助大家避免这类错误。

如果你熟悉 SQL Server，会发现，这一数字类型可对应 SQL Server 的十进制、Analysis Services 中的货币数字类型，和 Excel 中的 Power Pivot。

3. 整数

整数，表示 64 位（八字节）整数值。

整数小数位没有数字，支持 19 位数，即从 $-9, 223, 372, 036, 854, 775, 807 (-2^63+1)$ 到 $9, 223, 372, 036, 854, 775, 806 (2^63-2)$ 的正数或负数。

整数可以表示各种数值数字类型可能的最大精度。与定点十进制数数字类型相同，在需要控制舍入的情况下，整数数字类型非常有用。

> **注意** Power BI Desktop 数据模型支持 64 位整数值，但由于存在 JavaScript 限制，视觉对象可安全表达的最大数字是 9, 007, 199, 254, 740, 991 (2^53-1)。如果在数据模型中使用大于以上值的数字，可在将该数字添加到视觉对象中之前，通过计算减小其大小。

4.1.2 日期／时间类型

Power BI Desktop 支持查询视图中的五种日期/时间数据类型,从加载到成为模型的过程中,日期／时间／时区和持续时间都将被转换。Power BI Desktop 数据模型只支持日期／时间，在实际工作中，它们可以独立地格式化为日期或时间。

1. 日期／时间

日期／时间，表示日期值和时间值。日期／时间值是以十进制数数字类型进行存储的，因此，用户可以在这两种数字类型之间进行转换。日期支持 1900 年和 9999 年之间的日期，其时间部分存储为 1/300 秒 (3.33 ms) 的整数倍分数。

2. 日期

日期，仅表示日期（没有时间部分）。转换为模型时，日期值与表示分数值的带零日期／时间值相同。

3. 时间

时间，仅表示时间（没有日期部分）。转换为模型时，时间值与小数位数左侧没有数字的日期／时间值相同。

4. 日期／时间／时区

日期／时间／时区，表示带时区偏移量的 UTC 日期／时间。将这种数据加载到模型中时，它将被转换为日期／时间类型。Power BI 模型不会根据用户的位置或区域设置等调整时区，例如，在美国将值 09：00 加载到模型中后，无论在何处打开或查看报表，它都将显示为 09：00。

5. 持续时间

持续时间，表示时间的长度，加载到模型中时将被转换为十进制数数字类型。与十进制数数字类型相同，可将其添加到日期／时间字段中，或从日期／时间字段中减去，并获取正确的结果。与十进制数数字类型相同，用户可以在显示度量值的可视化效果中轻松地使用它。

4.1.3 文本类型

文本为 Unicode 字符数据字符串，可以是字符串、数字或用文本格式表示的日期，其最大字符串长度为 268,435,456 Unicode 字符（256 Mega 字符）或 536,870,912 字节。

4.1.4 逻辑值

1.True/False 类型

True/False，为 True 或 False 的布尔值。

2. 空白 /Null 类型

空白，DAX 中表示和替代 SQL Null 的数据类型。用户可以使用 BLANK 函数创建空白，并使用 ISBLANK 逻辑函数对其进行测试。

4.1.5 二进制数据类型

二进制数据类型可用于表示具有二进制格式的任何其他数据。在查询编辑器中，如果先将二进制数据类型文件转换为其他数据类型文件，再将它加载到 Power BI 模型中，则可以在加载这些文件时使用该类型。

Power BI 数据模型不支持二进制列——由于一些特殊原因，它存在于数据视图和报表视图菜单中。如果尝试将二进制列加载到 Power BI 模型中，可能会遇到错误。

> **注意** 如果二进制列处于查询步骤的输出中，尝试通过网关刷新数据可能会导致错误。建议在查询的最后一个步骤中显式删除所有二进制列。

4.1.6 表数据类型

DAX 在许多函数中使用表数据类型，例如，聚合和时间智能计算。某些函数需要引用表，其他函数返回后可用作输入其他函数中的表。在某些需要表作为输入元素的函数中，用户可以指定计算结果为表格的表达式；对于另外一些函数，则需要引用基础表。

有关特定函数的详细要求，请参阅 DAX 函数引用。

1. DAX 公式中的隐式和显式数据类型转换

对于用作输入和输出的数据类型，每个 DAX 函数都有特定的要求。 例如，某些函数要求对部分参数使用整数，其他参数使用日期；另外一些函数则要求对参数使用文本或表。

如果将列中与该函数所需数据类型不兼容的数据指定为参数，在很多情况下，DAX 将返回错误信息。但是，只要可能，DAX 会尝试将数据隐式转换为所需的数据类型。以下输入可能会被转换。

（1）以字符串形式键入日期，DAX 会分析该字符串并尝试将其转换为 Windows 日期和时间格式之一。

（2）可以添加 TRUE+1 并获得结果 2，因为 TRUE 可以被隐式转换为数字 1，并执行 1+1 的操作。

（3）如果在两个列中添加值，其中一个值恰好以文本形式表示（"12"），另一个值以数字形式表示（12），DAX 会将字符串隐式转换为数字，执行加法并获得数值结果。例如，下面的表达式将返回 44。

```
= "22" + 22
```

（4）如果尝试连接两个数字，Power BI 会将其以字符串表示并进行连接。例如，下面的表达式将返回 "1234"。

```
= 12 & 34
```

2. 隐式数据转换表

执行转换的类型由运算符确定，在执行所请求的运算之前，转换表会将表中的值转换为所需的值。这些表列出了运算符，并指示当其与交叉行内的数据类型配对时，要对列中每种数据类型执行的转换。

> **注意** 这些表中不包含文本数据类型。当数字以文本形式表示时，在某些情况下，Power BI 将尝试确定数字类型并将其表示为数字。

例如，在加法运算中将实数与货币数据结合使用时，两个值都会转换为 REAL，返回的结果为 REAL，加法（+）隐式数据转换如表 4-1 所示。

表 4-1　加法（+）隐式数据转换表

运算符（+）	INTEGER	CURRENCY	REAL	日期／时间
INTEGER	INTEGER	CURRENCY	REAL	日期／时间
CURRENCY	CURRENCY	CURRENCY	REAL	日期／时间
REAL	REAL	REAL	REAL	日期／时间
日期／时间	日期／时间	日期／时间	日期／时间	日期／时间

例如，在减法运算中将日期与其他任何数据类型结合使用时，两个值都会转换为日期，返回的值也是日期，减法（-）隐式数据转换如表 4-2 所示。

表 4-2 中，行标题是被减数（左侧），列标题是减数（右侧）。

表 4-2　减法（-）隐式数据转换表

运算符（-）	INTEGER	CURRENCY	REAL	日期／时间
INTEGER	INTEGER	CURRENCY	REAL	REAL
CURRENCY	CURRENCY	CURRENCY	REAL	REAL
REAL	REAL	REAL	REAL	REAL
日期／时间	日期／时间	日期／时间	日期／时间	日期／时间

 提示　数据模型支持一元运算符 -（负号），但此运算符不会更改操作数的数据类型。

例如，在乘法运算中将整数与实数结合使用时，两个数字都会转换为实数，返回的值为 REAL，乘法（*）隐式数据转换如表 4-3 所示。

表 4-3　乘法（*）隐式数据转换表

运算符（*）	INTEGER	CURRENCY	REAL	日期／时间
INTEGER	INTEGER	CURRENCY	REAL	INTEGER
CURRENCY	CURRENCY	REAL	CURRENCY	CURRENCY
REAL	REAL	CURRENCY	REAL	REAL

例如，在除法运算中将整数与货币值结合使用时，两个值都会转换为实数，结果也是实数，除法（/）隐式数据转换如表 4-4 所示。

表 4-4 中，行标题是分子（左侧），列标题是分母（右侧）。

表 4-4　除法（/）隐式数据转换表

运算符（/）（行／列）	INTEGER	CURRENCY	REAL	日期／时间
INTEGER	REAL	CURRENCY	REAL	REAL
CURRENCY	CURRENCY	REAL	CURRENCY	REAL
REAL	REAL	REAL	REAL	REAL
日期／时间	REAL	REAL	REAL	REAL

3. 比较运算符

在比较表达式中，布尔值被视为大于字符串值，字符串值被视为大于数字或日期／时间值，数字和日期／时间值被视为同级。布尔值或字符串值不执行任何隐式转换；BLANK 或空值会被转换为 0 或 " "（空单元格）或 false，具体取决于其他参与比较的值的数据类型。数字或日期／时间类型的隐式转换如表 4-5 所示。

运算实例如下。

```
=IF(FALSE()>"true","Expression is true", "Expression is false")
返回 "Expression is true"
=IF("12">12,"Expression is true", "Expression is false")
返回 "Expression is true"
=IF("12"=12,"Expression is true", "Expression is false")
返回 "Expression is false"
```

表 4-5　数字或日期／时间类型的隐式转换表

比较运算符	INTEGER	CURRENCY	REAL	日期／时间
INTEGER	INTEGER	CURRENCY	REAL	REAL
CURRENCY	CURRENCY	CURRENCY	REAL	REAL
REAL	REAL	REAL	REAL	REAL
日期／时间	REAL	REAL	REAL	日期／时间

4. 空白、空字符串和零值的处理

在 DAX 中，NULL、空值、空单元格或缺失值均以相同的新值类型 BLANK 表示。用户可以使用 BLANK 函数创建空值，并使用 ISBLANK 函数对其进行测试。

空值在运算中的处理方式（如加法或连接）取决于单个函数。表 4-6 总结了 DAX 和 Microsoft Excel 中的公式对空值的处理方式的区别。

表 4-6　对空值、空字符串和零值的处理

表达式	DAX	Excel 中的公式
BLANK + BLANK	BLANK	0（零）
BLANK + 5	5	5
BLANK * 5	BLANK	0（零）
5/BLANK	无穷大	Error
0/BLANK	NaN	Error
空值／空值	BLANK	Error
FALSE OR BLANK	FALSE	FALSE
FALSE AND BLANK	FALSE	FALSE

续表

表达式	DAX	Excel 中的公式
TRUE OR BLANK	TRUE	TRUE
TRUE AND BLANK	FALSE	TRUE
BLANK OR BLANK	BLANK	Error
BLANK AND BLANK	BLANK	Error

4.2 在 Power BI 中输入和编辑数据

4.2.1 在数据表中输入数据

数据量很少的时候，用户可以直接在 Power BI 中手动输入数据。

有以下两种等效操作可以在 Power BI 中打开【创建表】窗口。

⬥ 在【报表】模块中，依次单击【主页】→【数据】区域内的【输入数据】按钮，即可打开【创建表】窗口，如图 4-1 所示。

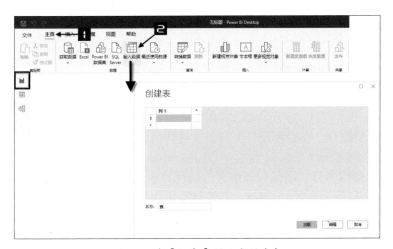

图 4-1　在【报表】模块中创建表

⬥ 在【数据】模块中，依次单击【主页】→【数据】区域内的【输入数据】按钮，同样可以打开【创建表】窗口，如图 4-2 所示。

图 4-2　在【数据】模块中创建表

与在 Excel 中的操作相同，选中目标单元格，使其成为当前活动单元格，直接在单元格内输入数据，输入完毕后按 <Enter> 键，或者使用鼠标单击其他单元格，都可以确认完成输入。如果需要在输入过程中取消输入的内容，可以按 <Esc> 键退出输入状态。

4.2.1.1　插入行和删除行

1. 插入行

使用 <Enter> 键插入行：选中单元格 6 后按 <Enter> 键，即可为数据表插入一行，如图 4-3 所示。

使用【插入行】按钮插入行：单击数据表下方的【插入行】按钮，将在数据表的最后插入一行，如图 4-3 所示。

使用快捷菜单插入行：在目标行号上右击，在弹出的快捷菜单中单击【插入】选项，即可在目标行上方插入一行，如图 4-4 所示。

图 4-3　使用 <Enter> 键或【插入行】按钮插入行　　　　图 4-4　使用快捷菜单插入行

2. 删除行

使用快捷菜单删除行：在目标行号上右击，在弹出的快捷菜单中单击【删除】选项，即可删除目标行，如图 4-5 所示。

使用快捷菜单删除多行：用鼠标选中某行的标签后，按住 <Shift> 键的同时，选中另一行的标签，即可选中两行间的多行。例如，选中行标签 2，按住 <Shift> 键的同时单击行标签 5，即可同时选中第 2 行至第 5 行。在选中的行标签区内任意一点右击，在弹出的快捷菜单中单击【删除】选项，即可删除选中的所有行，如图 4-6 所示。

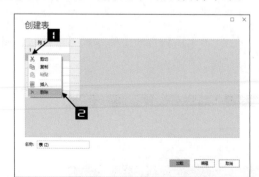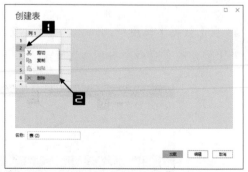

图 4-5　使用快捷菜单删除行　　　　　　　图 4-6　使用快捷菜单删除多行

4.2.1.2 插入列和删除列

1. 插入列

使用【插入列】按钮插入列：单击数据表右侧的【插入列】按钮，将在数据表的最右侧插入一列，如图 4-7 所示。

使用快捷菜单插入列：在目标列号上右击，在弹出的快捷菜单中单击【插入】选项，即可在目标列右侧插入一列，如图 4-8 所示。

图 4-7 使用【插入列】按钮插入列

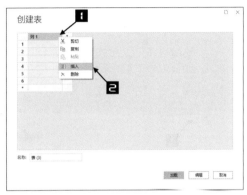

图 4-8 使用快捷菜单插入列

2. 删除列

使用快捷菜单删除列：在目标列号上右击，在弹出的快捷菜单中单击【删除】选项，即可删除目标列，如图 4-9 所示。

使用快捷菜单删除多列：用鼠标选中某列的标签后，按住 \<Shift\> 键的同时，选中另一列的标签，即可选中两列间的多列。如选中列标签"列 3"，按住 \<Shift\> 键的同时单击列标签"列 4"，即可同时选中第 2 列至第 4 列。在选中的列标签区内任意一点右击，在弹出的快捷菜单中单击【删除】选项，即可删除选中的所有列，如图 4-10 所示。

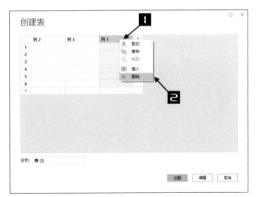

图 4-9 使用快捷菜单删除列

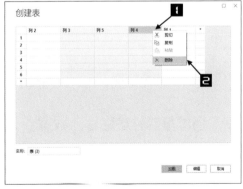

图 4-10 使用快捷菜单删除多列

4.2.2 加载数据表

加载数据表前，对于已经存有数据的单元格，用户可以双击激活目标单元格，输入新的内容，替换原有数据。

数据编辑完成后，在【名称】文本框中输入该表名称，单击【加载】按钮，如图 4-11 所示。

弹出如图 4-12 所示的【加载】提示对话框，提示该表正在模型中创建连接，等待一段时间后，完成表的加载。

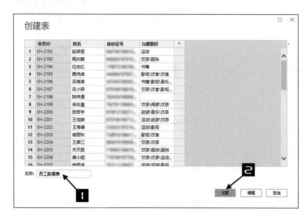

图 4-11　加载数据　　　　　　　　　　　　图 4-12　【加载】提示对话框

加载完成后，可在窗口右侧的【字段】窗格中看到表名称和表所包含的字段标题，如图 4-13 所示。

图 4-13　【字段】窗格

4.2.3　通过复制并粘贴输入数据

用户可以复制 Excel 工作簿或网页中的数据，粘贴至 Power BI 数据表中。

复制目标数据时，在打开的【创建表】窗口中按 <Ctrl+V> 组合键，即可将数据添加到当前数据表中。

此时，Power BI 可能会尝试对数据进行次要转换，如同用户从任何源中加载数据一样。如图 4-14 所示，出现提示信息，同时自动将数据第一行提升为列标题。此时可以忽略提示信息，单击【加载】按钮，Power BI 将根据当前数据创建新表，并使其字段在【字段】窗格中可用。

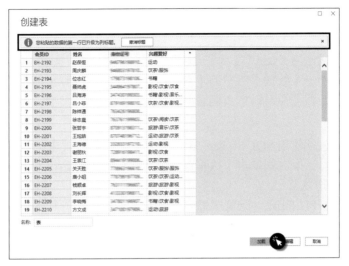

图 4-14　通过复制并粘贴添加数据

若需要对输入或粘贴的数据进行调整，单击【编辑】按钮，打开【查询编辑器】即可，后面会详细介绍数据的整理和清洗操作。

4.3　Power BI 中的数据连接与导入

Power BI 支持对许多不同源的数据进行导入和编辑，不同源的数据可以来自文件、数据库、Power 平台、Azure 等，最为常用的数据源是文件及数据库。

如图 4-15 所示，在【主页】选项卡的【数据】组中，单击【获取数据】按钮或旁边的【最近使用的源】按钮，可以打开数据获取窗口。单击画布中的快捷方式，同样可以打开相应的数据获取窗口。

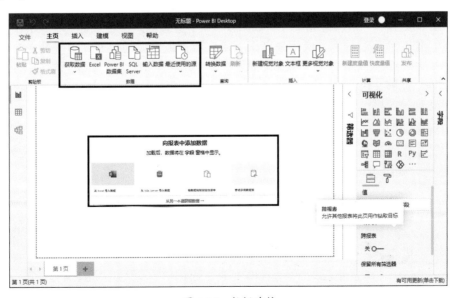

图 4-15　数据连接

Power BI 支持的数据导入方式有以下两种。

1. 文件

文件导入方式包括使用 Excel（不大于 1GB）、CSV、XML、文件夹等方式进行数据导入。

依次单击【主页】→【数据】组中的【获取数据】按钮，在弹出的【获取数据】对话框左侧单击【文件】选项，即可在对话框右侧看到各种可加载的文件类型，如图 4-16 所示。

2. 数据库

数据库导入方式包括使用 SQL Server、SSAS、MySQL 等方式进行数据导入。

在【获取数据】对话框左侧单击【数据库】选项，即可在对话框右侧看到各种可加载的数据库类型，如图 4-17 所示。

另外，还有 Power Platform、Azure、联机服务等其他数据源，如图 4-18 所示。

图 4-16　可加载文件类型　　　图 4-17　可加载数据库　　　图 4-18　其他数据源

4.4　将 Excel 工作簿导入 Power BI

Power BI 的数据输入环境非常简单，数据较多时，直接输入不是最佳选择，不仅费时费力，还容易出错。作为使用最频繁、应用最广泛、用户数量最庞大的数据处理工具之一，Excel 是 Power BI 最常用的数据获取方式。Excel 的数据输入功能非常强大，如序列填充、数据验证、自定义格式等，能够又快又准地输入数据。

有以下几种等效操作可以在 Power BI 中获取 Excel 中的数据。

1. 通过列表获取

依次单击【主页】→【数据】区域内的【获取数据】下拉按钮，在弹出的下拉列表中单击【Excel】选项，如图 4-19 所示。

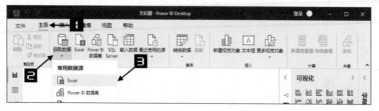

图 4-19　通过列表获取 Excel 数据

2. 通过快捷键获取

在【主页】选项卡【数据】区域内，单击【Excel】按钮，如图 4-20 所示。

图 4-20 通过快捷键获取 Excel 数据

3. 通过对话框获取

步骤① 如果是首次打开 Power BI 界面，直接单击提示界面的【从 Excel 导入数据】按钮即可，如图 4-21 所示。

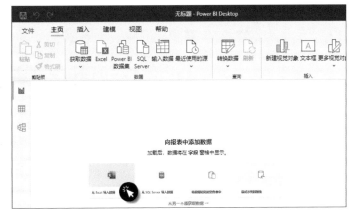

图 4-21 打开【打开】对话框

步骤② 在弹出的【打开】对话框中，找到需要加载的 Excel 数据源，选中该文件，单击【打开】按钮，或直接双击该文件，打开【导航器】对话框。在【导航器】对话框中，勾选需要添加的工作表前面的复选框，若 Excel 表格不需要编辑，直接单击【加载】按钮，Excel 表格会直接加载进数据模型中，如图 4-22 所示。

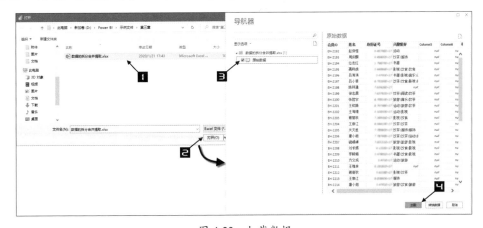

图 4-22 加载数据

步骤❸ 弹出如图 4-23 所示的【加载】提示对话框，提示正在将数据加载到模型，等一段时间后，完成数据加载。

图 4-23 【加载】提示对话框

步骤❹ 数据导入完毕后，在 Power BI 的【字段】窗格中，可显示已经命名的表和列，如图 4-24 所示。

图 4-24 导入结果

步骤❺ 若工作表需要编辑处理，可单击【主页】选项卡中的【转换数据】按钮，进入数据编辑器页面，如图 4-25、图 4-26 所示。数据的清洗和整理操作，请参阅第 5 章。

图 4-25 转换数据

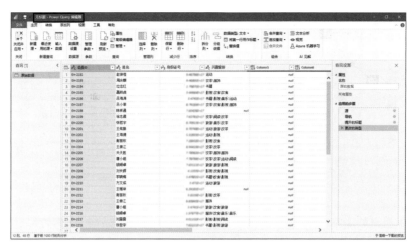

图 4-26　数据编辑器

提示　在【导航器】窗口中，单击【显示选项】下拉按钮，在弹出的列表中勾选【启用数据预览】复选框，即可在右侧窗口中预览要加载的工作表，如图 4-27 所示。

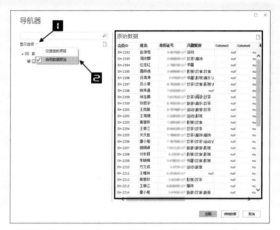

图 4-27　启用数据预览

用户也可以在 Power BI 服务中获取本地数据，或将 Excel 工作簿发布在 Power BI 中。

4.5　连接其他类型的数据文件

用户可以使用 Power BI 轻松连接持续扩展的数据世界。下面简要介绍如何将 Power BI 与其他类型的数据文件相连接。

4.5.1　Web 数据获取

步骤❶　在【主页】选项卡中单击【数据】组的【获取数据】下拉按钮，在弹出的下拉列表中单击【Web】选项，如图 4-28 所示。

图 4-28 Web 数据源

步骤 ② 在弹出的【从 Web】对话框中的【URL】文本框中输入正确的网址，这里以百度网址为例，单击【确定】按钮。在弹出的【访问 Web 内容】对话框中直接单击【确定】按钮，弹出【正在连接】提示对话框，不需要操作，保持连接即可，如图 4-29 所示。

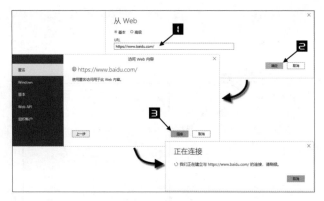

图 4-29 Web 数据连接

步骤 ③ 在【导航器】对话框中勾选需要添加的表格前的复选框，单击【加载】或【转换数据】按钮，将数据表导入 Power BI 中，以便后续操作，如图 4-30 所示。

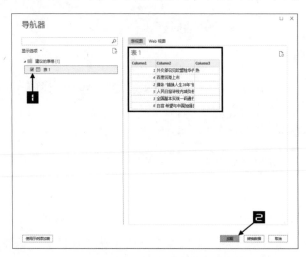

图 4-30 加载数据

4.5.2 文本文件数据获取

Power BI 提供了两种从文本文件中获取数据的等效方法，具体操作如下。

◆ 依次单击【主页】→【数据】区域内的【获取数据】→【文本/CSV】选项，如图 4-31 所示。

图 4-31　文本文件的导入之一

◆ 在 Power BI 画布界面上单击【从另一个源获取数据】按钮，在弹出的【获取数据】对话框右侧单击【文本/CSV】选项，然后单击【连接】按钮，如图 4-32 所示。

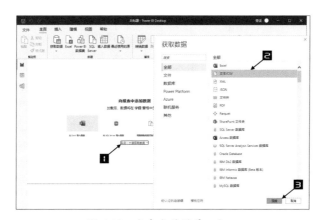

图 4-32　文本文件的导入之二

以上两种操作都可以打开【打开】对话框。选中需要加载的文本文件，单击【打开】按钮，在弹出的界面中单击【加载】按钮，如图 4-33 所示，将数据加载至 Power BI 中。若文本文件需要编辑处理，可单击【转换数据】按钮，进入 Power Query，进一步处理数据。

图 4-33　文本文件连接

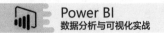

4.5.3 数据库数据获取

单击【获取数据】→【SQL Server】选项（根据具体的数据库，选择对应选项），打开如图 4-34 所示的窗口，填入服务器地址等信息，即可进行连接。这里需要注意的是，数据库连接方式有两种，使用导入方式，会将整个数据库的内容全部导入 Power BI 中，使用直连方式，可以实现快速刷新，用户可以根据不同的需求选择不同的方式。

图 4-34　填写 SQL Server 相关参数

4.5.4 通过提供示例从网页采集数据

如果需要采集的数据并不是标准的表格形式，会导致 Power BI 无法自动识别，用户可以通过提供采集数据的示例，帮助 Power BI 完成批量数据采集。

下面是采集"中国图书网"中 Excel 相关图书的名称和价格等数据的具体操作。需要说明的是，此方法可能无法满足对所有网页数据的采集，且若数据的原网页修改了源代码，也可能导致无法正确采集数据。

步骤❶ 打开目标网站。打开网页浏览器，在地址栏中输入"中国图书网"的网址，按 <Enter> 键，确认打开目标网站。在搜索框中输入搜索关键词"Excel"，单击【搜索】按钮，如图 4-35 所示。

图 4-35　目标网页

步骤❷ 复制筛选后的网址。在搜索结果中可以看到，找到了 1,000 多种相关图书。在浏览器地址栏中选中并复制当前网址，如图 4-36 所示。

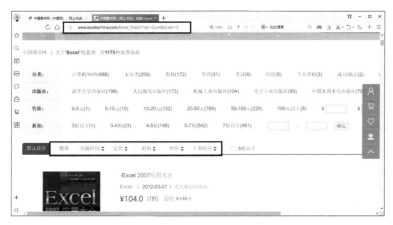

图 4-36　筛选后的网址

提示　用户可以通过如图 4-36 所示的其他筛选项进行进一步筛选，如单击【出版时间】按钮，以出版时间为依据，升序或降序排列所选条目。

步骤 ③　在 Power BI 中使用"导入网页数据"功能。启动 Power BI，依次单击【主页】→【获取数据】按钮，在弹出的下拉列表中单击【Web】选项，在弹出的【从 Web】对话框中按 <Ctrl +V> 组合键，粘贴之前复制的网址，单击【确定】按钮，如图 4-37 所示。

图 4-37　粘贴网址

步骤 ④　即可通过提供示例，从网页采集数据。

视频　根据本书前言的提示，可观看"连接 Web 数据实时刷新"的视频讲解。

第 5 章

整理和清洗数据

　　在日常工作中，用户进行数据分析处理时，花费时间最多的应该是整理数据。在 Power BI 中完成输入和连接数据后，经常会遇到如需要合并单元格等情况，以及文本型数字、文本型日期等格式不规则的数据。

　　如果在 Excel 中处理数据，需要用到各种技巧和函数，而 Power BI 是一款简单便捷、功能强大的数据分析软件，在 Excel 的基础上发展而来，不需要使用高级的编程语言，就可以处理分析海量的数据，并做到数据可视化，形象地说，Power BI 是一项站在 Excel 肩膀上的黑科技。

　　本章将介绍如何在 Power BI 中利用 Power Query 编辑器整理数据，并清洗不规范的数据。

5.1 认识 Power Query

Power Query 是 Power BI 的组件之一，可以通过与数据源直接对接，将源数据进行规范化和标准化，为后续的建模分析和可视化做好充足的准备。

总体来说，Power Query 的作用包括数据连接、数据转换、数据组合、数据共享，如图 5-1 所示。

图 5-1　Power Query 的四个作用

数据连接：从不同来源、不同结构中，以不同形式获取数据并按统一格式进行横向合并、纵向（追加）合并、条件合并等。

数据转换：将原始数据转换成期望的结构或格式。

数据组合：为了满足后续分析的需要，进行数据预处理，例如，加入新列、新行、处理某些单元格值。

数据共享：将数据共享到 Excel 中，或者使用 Power Pivot 进行下一步分析。

5.2 Power Query 工作界面

Power Query 编辑器是 Power BI 中功能强大的工具之一，可以使数据变得更加规范，为数据可视化打下坚实的基础。

依次单击【主页】→【数据】区域内的【Excel】按钮，在打开的【打开】对话框中找到并选中目标文件，单击【打开】按钮。在弹出的【导航器】对话框中勾选需要的工作表，单击【转换数据】按钮，如图 5-2 所示。

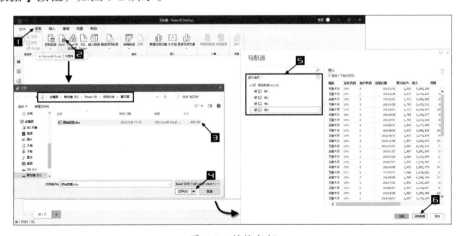

图 5-2　转换数据

即可进入 Power Query 编辑器，如图 5-3 所示。

功能区

【查询】窗格

数据编辑区

【查询设置】窗格

图 5-3　Power Query 编辑器

Power Query 编辑器的功能区由【文件】【主页】【转换】【添加列】【视图】【工具】【帮助】等选项卡组成，便于用户快速找到所需要的功能。

【查询】窗格中列出了加载到 Power BI 的所有查询表的名称，并显示查询表的总数。单击该区域右上角的左箭头，可隐藏该窗格，再次单击该箭头，可显示该窗格。

数据编辑区中显示【查询】窗格中被选中的查询表的数据，用户可以在该区域中对数据进行数据类型的更改、替换值、拆分列等操作。

【查询设置】窗格中列出了查询的属性和应用的所有步骤，即在对数据编辑区中的查询表或数据进行整理后，每个步骤都将出现在该窗格的"应用的步骤"列表中。在该列表中，可以撤销或查看特定的步骤。通过右击列表中的某个具体步骤，还可以对步骤执行重命名、删除、上移或下移等操作。

单击【查询设置】窗格右上角的【关闭】按钮，可关闭【查询设置】窗格，如图 5-4 所示。

依次单击【视图】→【布局】区域内的【查询设置】按钮，如图 5-5 所示，可显示【查询设置】窗格。

图 5-4　关闭【查询设置】窗格

图 5-5　显示【查询设置】窗格

5.3 在编辑器中整理查询表

数据表中总是包含一个或数个查询表,它们之间的关系就好比书本中的书页。下面对查询表的重命名、复制、插入,以及通过组对查询表进行归类管理等具体操作进行讲解。

5.3.1 重命名查询表

为了更直观地了解查询表中的信息,用户可以更改当前查询表的名称。在 Power Query 中,选中待更改名称的查询表后,有以下几种等效操作可以为查询表重命名。

❀ 在 Power Query 功能区中依次单击【主页】→【查询】区域内的【属性】按钮,在弹出的【查询属性】对话框中的【名称】编辑框中输入新的查询表名称,单击【确定】按钮,如图 5-6 所示。

图 5-6 通过【查询属性】对话框重命名查询表

❀ 在【查询】窗格中,在查询表标签上右击,单击弹出的快捷菜单中的【重命名】选项,如图 5-7 所示。

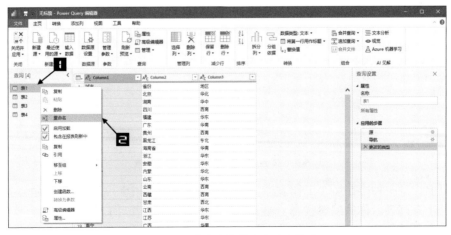

图 5-7 通过快捷菜单重命名查询表

● 在【查询设置】窗格的【名称】编辑框中，选中待重命名的查询表名称，可以进行重命名操作，如图5-8所示。

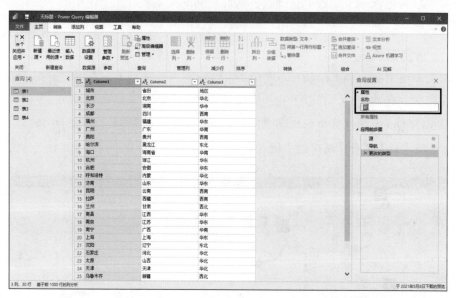

图5-8 通过【查询设置】窗格中的【名称】编辑框重命名查询表

● 双击查询表标签，可以进行重命名操作，如图5-9所示。

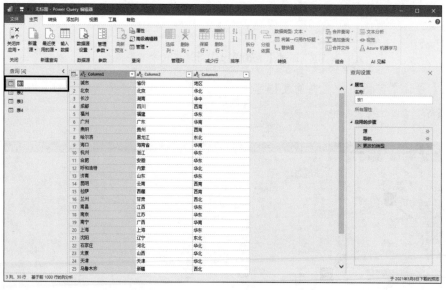

图5-9 双击查询表标签重命名查询表

完成以上任意一种操作后，工作表标签或【名称】编辑框中的原查询表名称为选中状态，标识当前处于查询表名称的编辑状态，输入新的查询表名称，按【Enter】键即可。

完成重命名操作后，如果要将命名结果应用到Power BI的【字段】窗格中，具体操作如下。

依次单击【主页】→【关闭】区域内的【关闭并应用】下拉按钮，在弹出的下拉列表中单击【应用】选项，如图 5-10 所示。

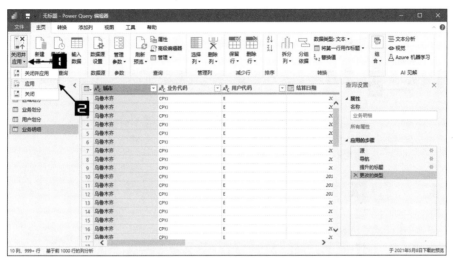

图 5-10　将重命名应用在 Power BI 的【字段】窗格中

此时，返回 Power BI 窗口，即可在右侧的【字段】窗格中看到应用重命名后的效果，如图 5-11 所示。

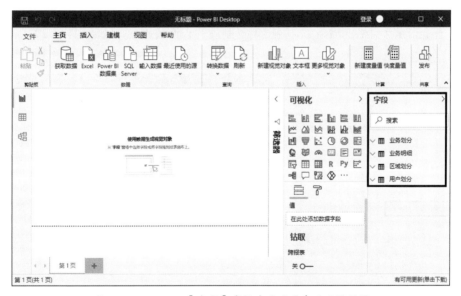

图 5-11　Power BI【字段】窗格中应用重命名后的效果

5.3.2　复制、移动查询表

通过复制操作，可以在数据表中创建查询表的副本；通过移动操作，可以改变数据表中原有查询表的排列顺序。

Power BI
数据分析与可视化实战

1. 复制查询表

有以下三种等效操作可以完成对查询表的复制，具体操作如下。

💧 选中目标查询表，依次单击【主页】→【查询】区域内的【管理】下拉按钮，在弹出的下拉列表中单击【复制】选项，如图 5-12 所示。

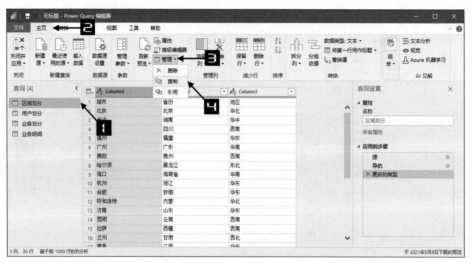

图 5-12 通过选项卡复制查询表

此时，在【查询】窗格的最下方，会出现复制后的查询表副本"区域划分（2）"，如图 5-13 所示。

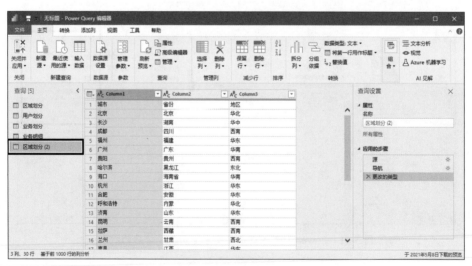

图 5-13 查询表副本

💧 首先在查询表标签上右击，在弹出的快捷菜单中单击最上方的【复制】选项，然后在【查询】窗格的任意位置右击，在弹出的快捷菜单中单击【粘贴】选项，如图 5-14 所示。

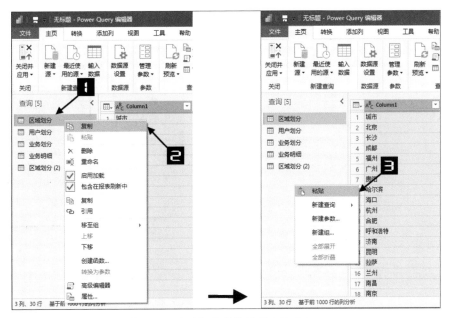

图 5-14　使用快捷菜单复制查询表之一

此时，【查询】窗格中也会出现新的查询表副本。

◈　在查询表标签上右击，在弹出的快捷菜单上单击菜单中部的【复制】选项，如图 5-15
所示。

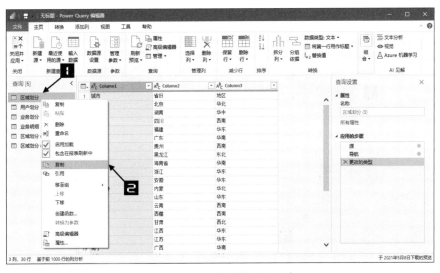

图 5-15　使用快捷菜单复制查询表之二

此时，【查询】窗格中再次新增目标查询表的副本。

完成查询表复制操作后，依次单击【主页】→【关闭】区域内的【关闭并应用】下拉按钮，
在弹出的下拉列表中单击【应用】选项，即可将在 Power Query 编辑器中完成的更改应用于 Power
BI 中。在 Power BI 窗口右侧的【字段】窗格中可以看到复制查询表后的效果，如图 5-16 所示。

图 5-16　复制查询表的应用

在 Power Query 编辑器中完成的所有操作，都可以如此应用于 Power BI，此后不再赘述。

2. 移动查询表

◆　在查询表标签上右击，在弹出的快捷菜单中单击【上移】或【下移】选项，即可实现查询表的上、下移动，如图 5-17 所示。

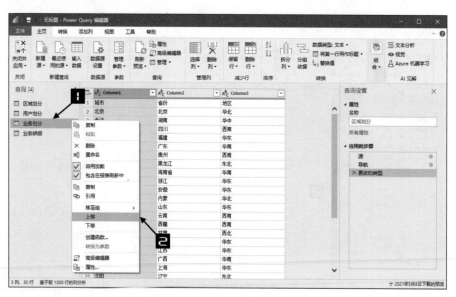

图 5-17　使用快捷菜单移动查询表

◆　通过拖动查询表标签实现查询表的移动更为快捷，将鼠标指针移至需要移动的查询表标签上，按下鼠标左键并拖动鼠标，即可将此查询表移动至其他位置。例如，在图 5-18 中，拖动"用户划分"标签至"业务明细"标签下方时，"业务明细"标签下方出现了一条黄色线条标识，标识了查询表的移动插入位置，松开鼠标，即可把"用户划分"标签移至"业务明细"标签下方。

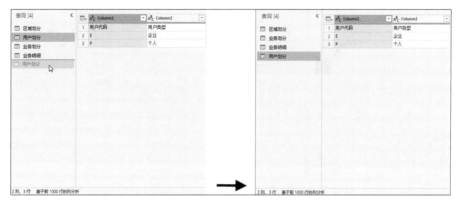

图 5-18　通过拖动移动查询表

5.3.3　插入、删除查询表

在 Power Query 中，可以把任意一个查询表插入当前数据表中，插入方法同数据表的连接方法是一样的。

1. 插入查询表

步骤 ① 在需要插入查询表的 Power Query 编辑器界面，单击【主页】→【新建查询】区域内的【新建源】按钮，在弹出的下拉列表中单击需要的数据类型选项，如【Excel】选项。弹出【打开】对话框，单击【打开】对话框中的目标文件后，单击【打开】按钮，如图 5-19 所示。

图 5-19　用数据连接的方法插入查询表

步骤 ② 在弹出的【导航器】对话框中勾选需要插入的查询表名称前面的复选框，单击【确定】按钮，如图 5-20 所示。

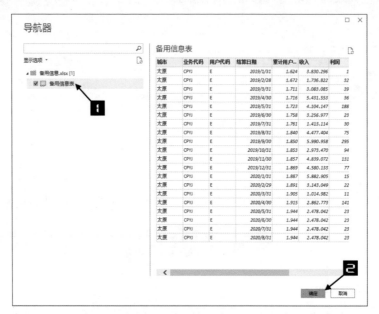

图 5-20 插入查询表

即可在 Power Query 编辑器中看到，【查询】窗格中新增了一个名为"备用信息表"的查询表，如图 5-21 所示。

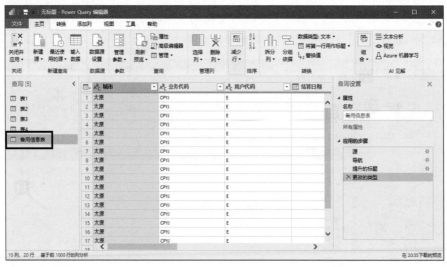

图 5-21 插入后的查询表

前文所有介绍过的连接数据源及创建查询表的方法，都可以用来为原数据表插入新的查询表，这里不再赘述。

2. 删除查询表

若要删除多余的查询表，只需要在【查询】窗格中右击该查询表名称，在弹出的快捷菜单中单击【删除】选项，如图 5-22 所示。

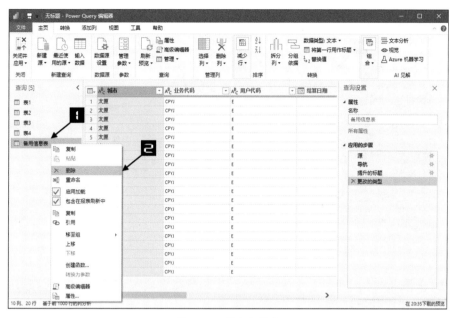

图 5-22　删除查询表

此时，会弹出【删除查询】提示对话框，提示用户是否确定删除该查询表，单击【删除】按钮，如图 5-23 所示，即可删除查询表。删除后，在【查询】窗格中就看不到对应的查询表了。

图 5-23　【删除查询】提示对话框

若单击【取消】按钮，可撤销刚才的删除操作。

 提示　如果要同时删除多个查询表，可以按住 <Ctrl> 键选中多个查询表，右击，在弹出的快捷菜单中单击【删除】选项。

5.3.4　新建、管理、删除组

为了方便查看和管理 Power Query 编辑器中较多的查询表，可以使用分组的方法，对多个查询表进行分类组织和管理。此外，在编辑器中，还可以对组进行删除、折叠、展开等操作。

1. 新建组

步骤 ❶　在【查询】窗格中右击需要分组的查询表名称，在弹出的快捷菜单中依次单击【移至组】→【新建组】选项，如图 5-24 所示。

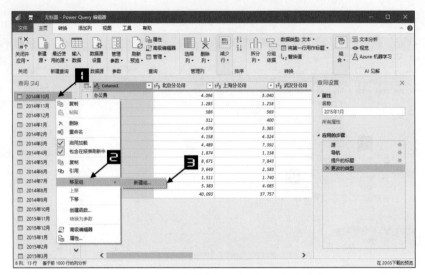

图 5-24　新建组

步骤 2　在弹出的【新建组】对话框【名称】编辑框中输入该组名称，如 "2014 年"，单击【确定】按钮，如图 5-25 所示。

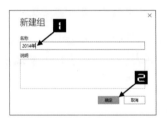

图 5-25　【新建组】对话框

查询表 "2014 年 10 月" 即可移至新建的 "2014 年" 组中，同时，其他查询表将自动移至 "其他查询" 组中，如图 5-26 所示。

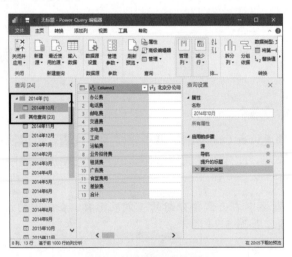

图 5-26　新建组后的结果

2. 移动查询表到组位置

右击要移动至新建组的查询表，在弹出的快捷菜单中依次单击【移至组】→【2014年】选项，如图 5-27 所示。

重复以上操作，把相关的查询表移至新建组。也可以按住 <Ctrl> 键，一次选中多个查询表，右击，在弹出的快捷菜单中依次单击【移至组】→【2014年】选项，把多个查询表移至新建组中，如图 5-28 所示。

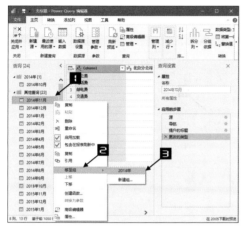 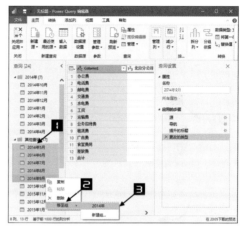

图 5-27　移动查询表至组中　　　　　图 5-28　批量移动查询表至组中

 在按住 <Ctrl> 键的同时单击多个查询表，可以为多个选中的查询表新建组。

3. 折叠、展开组

单击组名称左侧的折叠按钮，可以将该组折叠；再次单击该按钮，可以展开该组，如图 5-29 所示。

按住 <Ctrl> 键的同时选中多个组名称并右击，在弹出的快捷菜单中单击【全部折叠】选项，可以将所有组同时折叠，如图 5-30 所示。

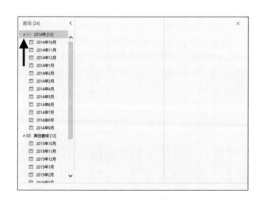 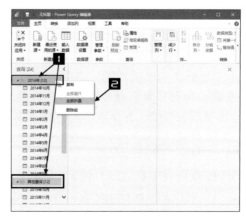

图 5-29　折叠、展开组　　　　　　　图 5-30　全部折叠组

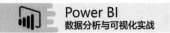

也可以使用同样的操作，同时展开所有组。

4. 删除组

在组名称上右击，在弹出的快捷菜单中单击【删除组】选项，弹出【删除组】提示对话框，提示是否删除该组及该组中的所有查询表。单击【删除】按钮，即可将其删除，如图 5-31 所示。

5. 取消、重命名组

在组名称上右击，在弹出的快捷菜单中单击【取消分组】选项，即可取消创建的组，如图 5-32 所示。

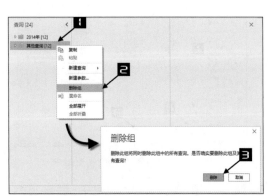

图 5-31　删除组

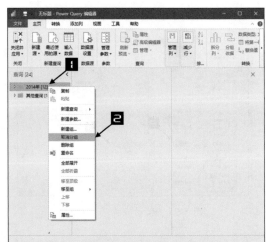

图 5-32　取消分组

单击如图 5-32 所示的快捷菜单中的【重命名】选项，可以为组进行重命名。

深入了解

在对"其他查询"组进行删除操作时，只能删除该组中的查询表，组将继续存在；在删除用户创建的组时，组及组中的查询表都将被删除。此外，"其他查询"组的组名称无法修改，用户创建组的组名称可以进行重命名。

5.4　清理不规范的数据

由于数据源的来源不同、多用户创建等问题，Power BI 连接到的数据源往往存在数据类型不准确、含有重复项和错误值、标题位置不对等一系列数据、格式不规范的情况，Power Query 编辑器有快捷、方便地清理各种不规范数据的功能，可以帮用户进行数据清理。

5.4.1　更改数据类型

有时，查询表中有很多不利于读取的数据类型，可能会对后续分析数据造成不必要的麻烦，此时，可以利用 Power Query 编辑器的"更改数据类型"功能和"转换"功能，快速处理不规范数据。

1. 更改数据类型

方法一：使用快捷菜单。

步骤 ❶ 打开"更改数据类型"文件，单击【主页】选项卡【查询】区域内的【转换数据】按钮，打开 Power Query 编辑器，如图 5-33 所示。

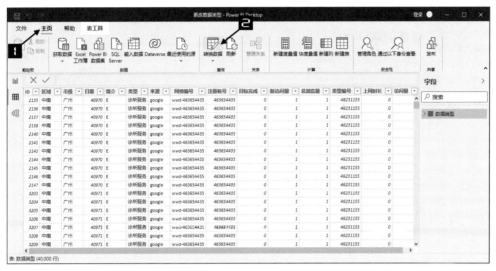

图 5-33　进入编辑器

步骤 ❷ 在需要更改数据类型的列标题上右击，在弹出的快捷菜单中依次单击【更改类型】→【文本】选项，在弹出的【更改列类型】提示对话框中单击【替换当前转换】按钮，如图 5-34 所示。

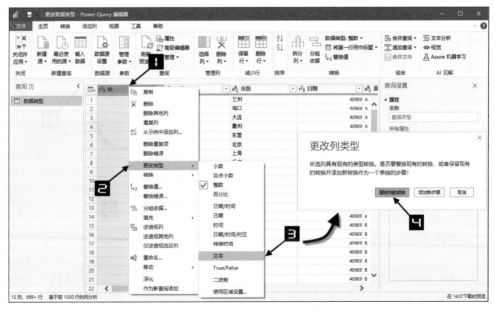

图 5-34　更改数据类型为文本

该列的数据类型即可全部更改为文本，如图 5-35 所示。

图 5-35　数据类型已更改为文本

使用同样的方法，可以将不规范的日期的数据类型更改为日期，如图 5-36 所示。

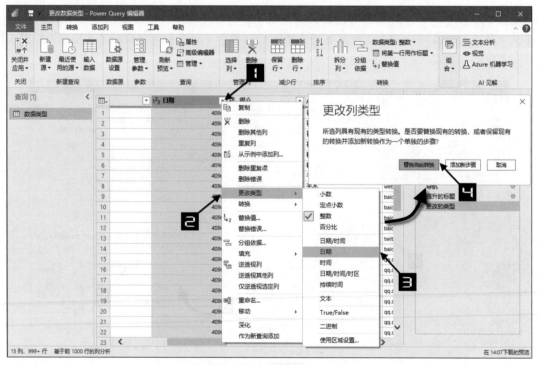

图 5-36　更改数据类型为日期

深入了解

有时，直接使用【替换当前转换】无法正确更改数据格式，必须保留原有列的属性才能完成更改。此时，可以单击【添加新步骤】按钮，把数据格式更改为用户所需要的格式，如图 5-37 所示。

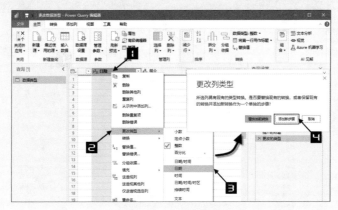

图 5-37　添加新步骤

方法二：使用功能区【转换】选项卡。

选中需要更改数据类型的列后，依次单击【转换】→【任意列】区域内的【数据类型：日期】按钮，同样可以进行数据类型的更改，如图 5-38 所示。

图 5-38　【转换】选项卡

2. 转换字母大小写

有以下两种等效操作，可以实现迅速转换字母大小写。

● 按住 \<Ctrl\> 键，选中需要转换字母大小写格式的多列，在列标题上右击，在弹出的快捷菜单中依次单击【转换】→【每个字词首字母大写】选项，如图 5-39 所示。

图 5-39　使用快捷菜单实现多列首字母转换

选中需要转换字母大小写格式的列后，依次单击【转换】→【文本列】区域内的【格式】按钮，在弹出的下拉列表中单击【每个字词首字母大写】选项，如图5-40所示。

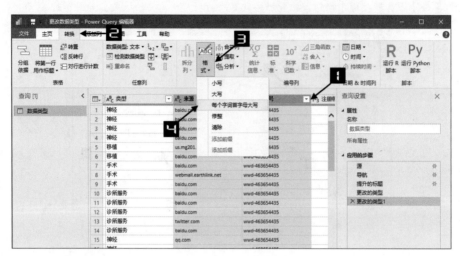

图5-40 使用选项卡实现多列首字母转换

完成以上任一操作，即可将选中的列中的首字母转换为需要的格式。

此外，单击下拉列表中的【大写】或【小写】选项，可以将所有单词或字母都转换为大写或小写格式。

深入了解

用户的所有操作都会被记录在【查询设置】窗格中，如果执行了错误操作或多余操作，可以在右侧的【查询设置】窗格中单击该操作前的【删除】按钮，撤销该操作，如图5-41所示。

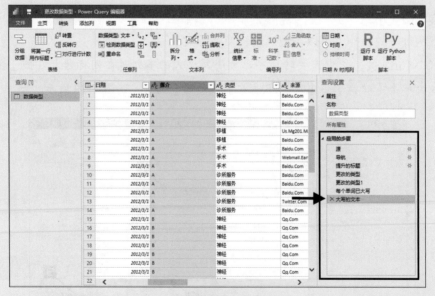

图5-41 【查询设置】窗格

5.4.2 删除文本中的空格和不可见字符

从数据库软件内导出，或从网页上复制下来的数据中，经常会夹杂着肉眼难以识别的非打印字符，也叫不可见字符，这些字符的存在，容易在引用、统计等对相关信息进行处理的过程中导致错误频出，使用 Power Query 编辑器的"修整"和"清除"功能，可以快速解决相关问题。

【修整】：删除所选列的每个单元格中的前导空格和尾随空格。

【清除】：清除所选列中的非打印字符。

如图 5-42 所示，选中要处理的文本列，依次单击【转换】→【文本列】区域内的【格式】按钮，在弹出的下拉列表中单击【修整】或【清除】选项。

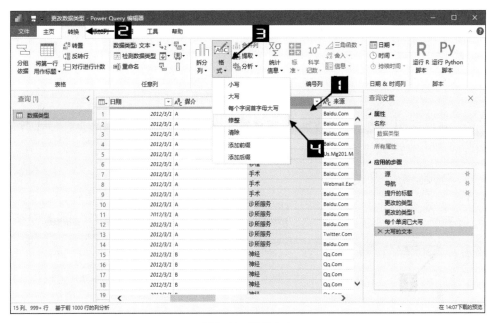

图 5-42　修整文本

其他数据在转换过程中出现错误时，也可以先使用"修整"或"清除"功能处理之后再转换。

5.4.3 删除重复项和保留重复项

重复项干扰是用户在处理数据时经常需要面对的问题，Power Query 编辑器有"删除重复项"功能，轻点几下，即可解决类似问题。

默认情况下，使用 Power Query 编辑器的"删除重复项"功能，将保留同类项中的第一个数据。配合一些其他设置，可以达到意想不到的效果。

使用"删除重复项"功能，筛选出数据表中的客户首次购买、客户最大订单、多次购买的客户等信息，具体操作步骤如下。

步骤 ❶ 启动 Power BI，依次单击【主页】→【数据】区域内的【Excel 工作簿】按钮，在【打开】对话框中选中目标文件，单击【打开】按钮，如图 5-43 所示。

图 5-43　数据连接

步骤 ② 在弹出的【导航器】对话框中,勾选需要连接的工作表前的复选框,单击【转换数据】按钮, 如图 5-44 所示。

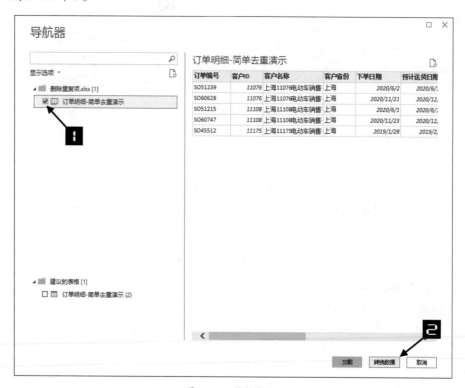

图 5-44　转换数据

步骤 ③ 选中第 9 列,按住 <Shift> 键后单击最后一列(第 13 列),即可选中第 9 列至第 13 列。依次单击【主页】→【管理列】区域内的【删除列】按钮,如图 5-45 所示,删除多余的列。

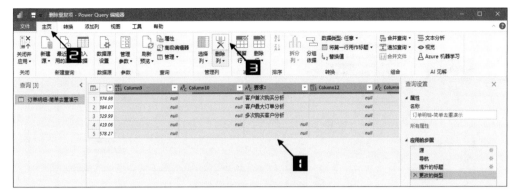

图 5-45　删除列

> **提示**　为了保证原数据表不被更改，在【查询】窗格中的"订单明细 - 简单去重演示"查询表名称上右击，在弹出的快捷菜单中单击【复制】选项，在窗格内任意一点处右击，在弹出的快捷菜单中单击【粘贴】选项，得到"订单明细 - 简单去重演示"查询表的副本，以下操作在副本中进行。

步骤 4　使用"删除重复项"功能，分析客户首次购买信息。

首先，选中"下单日期"列，依次单击【主页】→【排序】区域内的【升序排序】按钮，如图 5-46 所示。

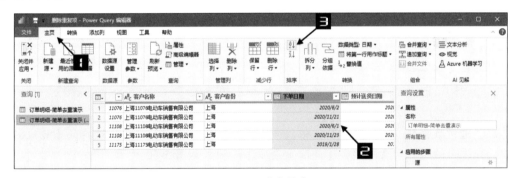

图 5-46　升序排序

其次，在"客户名称"列标题上右击，在弹出的快捷菜单中单击【删除重复项】选项，如图 5-47 所示。

图 5-47　删除重复项

此时，留下的数据是客户首次购买信息，如图 5-48 所示。

图 5-48　客户首次购买信息

步骤 5　使用"删除重复项"功能，分析客户最大订单信息。

首先，在"订单明细 - 简单去重演示"的另一副本中，选中"金额"列，依次单击【主页】→【排序】区域内的【降序排序】按钮，如图 5-49 所示。

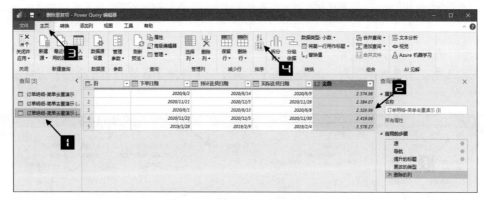

图 5-49　降序排序

其次，选中数据列"客户名称"，依次单击【主页】→【减少行】区域内的【删除行】下拉按钮，在弹出的下拉列表中单击【删除重复项】选项，如图 5-50 所示。

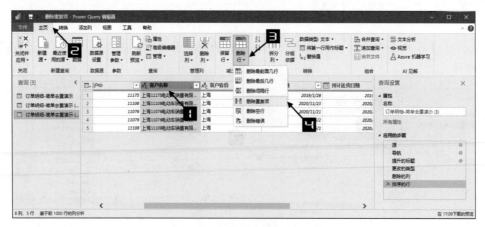

图 5-50　删除重复项

如图 5-51 所示，留下的数据是客户最大订单信息。

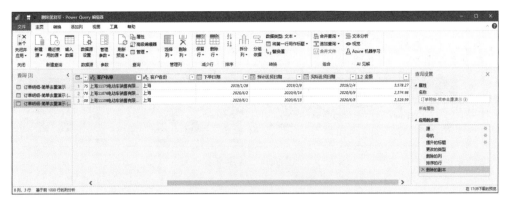

图 5-51　客户最大订单信息

[步骤 **6**] 使用"保留重复项"功能，分析多次购买的客户。

在"订单明细 - 简单去重演示"的另一副本中，选中"客户名称"列，依次单击【主页】→【减少行】区域内的【保留行】下拉按钮，在弹出的下拉列表中单击【保留重复项】按钮，如图 5-52 所示。

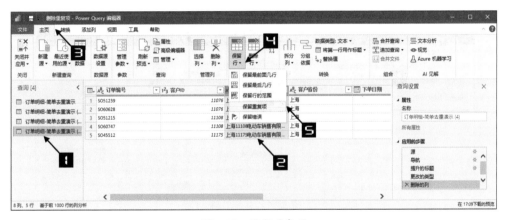

图 5-52　保留重复项

如图 5-53 所示，是保留重复项后得到的所有多次购买的客户信息。

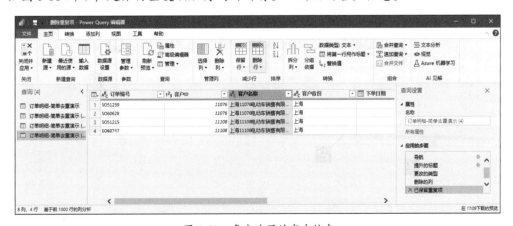

图 5-53　多次购买的客户信息

> **提示** 多次排序后，若在单击【删除重复项】选项时显示出错，可以在选中排序列后，依次单击【转换】→【任意列】区域内的【检测数据类型】按钮，取消排序，如图 5-54 所示，从而使【删除重复项】能够正确使用。

图 5-54　检测数据类型

5.4.4　删除错误值

不同类型的数据混合在同一列中时，往往会给后续的数据分析造成很大的麻烦，使用 Power Query 编辑器的"删除错误值"功能，可以轻松处理这些数据。

方法一：使用功能区【主页】选项卡及快捷菜单。

步骤❶ 启动 Power BI，打开"删除错误"文件，依次单击【主页】→【查询】区域内的【转换数据】按钮，如图 5-55 所示，打开 Power Query 编辑器。

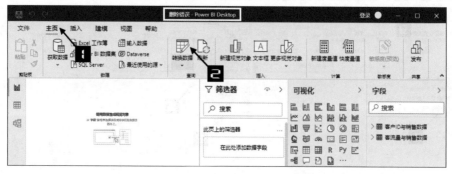

图 5-55　转换数据

步骤❷ 在【查询】窗格中单击选中"客户 ID 与销售数据"查询表，选中"客户 ID"列，依次单击【主页】→【转换】区域内的【数据类型：任意】下拉按钮，在弹出的下拉列表中单击【整数】选项，如图 5-56 所示。

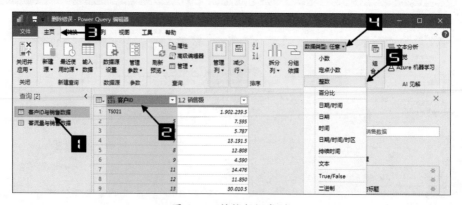

图 5-56　转换数据类型

步骤 ❸ 在"客户 ID"列名称上右击，在弹出的快捷菜单中单击【删除错误】选项，如图 5-57 所示。

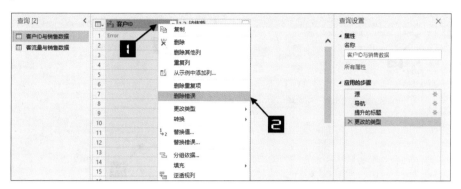

图 5-57　删除错误

此时，所有 Error 错误值所在的行都被删除，最终效果如图 5-58 所示。

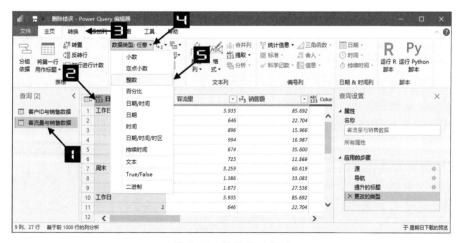

图 5-58　删除错误值后的效果

方法二：使用功能区【转换】选项卡及【主页】选项卡。

步骤 ❶ 在【查询】窗格中选中"客流量与销售数据"查询表，选中"日期"列，依次单击【转换】→【任意列】区域内的【数据类型：任意】下拉按钮，在弹出的下拉列表中单击【整数】选项，如图 5-59 所示。

图 5-59　转换数据类型

[步骤 2] 选中"日期"列，依次单击【主页】→【减少行】区域内的【删除行】下拉按钮，在弹出的下拉列表中单击【删除错误】选项，如图 5-60 所示。

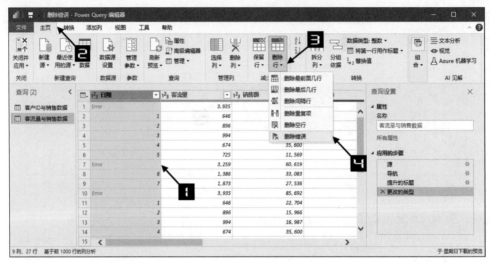

图 5-60　删除错误

同样，所有 Error 错误值所在的行都被删除，最终效果如图 5-61 所示。

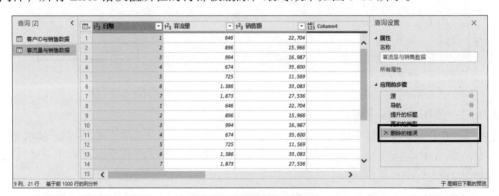

图 5-61　删除错误值的效果

5.4.5 将第一行用作标题

数据列表是各种数据处理软件中的最佳数据呈现形式，在数据列表中，可以利用列字段进行多种数据的分析处理。

本示例介绍如何使用 Power Query 编辑器的"将第一行用作标题"功能，快速生成数据列表。

[步骤 1] 打开需要处理的原始文件"将第一行用作标题"，依次单击【主页】→【查询】区域内的【转换数据】按钮，打开 Power Query 编辑器。在【数据编辑区】中可以看到，列标题处显示的并不是用户想要的列标题，数据源的列标题位于第 2 行，如图 5-62 所示。

图 5-62　数据连接后的初始状态

步骤 **2** 依次单击【转换】→【表格】区域内的【将第一行用作标题】按钮，如图 5-63 所示。

图 5-63　将第一行用作标题

步骤 **3** 重复步骤 2 的操作，直至原行 2 中的内容升为列标题，如图 5-64 所示。

图 5-64　原行 2 中的内容升为列标题后的效果

5.4.6 替换数据值和错误值

在 Power Query 编辑器中，"替换值"功能及"替换错误"功能与其他 Office 软件中的"替换"功能的使用方法类似。

1. 替换值

[步骤 **1**] 选中需要替换值的列，依次单击【主页】→【转换】区域内的【替换值】按钮，如图 5-65 所示。

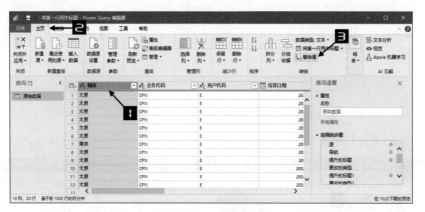

图 5-65　替换值

[步骤 **2**] 在弹出的【替换值】对话框中，在【要查找的值】和【替换为】文本框中分别输入"南京"和"西安"，单击【确定】按钮，如图 5-66 所示。

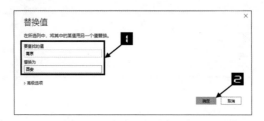

图 5-66　【替换值】对话框

此时，所有"南京"都被替换为"西安"，效果如图 5-67 所示。

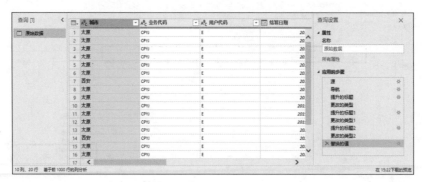

图 5-67　替换值后的效果

2. 替换错误

[步骤 **1**] 右击需要替换错误的列的列标题，如"年份"列标题，在弹出的快捷菜单中单击【替换错误】选项，如图 5-68 所示。

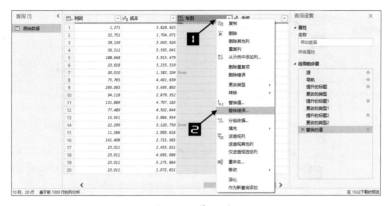

图 5-68　替换错误

步骤 2 弹出【替换错误】对话框，在【值】文本框中输入"2019"，单击【确定】按钮，如图 5-69 所示。

图 5-69　【替换错误】对话框

如图 5-70 所示，为替换错误后的效果。

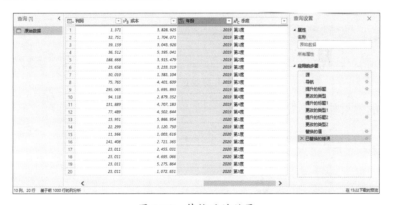

图 5-70　替换后的效果

5.4.7　填充相邻数据

将数据源导入 Power BI 后，合并单元格或空单元格会显示为 null 值，使用 Power Query 编辑器的"填充"功能，可以向下或向上，将所有 null 值填充为所选列的相邻单元格中的值。

有以下两种等效操作可以完成对相邻数据的填充。

1. 使用快捷菜单

🔹 右击需要向下填充数据的列的列标题，在弹出的快捷菜单中依次单击【填充】→【向下】选项，如图 5-71 所示。

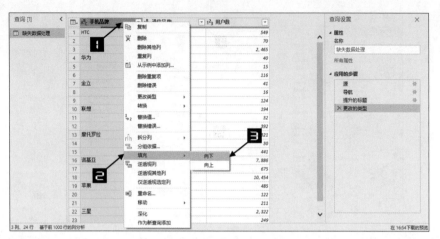

图 5-71　使用快捷菜单向下填充

2. 使用功能区选项

💧 选中需要填充数据的列，依次单击【转换】→【任意列】区域内的【填充】下拉按钮，在弹出的下拉列表中单击【向下】选项，如图 5-72 所示。

图 5-72　使用功能区选项向下填充

向下填充后的效果如图 5-73 所示。

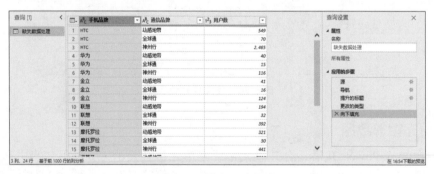

图 5-73　填充后的效果

视频　根据本书前言的提示，可观看"Power Query 清洗规范数据实战"的视频讲解。

第 6 章

管理行列数据

本章将向读者介绍如何在 Power BI 中使用 Power Query 编辑器对导入后的数据进行简单的行列整理操作，如删除行数据、行列数据转置、合并和拆分列数据、添加列数据等。

6.1 转置行列数据

当数据源的行列设置不符合大众的阅读习惯时，使用 Power Query 编辑器的转置功能，可以对行列数据进行翻转，使之变成符合大多数读者阅读习惯的行列布局。

数据源的行列布局如图 6-1 所示。

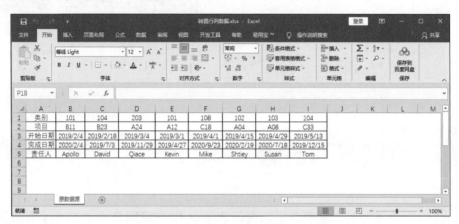

图 6-1　数据源的行列布局

步骤① 启动 Power BI，将"行列数据转置 .xlsx"连接到应用程序中，依次单击【主页】→【查询】区域内的【转换数据】按钮，进入 Power Query 编辑器。

步骤② 在 Power Query 编辑器界面，依次单击【转换】→【表格】区域内的【转置】按钮，如图 6-2 所示。

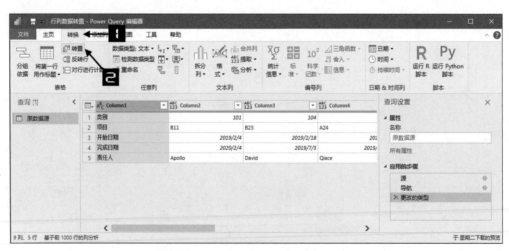

图 6-2　转置行列数据

步骤③ 如图 6-3 所示，行列数据已经进行了翻转，单击【表格】区域内的【将第一行用作标题】按钮。

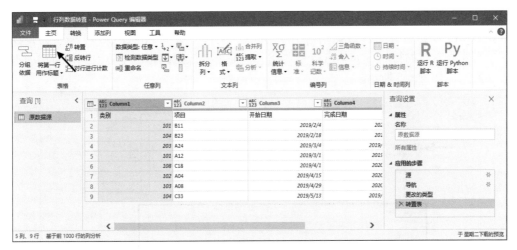

图 6-3　将第一行用作标题

步骤 4 数据表显示为最佳的查看布局，依次单击【主页】→【排序】区域内的【升序排序】
按钮，使数据按"类别"升序排序，如图 6-4 所示。

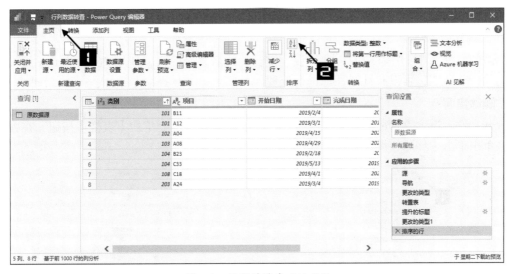

图 6-4　转置并排序后的效果

6.2　行数据的基本操作

本节将对查看行数据信息、删除和保留行等基本操作进行详细介绍。

6.2.1　查看整行的数据信息

当查询表的行列数据较多时，在 Power Query 编辑器窗口最下方的状态栏左侧可以看到具
体的行列总数信息，通过拖动数据编辑区右侧的滚动条，可以查看被遮挡的行列数据信息，
如图 6-5 所示。如果想更加迅速、精准、全面地查看某行内所有单元格的数据信息，可以使用

Power Query 的"查看行数据信息"功能。

启动 Power BI,打开"行数据信息分析 .pbix"文件,进入 Power Query 编辑器,在数据编辑区单击要查看行的行号,如单击行号"18",即可在数据编辑区下方看到该行中所有单元格的详细数据,如图 6-5 所示。

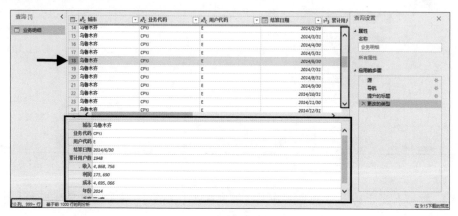

图 6-5　查看行信息

6.2.2　删除行数据

加载的数据源中,往往会有一些错误、空行,或者多余的行,使用 Power Query 编辑器中的"删除行"功能,可以有针对性地进行处理。

1. 删除错误

打开文件,进入 Power Query 编辑器,右击数据编辑区左上角的【表格】按钮,在弹出的快捷菜单中单击【删除错误】选项,如图 6-6 所示。

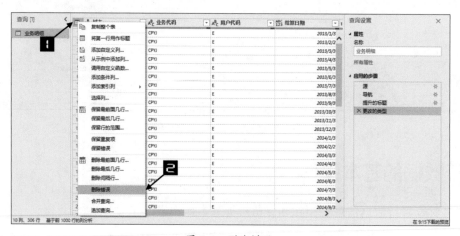

图 6-6　删除错误

2. 删除空行

打开文件,进入 Power Query 编辑器,依次单击【主页】→【减少行】区域内的【删除行】→【删除空行】选项,如图 6-7 所示。

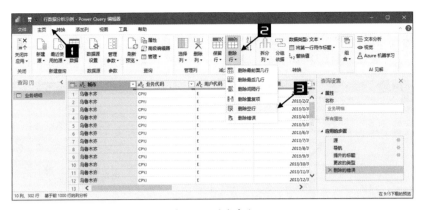

图 6-7　删除空行

查询表中的错误和空行即可被删除。

3. 删除最前面几行

[步骤 ①] 在查询表中，依次单击【主页】→【减少行】区域内的【删除行】→【删除最前面几行】选项，如图 6-8 所示。

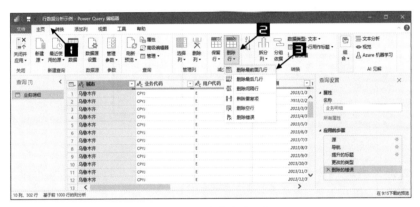

图 6-8　删除最前面几行

[步骤 ②] 在弹出的【删除最前面几行】对话框的【行数】文本框中输入要删除的行数，如"10"，单击【确定】按钮，如图 6-9 所示。

图 6-9　【删除最前面几行】对话框

即可删除查询表的最前面 10 行。

4. 删除最后几行

在查询表中，依次单击【主页】→【减少行】区域内的【删除行】→【删除最后几行】选项，在弹出的【删除最后几行】对话框的【行数】文本框中输入要删除的行数，如"10"，单击【确定】按钮，即可删除查询表的最后 10 行。

5. 删除间隔行

步骤1 为了观察方便，为数据源添加一个索引列。依次单击【添加列】→【常规】区域内的【索引列】下拉按钮，在弹出的下拉列表中单击【从1】选项，如图6-10所示。

图6-10 添加索引列

步骤2 此时，在数据查询表的最后一列，出现从1开始的索引列，如图6-11所示。

图6-11 索引列

步骤3 右击数据编辑区左上角的【表格】按钮，在弹出的快捷菜单中单击【删除间隔行】选项，如图6-12所示。

图6-12 删除间隔行

步骤4 在【删除间隔行】对话框的【要删除的第一行】文本框中输入要删除的起始行，如"8"；在【要删除的行数】文本框中输入要删除的总行数，如"20"；在【要保留的行数】文本框中输入完成删除后要保留的行数，如"5"，单击【确定】按钮，如图6-13所示。

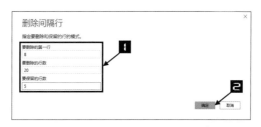

图 6-13 【删除间隔行】对话框

根据"索引"列可以看出，从第 8 行开始，删除了 20 行数据，保留了随后的 5 行数据，如图 6-14 所示。

图 6-14 删除后的效果

6.2.3 保留行数据

用户有时需要对查询表中的某些行数据进行分析处理，使用 Power Query 编辑器中的"行保留"功能，可以保留前几行、最后几行，甚至间隔保留。

1. 保留最前面几行

步骤① 打开文件，进入 Power Query 编辑器，为了保证"业务明细"查询表中的内容不受影响，可以复制查询表，粘贴几个查询表副本。

步骤② 单击切换至"业务明细（2）"查询表，依次单击【主页】→【减少行】区域内的【保留行】按钮，在弹出的下拉列表中单击【保留最前面几行】选项，如图 6-15 所示。

图 6-15 保留最前面几行

步骤 ③ 在弹出的【保留最前面几行】对话框的【行数】文本框中输入要保留的行数，如"15"行，单击【确定】按钮，如图 6-16 所示。

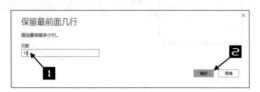

图 6-16 保留的行数

如图 6-17 所示，是前 15 行的所有数据信息。

图 6-17 保留的前 15 行数据

2. 保留最后几行

步骤 ① 单击切换至"业务明细（3）"查询表，右击数据编辑区左上角的【表格】按钮，在弹出的下拉列表中单击【保留最后几行】选项，如图 6-18 所示。

图 6-18 保留最后几行

步骤 ② 在弹出的【保留最后几行】对话框的【行数】文本框中输入要保留的行数，如"5"，单击【确定】按钮，如图 6-19 所示。

图 6-19　保留的行数

如图 6-20 所示，是最后 5 行的所有数据信息。

图 6-20　保留的最后 5 行数据

3. 保留行的范围

步骤① 单击切换至"业务明细（4）"查询表，依次单击【主页】→【减少行】区域内的【保留行】按钮，在弹出的下拉列表中单击【保留行的范围】选项，如图 6-21 所示。

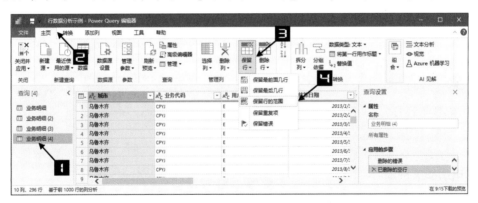

图 6-21　保留确定范围的行

步骤② 在【保留行的范围】对话框的【首行】文本框中输入要保留的起始行，如"10"；在【行数】文本框中输入要保留的行数，如"8"，单击【确定】按钮，如图 6-22 所示。

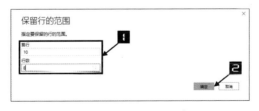

图 6-22　设置保留行的范围

如图 6-23 所示，是"业务明细（4）"查询表中从第 10 行开始保留的 8 行数据。

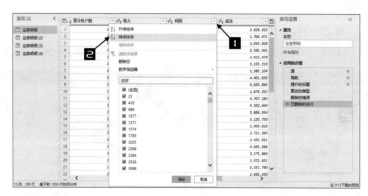

图 6-23　保留的数据

6.3　排序行数据

在 Power Query 编辑器中，有以下两种等效操作可以对查询表数据进行排序。

1. 使用快捷菜单

💧　单击需要进行排序的列标题右侧的下拉按钮，在弹出的下拉列表中单击【降序排序】选项，如图 6-24 所示，使利润从高到低进行排序。

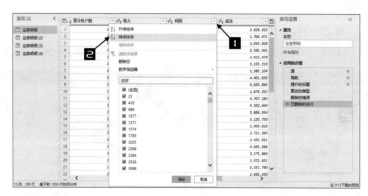

图 6-24　降序排序

2. 使用功能区选项

💧　选中需要排序的列，依次单击【主页】→【排序】区域内的【升序排序】按钮，如图 6-25 所示，使利润从低到高进行排序。

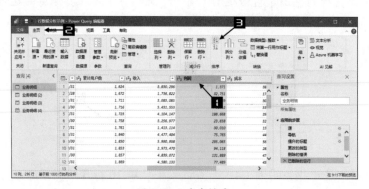

图 6-25　升序排序

6.4 筛选行数据

使用 Power Query 编辑器的"筛选"功能，可以将不符合特定条件的行隐藏起来，仅显示符合特定条件的行。如果加载的数据文件内有错误，会弹出如图 6-26 所示的【加载】提示对话框，提示用户已加载查询的数据文件内包含错误。

图 6-26　错误提示

单击图 6-26 中的【查看错误】按钮，进入 Power Query 编辑器界面，可以看到被系统筛选出来的四条错误值，如图 6-27 所示。

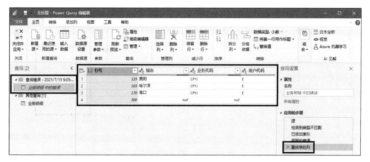

图 6-27　内置筛选功能

Power Query 编辑器的筛选功能很强大，对数字、文本、日期等不同类型的数据，内置了多种筛选选项。

6.4.1 按照文本的特征筛选

步骤 ❶ 启动 Power BI，打开目标文件，进入 Power Query 编辑器。单击"产品类别"列标题右侧的下拉按钮，在弹出的下拉列表中取消对【（全选）】复选框的勾选，勾选【办公用品】复选框，如图 6-28 所示。

图 6-28　文本筛选

此时，所有产品类别为"办公用品"的数据都被筛选并显示，如图 6-29 所示。

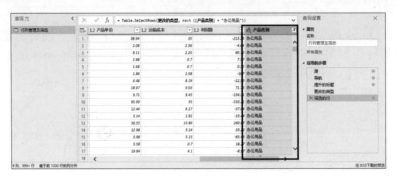

图 6-29　筛选的最终效果

步骤 ② 在筛选列表中单击【文本筛选器】右侧的箭头，在弹出的下拉列表中，可以看到更多的筛选选项，如图 6-30 所示。

图 6-30　文本筛选器

步骤 ③ 有两种方法可以取消本次筛选，一是单击【应用的步骤】区域中【筛选的行】前面的取消按钮；二是依次单击处于筛选状态的列列标题右侧的筛选按钮→【清除筛选器】选项，如图 6-31 所示。

图 6-31　取消筛选

6.4.2　按照日期的特征筛选

步骤 ① 打开目标文件，在"签收日期"列标题上右击，在弹出的快捷菜单中依次单击【更改类型】→【日期】选项，如图 6-32 所示。

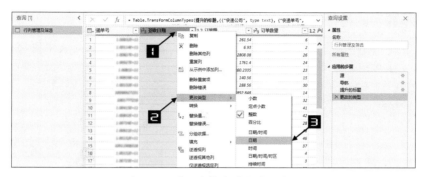

图 6-32　对日期格式进行更改类型

步骤❷　在弹出的【更改列类型】对话框中单击【替换当前转换】按钮，如图 6-33 所示，完成日期格式的转换。

图 6-33　【更改列类型】对话框

步骤❸　单击 "签收日期" 列标题右侧的下拉按钮，在弹出的下拉列表中依次单击【日期筛选器】→【年】→【去年】选项，如图 6-34 所示。

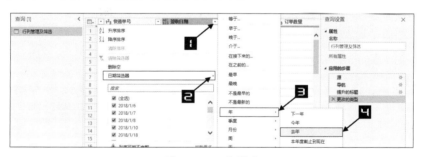

图 6-34　日期筛选

如图 6-35 所示，相关数据被筛选显示。

图 6-35　筛选后的结果

6.4.3 按照数字的特征筛选

步骤① 单击"订单额"列标题右侧的下拉按钮，在弹出的下拉列表中依次单击【数字筛选器】→【大于】选项，如图 6-36 所示。

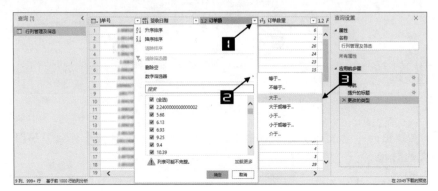

图 6-36　按数字特征进行筛选

步骤② 弹出【筛选行】对话框，在【大于】文本框中输入"10,000"，选中【且】单选钮，在【小于】文本框中输入"15,000"，单击【确定】按钮，如图 6-37 所示。

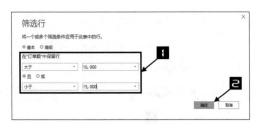

图 6-37　【筛选行】对话框

如图 6-38 所示，订单额在 10,000 到 15,000 之间的数据被筛选显示。

图 6-38　筛选后的结果

6.5　列数据的基本操作

在 Power Query 编辑器中，对列数据的操作更加丰富多样，用户不但可以对列的宽度、位置进行调整，对列进行重命名，还可以对列进行选择、删除等更多操作。

6.5.1 调整列宽和重命名列标题

对列进行的最基本操作是调整列宽，以及重命名列标题。

1. 调整列宽

将鼠标指针悬浮在列标题右侧，当其变为如图 6-39 所示的双向箭头时，向左 / 向右拖动鼠标，即可调整列宽。需要强调的是，当列宽为默认宽度时，在默认设置下，不能减小列宽。

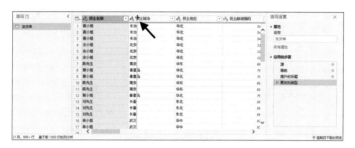

图 6-39　调整列宽

2. 重命名列标题

步骤 1　在列标题上右击，在弹出的快捷菜单中单击【重命名】选项，列标题即进入编辑状态，如图 6-40 所示。

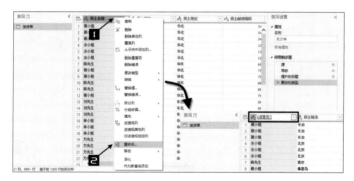

图 6-40　列标题的重命名

步骤 2　输入新的列标题"货主"，按下 <Enter> 键，完成对列标题的重命名，如图 6-41 所示。

图 6-41　重命名后的效果

Power BI
数据分析与可视化实战

6.5.2 移动列位置

为了满足实际工作需要，便于查看某列的数据信息，可以对列使用"移动到"功能，将某列数据向左、向右移动，甚至直接移至表的开头或末尾。

有以下三种等效操作可以移动列的位置。

1. 使用快捷菜单

在目标列的列标题上右击，单击弹出的快捷菜单中【移动】选项右侧的箭头，在弹出的下一级列表中，可以看到如下四个选项。

【向左移动】：每单击一次，目标列向左移动一次。

【向右移动】：每单击一次，目标列向右移动一次。

【移到开头】：单击该选项，直接将目标列移至表的开头位置。

【移到末尾】：单击该选项，直接将目标列移至表的末尾位置。

🔘 在"货主地区"列标题上右击，在弹出的快捷菜单中依次单击【移动】→【移到开头】选项，如图 6-42 所示，即可将"货主地区"列移至表的开头。

图 6-42　使用快捷菜单移动列

2. 使用功能区选项

🔘 依次单击【转换】→【任意列】区域内的【移动】下拉按钮，在弹出的下拉列表中单击任意选项，如【向右移动】，如图 6-43 所示。

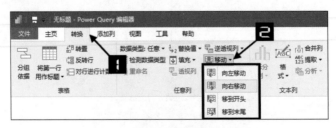

图 6-43　使用功能区选项移动列

3. 手动拖动

♦ 在目标列的列标题上单击，待目标列的列标题呈黑色显示后，向左或向右拖动鼠标，即可向左或向右移动目标列。移动过程中，与某列的列标题重合（部分重合）时，该列左侧出现垂直的黑线提示，此时松开鼠标，即可将目标列移至黑线提示位置，如图 6-44 所示。

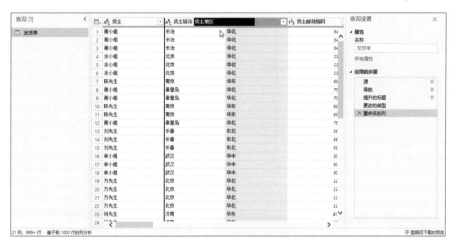

图 6-44　通过手动拖动移动列

6.5.3　选择和删除列

当数据查询表中的列较多时，可以使用"选择"功能，快速定位至要查看的列，或只保留部分需要的列数据。当数据查询表中有不再被需要的列数据时，可以使用"删除"功能，删除多余的列。

1. 选择列

步骤 ① 在查询表副本"发货单（2）"中，依次单击【主页】→【管理列】区域内的【选择列】下拉按钮，在弹出的下拉列表中单击【选择列】选项，如图 6-45 所示。

图 6-45　选择列

步骤 ❷ 在弹出的【选择列】对话框中，先取消对【（选择所有列）】复选框的勾选，再勾选需要选择的列对应的复选框，如【客户 ID】【订单 ID】和【到货日期】，单击【确定】按钮，如图 6-46 所示。

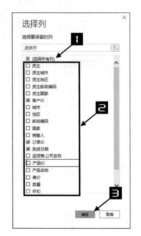

图 6-46 【选择列】对话框

此时，数据编辑区中只保留被勾选的列，其他列被删除，如图 6-47 所示。

图 6-47 选择列后的结果

2. 转到列

步骤 ❶ 在查询表副本"发货单（3）"中，依次单击【主页】→【管理列】区域内的【选择列】下拉按钮，在弹出的下拉列表中单击【转到列】选项，如图 6-48 所示。

图 6-48 转到列

步骤② 在弹出的【转到列】对话框中，单击需要定位的列，如"产品名称"，单击【确定】按钮，如图 6-49 所示，即可快速定位至选中的列。

图 6-49 【转到列】对话框

3. 删除列

如图 6-50 所示，按住 <Ctrl> 键，选中不相邻的列，如"货主""货主地区"和"货主邮政编码"，依次单击【主页】→【管理列】区域内的【删除列】下拉按钮，在弹出的下拉列表中单击【删除列】选项，即可删除被选中的所有列。

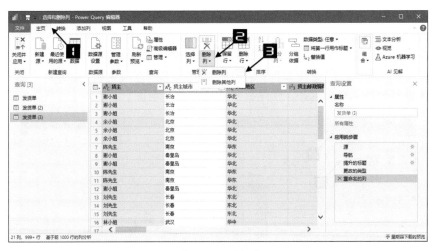

图 6-50 删除列

4. 删除其他列

在图 6-50 中，单击【删除其他列】选项，将删除被选中列之外的所有列，保留被选中的列。

6.6 添加列数据

在数据分析实践中，有时需要在原数据的基础上增加一些辅助列。Power Query 编辑器有丰富的添加列功能，可以添加重复列、索引列，甚至条件列和自定义列。

6.6.1 添加重复列

添加重复列就是把选中的列进行复制并创建一个新列，当原数据列中的数据发生变化时，重复列也发生相应的变化。

需要将目标列中的数据进行拆分、提取时，可使用"添加重复列"功能，先复制生成新列，再进行相应的操作。

步骤❶ 打开目标文件，进入 Power Query 编辑器。单击第一列，按住 <Shift> 键的同时单击第四列，选中前四列。依次单击【主页】→【管理列】区域内的【删除列】→【删除其他列】选项，如图 6-51 所示，保留前四列数据。

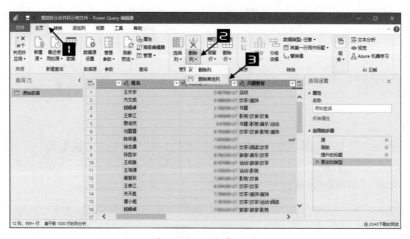

图 6-51　删除其他列

步骤❷ 选中"姓名"列，依次单击【添加列】→【常规】区域内的【重复列】选项，如图 6-52 所示。或在目标列的列标题上右击，在弹出的快捷菜单中单击【重复列】选项，如图 6-53 所示。

图 6-52　添加重复列——使用功能区选项

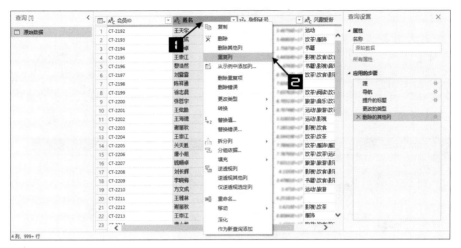

图 6-53　添加重复列——使用快捷菜单

即可在查询表末尾添加一个"姓名 - 复制"列，如图 6-54 所示。

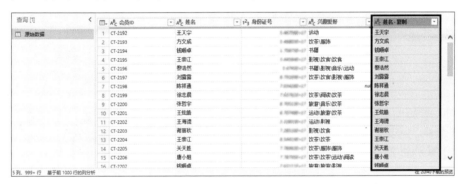

图 6-54　添加重复列的结果

6.6.2　添加索引列

依次单击【添加列】→【常规】区域内【索引列】按钮右侧的下拉按钮，在弹出的下拉列表中单击【从 0】或【从 1】选项，如图 6-55 所示，即可为查询表添加一个从 0 或从 1 开始的索引列。

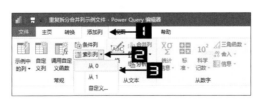

图 6-55　添加索引列

6.6.3　添加条件列

条件列的功能与 Excel 中的 IF 函数类似，可以根据指定的条件，从某些列中获取数据并计算生成新列。在实现复杂的嵌套条件筛选时，使用条件列更加直观，易于理解。

根据"订单总价"为订单制定等级，具体操作步骤如下。

步骤 1 打开目标文件，进入 Power Query 编辑器。依次单击【添加列】→【常规】区域内的【条件列】选项。弹出【添加条件列】对话框，在【新列名】文本框中输入新列的名称，如"订单等级"，单击【列名】下拉按钮，在弹出的下拉列表中选择"总价"，在【运算符】下拉列表中选择"大于或等于"，在【值】和【输出】文本框中分别输入"5,000"和"高"，完成对 IF 函数所有参数的设置。单击【添加子句】按钮，如图 6-56 所示。

图 6-56　添加条件列

步骤 2 添加判断语句。使用同样的方法，对 Else If 进行参数设置，【列名】选择"总价"，【运算符】选择"大于或等于"，【值】和【输出】文本框中分别输入"3,000"和"中"。在【ELSE】参数文本框中输入"低"，单击【确定】按钮，如图 6-57 所示。

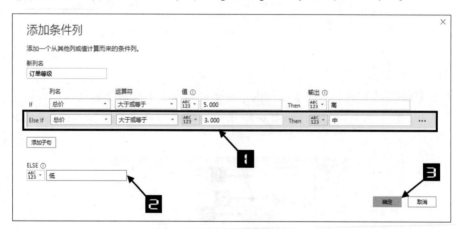

图 6-57　添加判断语句

步骤 3 条件分析。满足第一个判断条件"大于或等于 5,000"时，执行第一个判断"高"；满足第二个判断条件"大于或等于 3,000"时，执行第二个判断"中"，否则，执行第三个判断"低"。

如图 6-58 所示，可以看到添加的条件列"订单等级"。

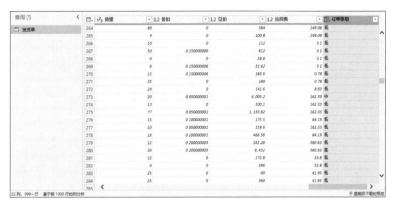

图 6-58　添加的条件列

6.6.4　添加自定义列

当内置的添加列功能无法满足用户需求时，用户可以使用自定义功能实现对新列的添加。利用"总价 = 数量 × 单价"创建"总价"列，具体操作步骤如下。

步骤 ❶ 打开目标文件，进入 Power Query 编辑器。依次单击【添加列】→【常规】区域内的【自定义列】按钮，如图 6-59 所示。

图 6-59　自定义列

步骤 ❷ 在弹出的【自定义列】对话框【新列名】文本框中输入列标题"总价"，在【可用列】列表中双击"数量"，【自定义列公式】文本框中的等号"="后会自动添加用中括号括起来的公式参数"数量"，插入乘号"*"后，双击【可用列】列表中的"单价"，添加参数"单价"，即可完成对自定义公式的输入，单击【确定】按钮，如图 6-60 所示。

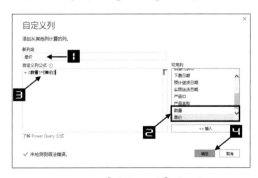

图 6-60　【自定义列】对话框

如图 6-61 所示，"总价"列即为刚刚添加的自定义列。

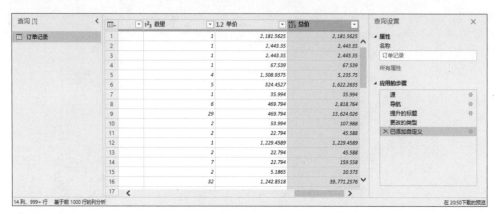

图 6-61　新添加的自定义列

步骤 ③　若需要修改已添加的自定义列，在【查询设置】窗格中双击【应用的步骤】列表中的【已添加自定义】选项，如图 6-62 所示，即可打开【自定义列】对话框，修改所创建的自定义列公式。

图 6-62　修改自定义列公式

深入了解

（1）自定义列语法和 Excel 公式类似，所不同的只是这里引用的不是单元格，而是列名。

（2）在【自定义列】对话框中，同样可以输入函数进行计算。在 Power Query 中使用的函数叫 M 函数。

（3）利用公式添加自定义列时，可在【自定义列】对话框左下角看到检测语法错误的指示器。若一切正常，显示绿色的钩形图形；若语法中存在错误，显示黄色警告图标及检测到的错误。

6.7　从列中提取文本数据

用户常常需要从文本中提取部分字符做进一步处理，如从身份证号码中提取出生年月、从产品编号中提取字符、从学员编号中提取年级号等，使用 Power Query 的"提取"功能，不需要借助任何函数，完全界面化操作即可。

以提取身份证信息为例，使用 Power Query "提取" 功能的具体操作步骤如下。

身份证号（18 位）：6 位地址码，8 位出生日期码，3 位顺序码和 1 位检验码。其中，3
位顺序码的最后一位为奇数，表示为男性，偶数则表示为女性。

步骤 ① 打开目标文件，进入 Power Query 编辑器。单击第一列，按住 <Shift> 键的同时单
击第四列，选中前四列后在列标题任意一点处右击，在弹出的快捷菜单中单击【删除其他列】
选项，如图 6-63 所示，保留前四列。

图 6-63　删除其他列

步骤 ② 转换数据类型为文本，以便进行数据提取。选中"身份证号"列，依次单击【转
换】→【任意列】区域内【数据类型：整数】右侧的下拉按钮，在弹出的下拉列表中单击【文
本】选项，如图 6-64 所示。

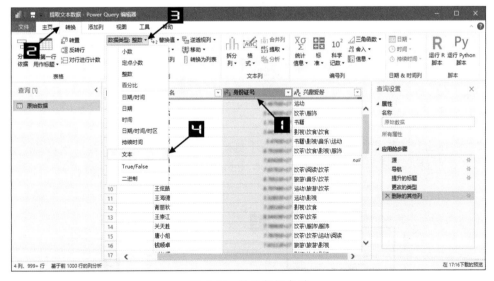

图 6-64　转换数据类型

步骤 ③ 在"身份证号"列标题上右击，在弹出的快捷菜单中单击【重复列】选项，如图 6-65
所示。

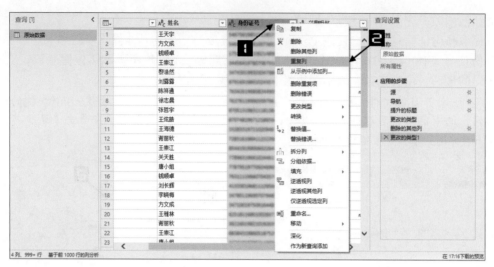

图 6-65　重复列

步骤 4　选中添加的"身份证号 - 复制"重复列，单击【转换】→【文本列】区域内的【提取】下拉按钮，在弹出的下拉列表中单击【范围】选项，如图 6-66 所示。

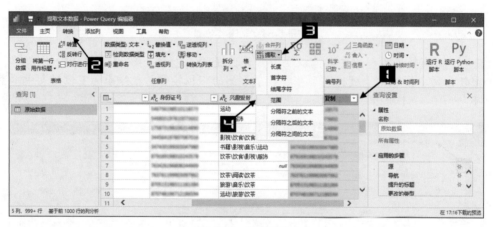

图 6-66　提取文本

步骤 5　弹出【提取文本范围】对话框，在【起始索引】文本框中输入起始数据"6"，在【字符数】文本框中输入要提取的数位"4"，单击【确定】按钮，如图 6-67 所示。

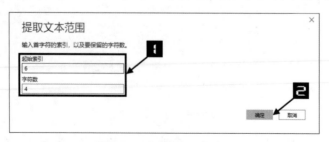

图 6-67　设置提取文本范围

步骤 **6** 将列标题重命名为"出生年份",如图 6-68 所示。

图 6-68　重命名列标题

步骤 **7** 重复步骤 3 至步骤 5 的操作,在弹出的【提取文本范围】对话框【起始索引】文本框中输入起始数据"16",在【字符数】文本框中输入要提取的数位"1",单击【确定】按钮,如图 6-69 所示。

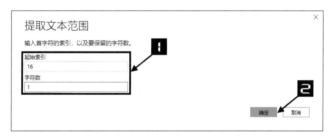

图 6-69　再次设置提取文本范围

步骤 **8** 在提取的列的列标题上右击,在弹出的快捷菜单中依次单击【转换】→【整数】选项,转换数据类型为"整数"。完成数据类型转换后,保持该列的选中状态,依次单击【转换】→【编号列】区域内的【信息】下拉按钮,在弹出的下拉列表中单击【偶数】选项,如图 6-70 所示。

图 6-70　判断奇偶性

步骤 **9** 再次转换该列的数据类型,转换为"文本",右击,在弹出的快捷菜单中单击【替换值】选项,如图 6-71 所示。

图 6-71　替换值

提示　【替换值】命令只对文本数据有效，当提示替换出错时，请检查数据类型是否正确。

[步骤 10] 弹出【替换值】对话框，在【要查找的值】文本框中输入"false"，在【替换为】文本框中输入"男"，单击【确定】按钮，如图 6-72 所示。

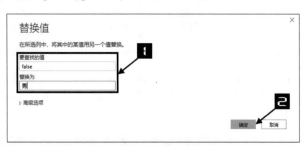

图 6-72　【替换值】对话框

[步骤 11] 重复步骤 10 的操作，弹出【替换值】对话框后，在【要查找的值】文本框中输入"true"，在【替换为】文本框中输入"女"，单击【确定】按钮，完成替换，并修改列标题为"性别"，最终效果如图 6-73 所示。

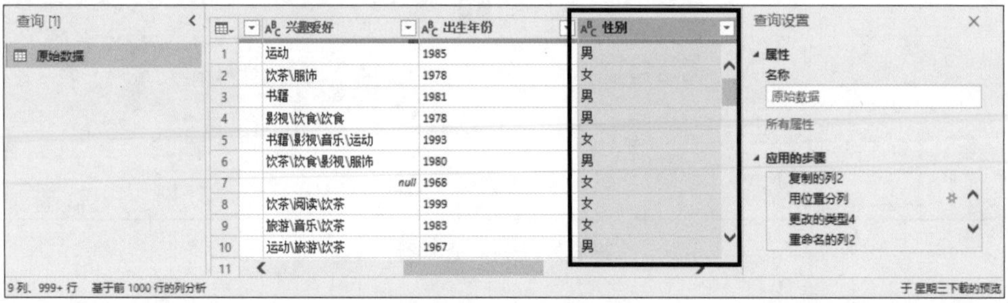

图 6-73　最终效果

6.8 从列中提取日期数据

日期与时间数据也是用户在日常工作中经常接触的数据类型之一，Power Query 编辑器中有专门的日期与时间列，方便用户对日期与时间进行一些简单的提取、计算等操作。

当目标列的数据为日期时，依次单击【添加列】→【从日期和时间】区域内的【日期】按钮，在弹出的下拉列表中可以看到丰富的提取日期选项，如图 6-74 所示。其中，部分选项的含义如表 6-1 所示。

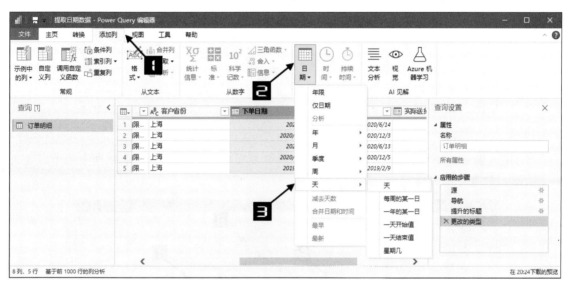

图 6-74　提取日期选项

表 6-1　提取日期值各选项的含义

选项	说明
年限	现在（now）和所选日期之间的持续时间
仅日期	提取日期部分
分析	从文本里提取日期
年	提取年
每周的某一日	周几
减去天数	两列日期相减
最早 / 最新	多列日期中最早 / 最晚的一天

下面通过提取下单月份并计算发货是否及时，介绍提取日期的具体操作步骤。

步骤 ❶ 打开目标文件，进入 Power Query 编辑器。选中"下单日期"列，依次单击【添加列】→【从日期和时间】区域内的【日期】→【月】→【月份名称】选项，如图 6-75 所示。

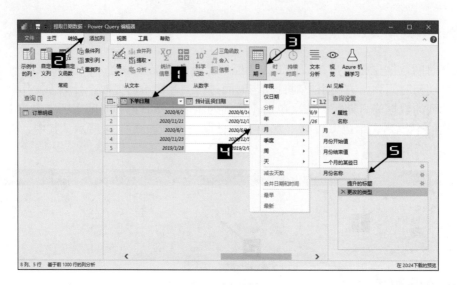

图 6-75　提取月份名称

步骤 2　依次选中"发货日期"列和"下单日期"列后，依次单击【日期】→【减去天数】选项，如图 6-76 所示。

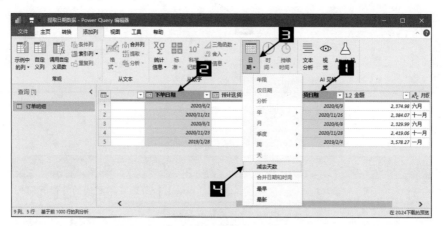

图 6-76　减去天数

如图 6-77 所示，已添加"月份名称"列和"发货天数"列，其中，"发货天数"是"实际发货日期"与"下单日期"的差值，通过数据可以看出，发货很及时，都在 7 天内发货了。

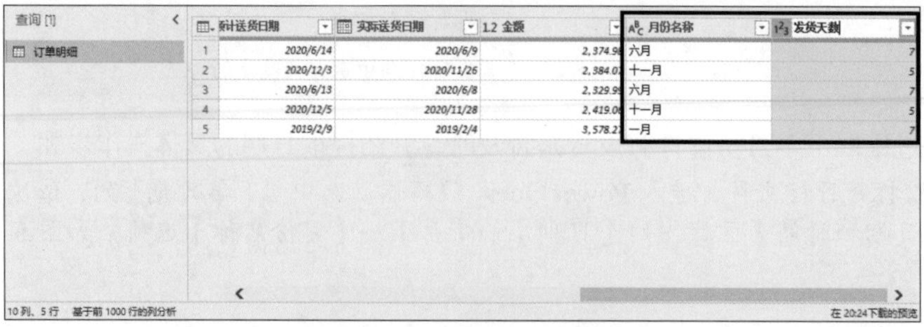

图 6-77　添加列后的效果

6.9 合并列与拆分列

数据的合并与拆分是经常在数据分析中用到的操作，这里通过一个示例，帮助用户了解 Power Query 编辑器中的"合并列"功能和"拆分列"功能。

在 6.7 节的示例中，如果需要继续添加"姓""名""尊称""首要兴趣"等列，具体操作步骤如下。

步骤① 打开目标文件，进入 Power Query 编辑器。选中"姓名"列，依次单击【添加列】→【常规】区域内的【重复列】按钮，如图 6-78 所示。

图 6-78 重复列

步骤② 选中"姓名 - 复制"列，依次单击【转换】→【文本列】区域内的【拆分列】按钮，在弹出的下拉列表中单击【按字符数】选项，如图 6-79 所示。

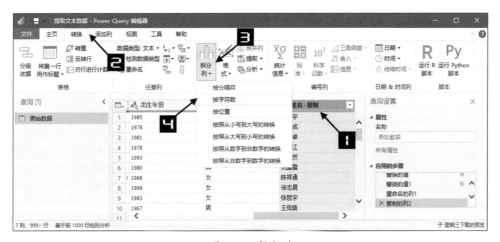

图 6-79 拆分列

步骤③ 弹出【按字符数拆分列】对话框，在【字符数】文本框中输入数字"1"，选中【拆分】选项组的【一次，尽可能靠左】单选钮，单击【确定】按钮，如图 6-80 所示。

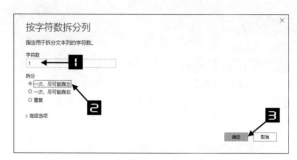

图 6-80　【按字符数拆分列】对话框

步骤 4　拆分列后，修改列标题分别为"姓"和"名"，如图 6-81 所示。

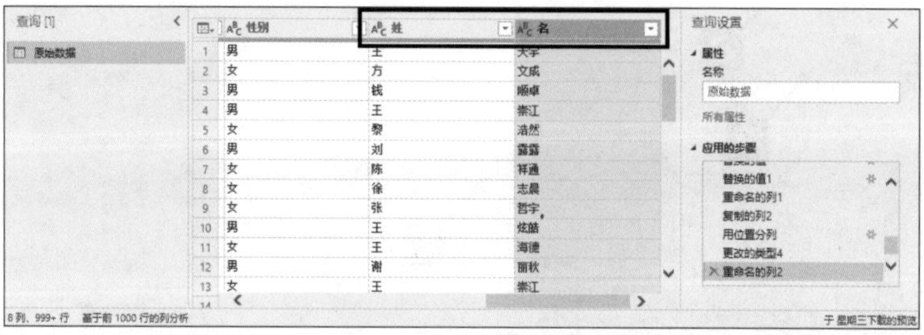

图 6-81　拆分为"姓"列与"名"列后的效果

步骤 5　选中"性别"列，单击【重复列】按钮，复制一列。在"性别 - 复制"列标题上任意一点右击，在弹出的快捷菜单中单击【替换值】选项，如图 6-82 所示。

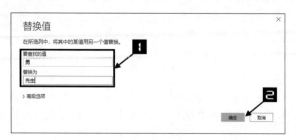

图 6-82　重复列并替换值

步骤 6　弹出【替换值】对话框，在【要查找的值】文本框中输入"男"，在【替换为】文本框中输入"先生"，单击【确定】按钮，如图 6-83 所示，完成数据替换。

图 6-83　【替换值】对话框

步骤 ⑦ 重复步骤6的操作, 把"女"替换为"女士"。

步骤 ⑧ 依次选中"姓"列和"性别-复制"列后, 依次单击【添加列】→【从文本】区域内的【合并列】按钮, 如图6-84所示。

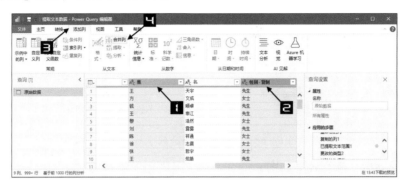

图 6-84　合并列

步骤 ⑨ 弹出【合并列】对话框, 在【新列名(可选)】文本框中输入新标题"尊称", 单击【确定】按钮, 如图6-85所示, 完成列的合并。

图 6-85　【合并列】对话框

步骤 ⑩ 删除多余的"性别-复制"列, 使用"重复列"功能, 把"兴趣爱好"列复制一列。选中"兴趣爱好-复制"列, 依次单击【转换】→【文本列】区域内的【拆分列】按钮, 在弹出的下拉列表中单击【按分隔符】选项, 如图6-86所示。

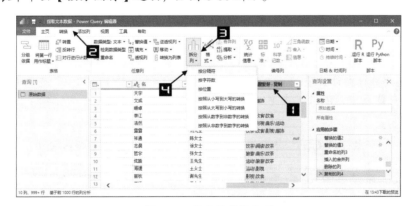

图 6-86　按分隔符拆分列

步骤 ⑪ 在弹出的【按分隔符拆分列】对话框中, 选中【最左侧的分隔符】单选钮, 其他保持默认设置, 单击【确定】按钮, 如图6-87所示。

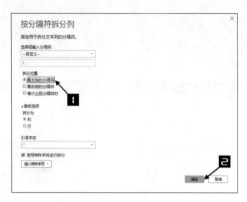

图 6-87 【按分隔符拆分列】对话框

删除多余的列后，最终效果如图 6-88 所示。

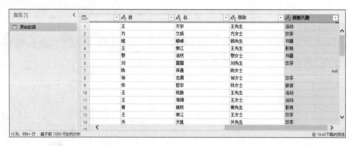

图 6-88 完成操作后的最终效果

6.10 分类汇总行列数据

使用 Power Query 编辑器的"分组"功能，可以对查询表进行分类汇总。分类汇总是分析处理数据的常用手段之一，能够快速地以某一个字段或某几个字段为分类项，对查询表中的数据进行各种统计计算，如求和、求计数、求中值、求平均值、求最大值、求最小值等。

6.10.1 创建简单的分类汇总

若要在查询表中计算每个客户产生的总金额，可以参照以下步骤进行。

步骤❶ 打开目标文件，进入 Power Query 编辑器。创建"订单记录"查询表副本，在"订单记录（2）"查询表中，依次单击【主页】→【转换】区域内的【分组依据】按钮，如图 6-89 所示。

图 6-89 数据分组

步骤 **2** 弹出【分组依据】对话框，将【分组依据】设置为"客户名称"，在【新列名】文本框中输入"总金额"，将【操作】设置为"求和"、【柱】设置为"金额"，单击【确定】按钮，如图 6-90 所示。

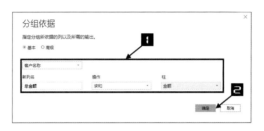

图 6-90 【分组依据】对话框

如图 6-91 所示，出现按"客户名称"进行金额汇总的"总金额"列。

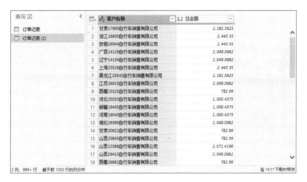

图 6-91 分类汇总的效果

6.10.2 创建多条件分类汇总

若需要创建多条件分类汇总，可以使用"分组依据"高级功能。

步骤 **1** 创建查询表副本"订单记录（3）"，单击【分组依据】按钮，如图 6-92 所示。

图 6-92 分组依据

步骤 **2** 弹出【分组依据】对话框，选中【高级】单选钮，启动高级分组。设置首要【分组依据】为"客户名称"后，单击【添加分组】按钮，如图 6-93 所示。

步骤 3 重复步骤2的操作，完成对多层【分组依据】的设置——分别设置为"订单编号""客户省份""下单日期"和"销售代表ID"，在【新列名】文本框中输入"销售总额"，将【操作】设置为"求和"、【柱】设置为"金额"，单击【确定】按钮，如图6-94所示。

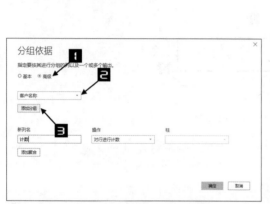

图6-93 "分组依据"高级功能

图6-94 多层分组依据

如图6-95所示，是在多层分组依据下分类汇总的"销售总额"结果。

	客户名称	订单编号	客户省份	下单日期	销售代表ID	销售总额
1	甘肃17890自行车销售有限	SO49181	甘肃	2016/1/1	213	2,181.5625
2	浙江16830自行车销售有限	SO49182	浙江	2016/1/1	204	2,443.35
3	安徽16994自行车销售有限	SO49183	安徽	2016/1/1	213	2,443.35
4	广西14129自行车销售有限	SO49184	广西	2016/1/1	209	2,049.0982
5	辽宁14134自行车销售有限	SO49185	辽宁	2016/1/1	207	2,049.0982
6	上海23524自行车销售有限	SO49186	上海	2016/1/1	207	2,443.35
7	黑龙江23545自行车销售有	SO49187	黑龙江	2016/1/1	213	2,181.5625
8	江苏26811自行车销售有限	SO49188	江苏	2016/1/1	201	2,049.0982
9	西藏15535自行车销售有限	SO49189	西藏	2016/1/1	211	782.99
10	河北25081自行车销售有限	SO49190	河北	2016/1/1	208	1,000.4375
11	新疆19435自行车销售有限	SO49191	新疆	2016/1/1	211	1,000.4375
12	河南19040自行车销售有限	SO49192	河南	2016/1/2	206	1,000.4375
13	湖北29390自行车销售有限	SO49193	湖北	2016/1/2	206	2,049.0982
14	甘肃20992自行车销售有限	SO49194	甘肃	2016/1/2	213	782.99
15	山西20843自行车销售有限	SO49195	山西	2016/1/2	206	782.99
16	山西12386自行车销售有限	SO49196	山西	2016/1/2	206	2,071.4196
17	山西29415自行车销售有限	SO49197	山西	2016/1/2	206	782.99
18	西藏26665自行车销售有限	SO49198	西藏	2016/1/2	213	782.99
19	重庆26667自行车销售有限	SO49199	重庆	2016/1/2	214	782.99

图6-95 多条件汇总效果

若需要添加不同的汇总列，可以在启动高级分组后单击【添加聚合】按钮；若需要删除或移动【分组依据】对话框中的分组，可将鼠标指针悬浮在要操作的分组的文本框后，单击出现的【…】按钮，待弹出包括【删除】【上移】【下移】等选项的下拉列表后，单击相应的选项，如图6-96所示。

图6-96 添加聚合

6.11 合并查询表数据

合并查询指在一个查询表中添加另一个查询表的数据，进行合并处理。合并的前提是两个查询表中存在相同的字段。

6.11.1 单列合并查询——聚合

如图 6-97 所示，展示的是"业务划分"与"业务明细"两个数据表的原始数据，其中，相同的字段为"业务代码"。

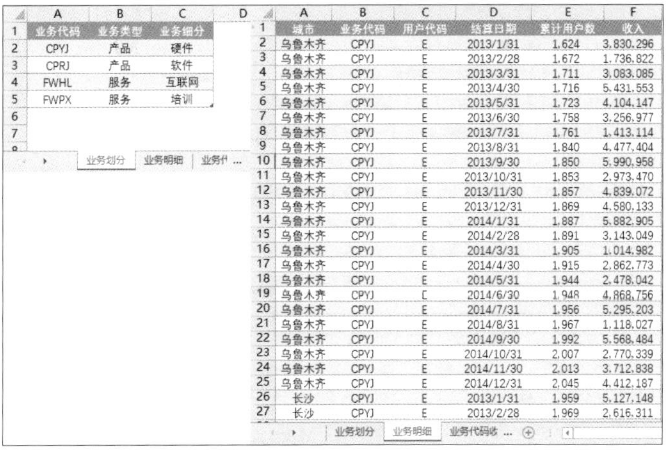

图 6-97　原始数据

统计各业务代码对应的收入总和，具体操作步骤如下。

步骤 1 启动 Power BI，连接数据源，进入 Power Query 编辑器。在"业务划分"查询表中，依次单击【主页】→【组合】区域内【合并查询】右侧的下拉按钮，在弹出的下拉列表中单击【将查询合并为新查询】选项，如图 6-98 所示。

图 6-98　合并查询

步骤 2 弹出【合并】对话框，对话框上方会自动添加主表"业务划分"。设置合并表为"业务明细"后，依次选中主表的"业务代码"列和合并表的"业务代码"列，其他保持默认设置，单击【确定】按钮，如图 6-99 所示。

图 6-99　【合并】对话框

步骤❸　【查询】窗格中，自动添加"合并1"查询表。单击"业务明细"列标题右侧的扩展图标，在弹出的列表中单击【聚合】单选钮，勾选【∑ 收入的总和】复选框，单击【确定】按钮，如图 6-100 所示。

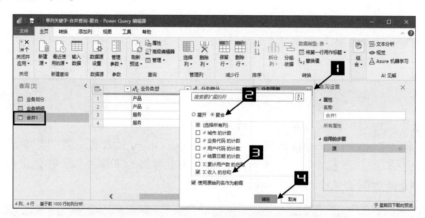

图 6-100　扩展数据

步骤❹　最后一列聚合为所需的收入总和，双击修改列标题为"收入总和"，双击修改查询表名称为"业务代码收入总和"，最终效果如图 6-101 所示。

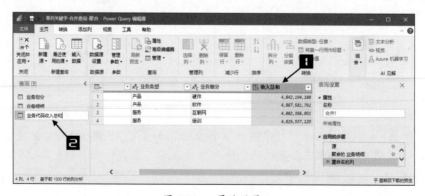

图 6-101　最终效果

6.11.2 单列合并查询——扩展

在 6.11.1 节原始数据的基础上，在"业务明细"查询表中添加"业务代码"列所对应的"业务类型"列和"业务细分"列，具体操作步骤如下。

步骤❶ 启动 Power BI，连接数据源，进入 Power Query 编辑器。在"业务明细"查询表中，依次单击【主页】→【组合】区域内【合并查询】右侧的下拉按钮，在弹出的下拉列表中单击【将查询合并为新查询】选项，如图 6-102 所示。

图 6-102　合并查询

步骤❷ 弹出【合并】对话框，对话框上方会自动添加主表"业务明细"。设置合并表为"业务划分"后，依次选中主表的"业务代码"列和合并表的"业务代码"列，其他保持默认设置，单击【确定】按钮，如图 6-103 所示。

图 6-103　【合并】对话框

步骤❸ 【查询】窗格中，自动添加"合并 1"查询表。单击"业务划分"列标题右侧的扩展图标，在弹出的列表中单击【展开】单选钮，勾选【业务类型】和【业务细分】复选框，取消勾选【使用原始列名作为前缀】复选框，单击【确定】按钮，如图 6-104 所示。

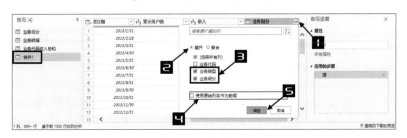

图 6-104　扩展数据

121

步骤 ④ 查询表末尾会自动添加"业务类型"列和"业务细分"列，双击修改查询表名称为"合并扩展"，最终效果如图 6-105 所示。

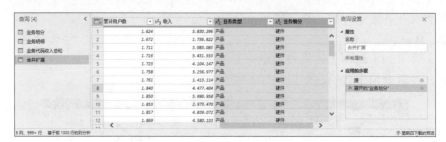

图 6-105 最终效果

6.11.3 多列合并查询

如图 6-106 所示，左边是原始销售数据，右边是各区域对应产品的折扣表。

订单编号	客户名称	客户省份	区域	产品分类	金额	区域	产品分类	折扣
SO49181	甘肃17890自行车销售有限公司	甘肃	西区	自行车	2,182	东区	自行车	0.7
SO49181	甘肃17890自行车销售有限公司	甘肃	西区	服装	251	东区	配件	0.6
SO49182	浙江16830自行车销售有限公司	浙江	东区	配件	68	东区	服装	0.5
SO49183	安徽16944自行车销售有限公司	安徽	东区	辅助用品	40	东区	辅助用品	0.7
SO49184	广西14129自行车销售有限公司	广西	南区	服装	251	南区	自行车	0.7
SO49185	辽宁14134自行车销售有限公司	辽宁	北区	自行车	2,049	南区	配件	0.9
SO49186	上海23526自行车销售有限公司	上海	东区	自行车	2,443	南区	服装	0.7
SO49187	黑龙江23545自行车销售有限公司	黑龙江	北区	自行车	2,182	南区	辅助用品	1
SO49188	江苏26815自行车销售有限公司	江苏	东区	配件	68	西区	自行车	0.9
SO49189	西藏15525自行车销售有限公司	西藏	西区	辅助用品	40	西区	配件	0.7
SO49190	河北25033自行车销售有限公司	河北	北区	服装	251	西区	服装	0.9
SO49191	新疆19435自行车销售有限公司	新疆	西区	自行车	1,000	北区	自行车	0.5
SO49192	河南19040自行车销售有限公司	河南	北区	配件	68	北区	配件	1
SO49193	湖北29390自行车销售有限公司	湖北	东区	辅助用品	40	北区	服装	0.8
SO49195	山西20845自行车销售有限公司	山西	北区	自行车	783	北区	辅助用品	0.6

图 6-106 原始数据

在销售数据表中添加对应的折扣率，可使用 Power Query 编辑器的"多列合并"功能完成，具体操作步骤如下。

步骤 ❶ 启动 Power BI，连接数据源，进入 Power Query 编辑器。在"销售数据"查询表中，依次单击【主页】→【组合】区域内的【合并查询】按钮，如图 6-107 所示。

图 6-107 合并查询

步骤 ❷ 弹出【合并】对话框，对话框上方会自动添加主表"销售数据"。设置合并表为"折扣表"后，依次选中主表的"区域"列和"产品分类"列、合并表的"区域"列和"产品分类"列，单击【确定】按钮，如图 6-108 所示。

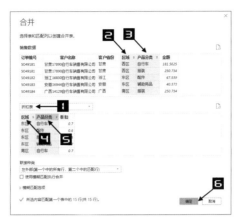

图 6-108　【合并】对话框

步骤 ③　"销售数据"查询表末尾自动添加"折扣表"列。单击"折扣表"列标题右侧的扩展图标，在弹出的下拉列表中勾选【折扣】复选框，取消勾选【使用原始列名作为前缀】复选框，单击【确定】按钮，如图 6-109 所示。

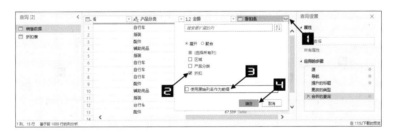

图 6-109　扩展数据

最终效果如图 6-110 所示。

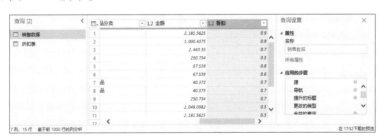

图 6-110　最终效果

6.12 追加查询表数据

追加查询指在现有查询表的下方添加新的数据行，将具有相同结构的表的内容进行纵向合并。追加查询的前提是相关表必须结构相同、列标题相同，否则将出错。追加查询表数据的具体操作步骤如下。

步骤 ①　启动 Power BI，连接数据源，进入 Power Query 编辑器。在【查询】窗格中，可以看到三个需要合并的查询表，选中任意一个查询表，依次单击【主页】→【组合】区域内【追

Power BI
数据分析与可视化实战

加查询】右侧的下拉按钮→【将查询追加为新查询】选项,如图 6-111 所示。

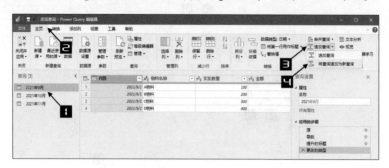

图 6-111　追加查询

步骤 2　在弹出的【追加】对话框中选中【三个或更多表】单选钮,在【可用表】列表中选中要添加的表"2021 年 10 月"和表"2021 年 11 月",单击【添加】按钮,或者双击要添加的表,将表"2021 年 10 月"和表"2021 年 11 月"添加至【要追加的表】列表框中。完成表的添加后,单击【确定】按钮,如图 6-112 所示。

图 6-112　【追加】对话框

【查询】窗格中,自动添加"追加 1"查询表。"追加 1"查询表将前面三个查询表中的所有数据进行了合并处理,最终完成的效果如图 6-113 所示。

图 6-113　最终效果

6.13 合并汇总数据

在日常办公中,汇总数据是一大难点,因为很多数据不在同一个工作表里。无论是使用 Excel 的数据透视表进行分析,还是使用 Power BI 的可视化数据进行分析,分析同一个工作表中的数据会更加方便、快捷,尤其是前者,只能分析同一个工作表中的数据。所以,数据的合并汇总尤为重要。

同一工作簿数据汇总

如图 6-114 所示，工作簿中有 31 个工作表，现需要将该工作簿中的所有工作表数据汇总在同一数据表中。

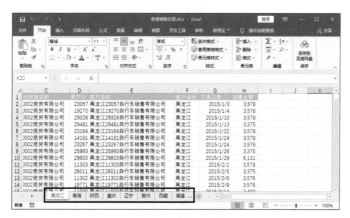

图 6-114　多工作表

有以下两种等效操作可以完成这一工作。

⬥ 追加查询表数据（6.12 节介绍）。

⬥ 连接工作簿。

如果是在 Excel 中进行汇总操作，可以新建一个汇总工作簿，在该工作簿中，依次单击【数据】→【获取与转换】区域内的【新建查询】→【从文件】→【从 Excel 工作簿】选项，导入需要汇总的工作簿，完成后续操作，这样操作的好处是可以将汇总后的工作表迅速导入 Excel 汇总工作簿中。

如果在 Power BI 中进行汇总操作，具体操作步骤如下。

步骤① 启动 Power BI，依次单击【主页】→【数据】区域内的【Excel 工作簿】按钮，在打开的【打开】对话框中找到并选中目标工作簿，单击【打开】按钮，如图 6-115 所示。

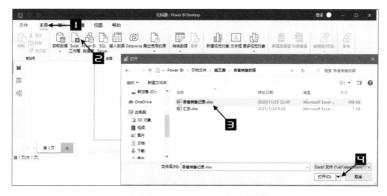

图 6-115　连接 Excel 工作簿

步骤② 弹出【导航器】对话框，在工作簿名称"各省销售记录.xlsx"上右击，在弹出的快捷菜单中单击【转换数据】选项，如图 6-116 所示。

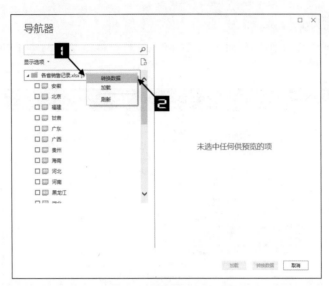

图 6-116 【导航器】对话框

步骤 ③ 在打开的 Power Query 编辑器界面中可以看到，工作簿"各省销售记录.xlsx"的所有信息在数据查询区内显示，"Data"列是各工作表数据，其他内容，如工作表名称等信息，现在不需要，可以在"Data"列标题上右击，在弹出的快捷菜单中单击【删除其他列】选项，删除多余列，如图 6-117 所示。

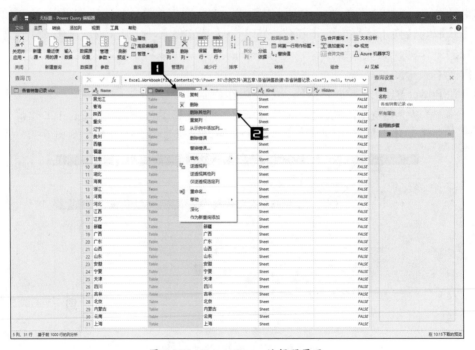

图 6-117 Power Query 编辑器界面

步骤 ④ 单击"Data"列标题右侧的扩展按钮，在弹出的下拉列表中保持默认设置，单击【确定】按钮，如图 6-118 所示。

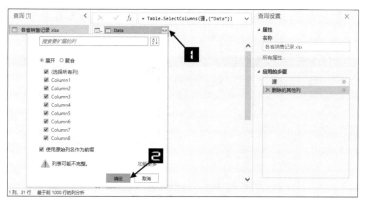

图 6-118　扩展数据

步骤 ❺　所有数据扩展完成，依次单击【主页】→【转换】区域内的【将第一行用作标题】按钮，如图 6-119 所示。

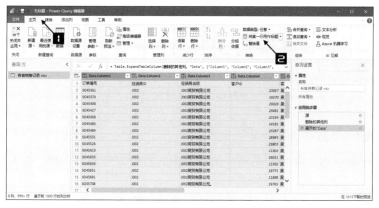

图 6-119　汇总数据

步骤 ❻　31 个工作表都有标题行，在扩展数据中，这些数据是多余的，需要删除。选中"下单日期"列，依次单击【转换】区域内的【数据类型：任意】→【日期】选项，如图 6-120 所示。

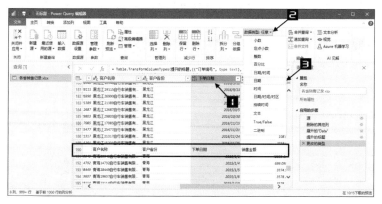

图 6-120　转换数据类型

步骤 **7** 非日期数据行的数据显示为错误值"Error"，依次单击【减少行】区域内的【删除行】→【删除错误】选项，将多余行删除，如图 6-121 所示。

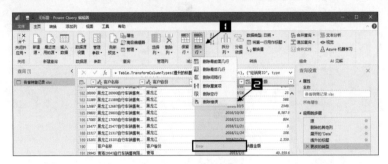

图 6-121　删除错误

步骤 **8** 双击，重命名查询表为"各省销售记录汇总"并保存，最终效果如图 6-122 所示。

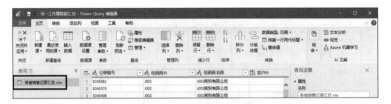

图 6-122　最终效果

6.13.2 不同工作簿数据汇总

汇总不同工作簿中的数据和汇总同一工作簿中的数据原理基本一样，只是原始数据位置有所不同。

本节介绍将同一文件夹中不同工作簿的所有数据表中的数据汇总到同一数据表中的操作。

6.13.2.1　同一文件夹中 Excel 工作簿的数据汇总

步骤 **1** 启动 Power BI，依次单击【主页】→【数据】区域内的【获取数据】按钮→【更多】选项，如图 6-123 所示。

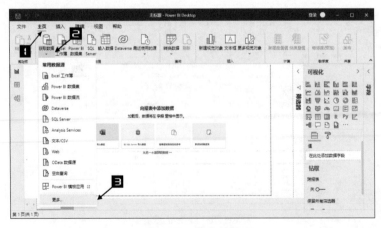

图 6-123　获取数据

步骤 **2** 在弹出的【获取数据】对话框中，依次单击【全部】→【文件夹】选项，单击【确定】按钮，如图 6-124 所示。

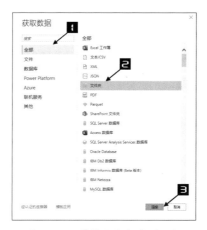

图 6-124 【获取数据】对话框

步骤 **3** 在弹出的【文件夹】对话框中单击【浏览】按钮，完成对【文件夹路径】的设置，单击【确定】按钮后，在弹出的对话框中单击【转换数据】按钮，如图 6-125 所示。

图 6-125 链接文件夹

步骤 **4** 进入 Power Query 编辑器界面，在"数据源"查询表中选中"Content"列，依次单击【主页】→【管理列】区域内的【删除列】按钮→【删除其他列】选项，如图 6-126 所示。

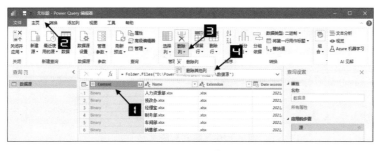

图 6-126 删除其他列

步骤 5 依次单击【添加列】→【常规】区域内的【自定义列】按钮，在弹出的【自定义列】对话框【自定义列公式】编辑框的"="后输入 M 函数，单击按钮【确定】按钮，如图 6-127 所示。

M 函数 =Excel.Workbook([Content],true)

图 6-127　自定义列

> **注意** M 函数的输入要严格区分大小写，显示【未检测到语法错误】时，说明函数输入正确，如图 6-127 所示。

步骤 6 单击"自定义"列标题右侧的扩展按钮，在弹出的下拉列表中取消勾选【使用原始列名作为前缀】复选框，其余地方保持默认设置，单击【确定】按钮，如图 6-128 所示。

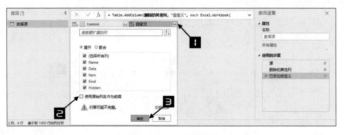

图 6-128　扩展数据

步骤 7 在扩展开的"数据源"查询表"Data"列标题上右击，在弹出的快捷菜单中单击【删除其他列】选项，如图 6-129 所示。

图 6-129　再次删除其他列

步骤 8 单击 "Data" 列标题右侧的扩展按钮, 保持默认设置, 单击【确定】按钮, 如图 6-130 所示。

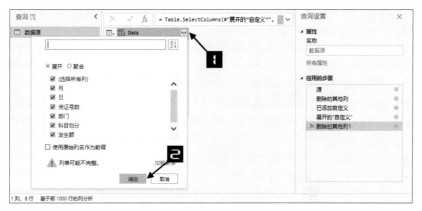

图 6-130　再次扩展数据

步骤 9 所有数据汇总完成, 重命名查询表为 "汇总数据表" 并保存, 最终效果如图 6-131 所示。

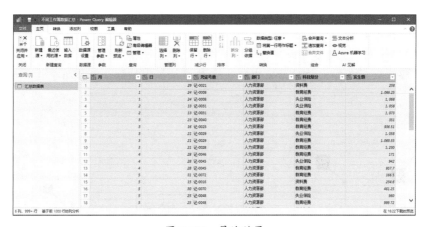

图 6-131　最终效果

6.13.2.2　同一文件夹中 CSV 格式文件的数据汇总

CSV 是逗号分隔值文件格式, 可以用计算机自带的记事本或 Excel 读取, CSV 文件以纯文本形式存储表格数据, 纯文本形式意味着该文件是一个字符序列, 不含必须像二进制数字那样被解读的数据。

用 CSV 格式存储数据最大的作用是每个数据对应一个分隔符位置, 可以方便地导入至 Excel 单元格, 不用进行后期数据整理, 节约整理数据的时间。

使用 Power Query 编辑器汇总同一文件夹中的所有 CSV 格式文件更加方便快捷, 具体操作步骤如下。

步骤 1 启动 Power BI, 依次单击【主页】→【数据】区域内的【获取数据】按钮→【更多】选项, 如图 6-132 所示。

图 6-132　获取数据

[步骤] ② 在弹出的【获取数据】对话框中，单击【全部】选项区域内的【文件夹】选项，单击【确定】按钮，如图 6-133 所示。

[步骤] ③ 在弹出的【文件夹】对话框中，单击【浏览】按钮，完成对【文件夹路径】的设置。单击【确定】按钮后，在弹出的对话框中单击【转换数据】按钮，如图 6-134 所示。

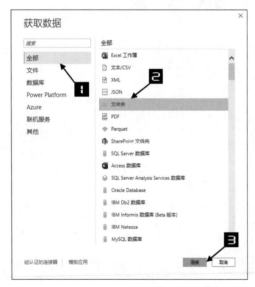

图 6-133　【获取数据】对话框

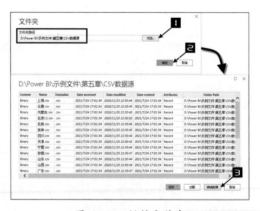

图 6-134　链接文件夹

[步骤] ④ 进入 Power Query 编辑器界面，在"CSV 数据源"查询表中，右击"Content"列标题，在弹出的快捷菜单中单击【删除其他列】选项，如图 6-135 所示。

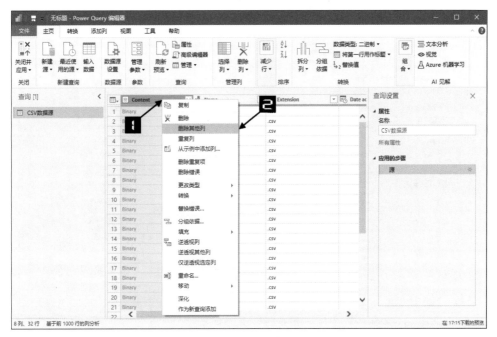

图 6-135　删除其他列

步骤 ⑤　单击 "Content" 列标题右侧的【合并文件】按钮，在弹出的【合并文件】对话框中，保持默认设置，单击【确定】按钮，如图 6-136 所示。

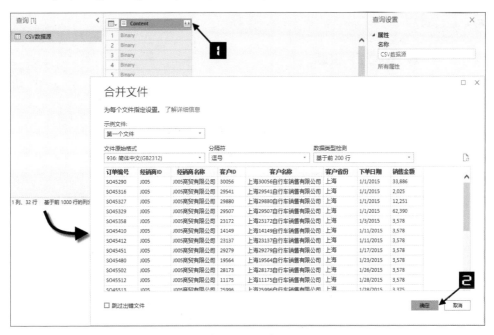

图 6-136　合并文件

步骤 ⑥　所有数据汇总完成，重命名查询表为 "CSV 数据源汇总表" 并保存，最终效果如图 6-137 所示。

图 6-137　最终效果

6.14 一维表与二维表的相互转换

Power Query 编辑器中的"透视列"和"逆透视列"功能，使表在一维表和二维表之间的转换变得非常容易。

6.14.1 从一维表转换为二维表

如图 6-138 所示，是常见的一维数据表。使用 Power Query 编辑器的"透视列"功能，快速根据该表计算出各区域每年的销售总额，具体操作步骤如下。

产品名称	区域	年份	销售额
Glkong-12	Central	2018年	5,045.93
Glkong-21	Central	2018年	4,425.77
Glkong-21	Central	2017年	3,787.89
Glkong-11	East	2019年	4,515.10
Glkong-11	East	2020年	3,903.55
Glkong-12	East	2017年	4,271.63
Glkong-21	North	2019年	4,127.43
Glkong-21	North	2017年	5,037.34
Glkong-11	South	2018年	3,702.05
Glkong-11	South	2020年	4,743.47
Glkong-12	South	2019年	5,152.73
Glkong-21	South	2017年	4,043.07
Glkong-11	West	2018年	4,152.03
Glkong-12	West	2019年	4,060.27
Glkong-21	West	2020年	4,678.10
Glkong-21	West	2017年	4,901.69
Glkong-21	West	2018年	3,803.10
Glkong-09	Central	2019年	4,425.77
Glkong-09	Central	2020年	3,787.89
Glkong-12	East	2018年	4,271.63
Glkong-12	North	2018年	4,127.43
Glkong-13	North	2020年	5,037.34

图 6-138　常见的一维表

因为最终要统计的是各区域每年的销售总额，"产品名称"列在本示例中没有意义，还会影响之后的透视列，所以进行删除处理，并设置"销售额"列保留两位小数。

步骤 1 整理数据。启动 Power BI，加载数据，进入 Power Query 编辑器。选中目标列，依次单击【主页】→【管理列】区域内的【删除列】按钮，如图 6-139 所示。

图 6-139　删除列

步骤 2 依次单击【添加列】→【常规】区域内的【自定义列】按钮，在弹出的【自定义列】对话框【新列名】文本框中输入"销售额保留两位小数"，在【自定义列公式】编辑框中输入以下公式，单击【确定】按钮，如图 6-140 所示。

```
=Number.Round([ 销售额 ],2,0)
```

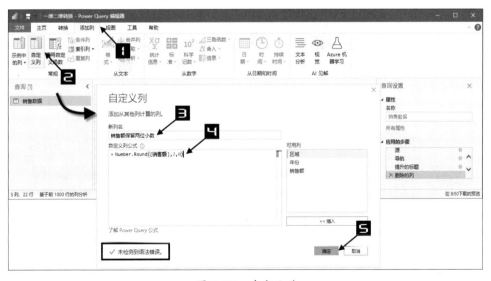

图 6-140　自定义列

提示　在公式"=Number.Round([销售额],2,0)"中，可将数据保留任意数位，修改第二参数"要保留的小数数位"值即可。

步骤③　删除原"销售额"列。

步骤④　选中"年份"列，依次单击【转换】→【任意列】区域内的【透视列】按钮，如图 6-141 所示。

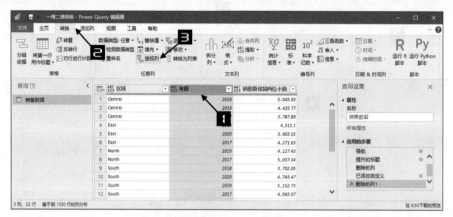

图 6-141　透视列

步骤⑤　在弹出的【透视列】对话框中，单击【高级选项】按钮，设置【值列】为"销售额保留两位小数"、【聚合值函数】为"求和"，单击【确定】按钮，如图 6-142 所示。

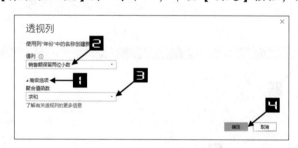

图 6-142　【透视列】对话框

至此，原表转换成以"区域"和"年份"为行列数据的二维数据表，如图 6-143 所示。

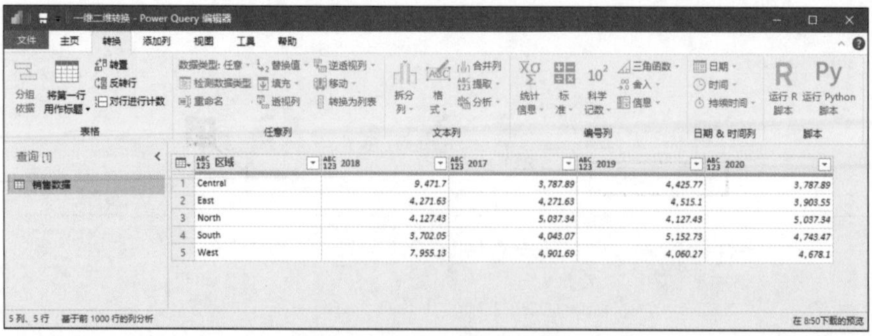

图 6-143　最终效果

通过以上示例可以看到，一维表中选中的列字段将作为二维表的行字段；值列中的数据将作为计算区域的值，有如图 6-144 所示的多种统计选项，如计数、最小值、最大值、中值、平均值、求和、不要聚合等；另外一列将作为二维表的列字段。

图 6-144　聚合值函数

6.14.2　从二维表转换为一维表

如图 6-145 所示，是一张用户使用较多的二维表，对数据的透视分析及可视化分析来说，这类表格有很多局限，将二维表转换为一维表才能更加灵活地进行各种数据分析。

组别	1月份	2月份	3月份	4月份	5月份	6月份
一组	18.966	12.518	16.323	18.167	14.714	19.849
二组	14.818	12.832	19.735	10.732	16.815	10.476
三组	19.902	12.708	10.581	18.294	13.006	18.517
四组	18.195	17.699	18.280	13.344	10.575	19.107
五组	17.390	10.661	19.416	14.133	14.948	19.416
六组	15.570	15.925	12.176	14.037	17.339	16.497
七组	14.273	17.393	19.349	15.433	18.607	16.225
八组	15.043	19.237	12.090	11.911	19.914	13.377
九组	10.990	16.483	10.171	12.129	16.594	11.349
十组	13.689	12.701	12.378	13.119	14.790	18.647

图 6-145　二维表

使用 Power Query 编辑器的"逆透视列"功能，可以快捷完成二维表向一维表的转换。

步骤① 按住 <Shift> 键，选中"1 月份"至"6 月份"多列，依次单击【转换】→【任意列】区域内的【逆透视列】按钮，如图 6-146 所示。

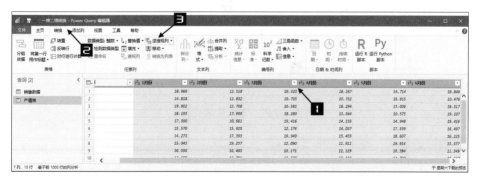

图 6-146　逆透视列

步骤② 生成由"组别""属性"和"值"组成的一维数据表，分别重命名"属性"列和"值"列为"月份"列和"产值"列，最终完成效果如图 6-147 所示。

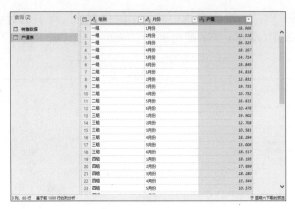

图 6-147　最终效果

【逆透视列】下拉列表中包括【逆透视列】【逆透视其他列】和【仅逆透视选定列】三个选项，如图 6-148 所示。

图 6-148　【逆透视列】各选项

1. 逆透视列

选中列进行逆透视列，即列转行。

2. 逆透视其他列

排除选中列后进行逆透视，即非选中列转行。

如图 6-149 所示，选中"组别"列，依次单击【转换】→【任意列】区域内的【逆透视列】下拉按钮，在弹出的下拉列表中单击【逆透视其他列】选项，同样可以达到图 6-147 的效果。

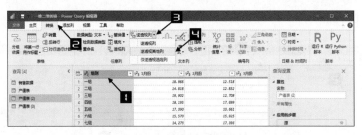

图 6-149　逆透视其他列

3. 仅逆透视选定列

只对选中的列进行属性与值的对应，生成新的透视列。

 根据本书前言的提示，可观看"Power Query 行列数据处理实战"的视频讲解。

第 7 章

建立数据分析模型

　　Power BI 的强大，在于其分析数据时不需要将所有数据合并在同一个数据表中，它可以根据不同的维度、不同的逻辑，对多个表格、多种来源的数据进行聚合分析。提取数据的前提是为这些数据表建立关系，使之能够协同工作，这个建立关系的过程，就是数据建模。

　　数据分析模型是多个数据表关系的集合，为 Power BI 提供了基础结构，它运行在内存中，对数据表的数据进行压缩，可以处理多达数百万行的数据。

　　在建模的过程中，如果模型中已有的值、列、表无法满足用户的需求，用户可以通过 DAX 创建度量值、计算列，甚至新的计算表。

7.1 进一步认识数据与模型模块视图

第一章中，已初步介绍了 Power BI 三大模块之数据模块和模型模块，本节将进一步介绍其视图界面，以及界面中的元素和内容。

7.1.1 数据模块界面介绍

前面介绍过，在数据模块中，可以对数据进行建模分析，比如建立度量值、新建列等，这是制作报表数据可视化交互式呈现的关键。

数据模块界面显示的数据是已加载到模型中的数据，与在 Power Query 编辑器中查看的表、列和数据不同。

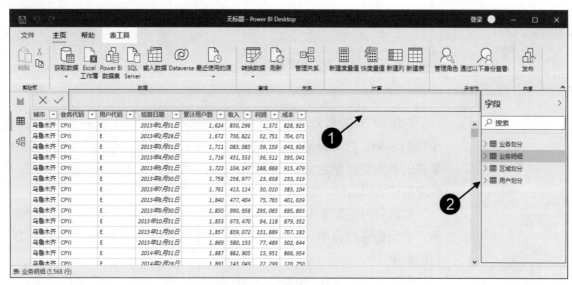

图 7-1　数据模块界面

在如图 7-1 所示的数据模块界面中，功能区下方、数据区上方的 ❶ 为【公式编辑栏】，右侧的 ❷ 仍然为【字段】窗格。

1. 公式编辑栏

公式编辑栏用于输入度量值、DAX 公式。

2.【字段】窗格

【字段】窗格用于显示导入数据源的表及表中的标题字段，以及搜索表或标题字段。

7.1.2 模型模块界面介绍

在模型模块界面中，可以建立和管理数据关系。如图 7-2 所示，显示了模型中所有表、列及其关系，在模型中包含大量表且关系十分复杂时，高级使用模型模块尤为重要。

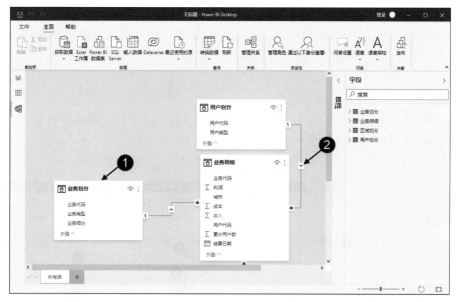

图 7-2　模型模块界面

其中，❶是数据块，❷是关系线。

1. 数据块

每个表占据一个数据块，数据块最上方为标题栏，
下面是对应表的各标题字段。单击标题栏右侧的隐藏按
钮，可以将数据块隐藏；单击数据块下部的折叠按钮，
即可不显示对应表的各标题字段；单击标题栏右侧的【更
多选项】按钮，在弹出的下拉列表中，可以看到更多的
设置选项，如图 7-3 所示。

2. 关系线

由关系线连接的两个表之间建立了连接，如果连线
是实线，为可用关系；如果连线是虚线，则为不可用关系，
即无效关系。

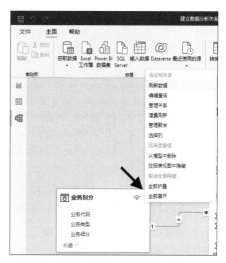

图 7-3　数据块【更多选项】

7.2　创建和管理数据关系

分析数据的前提是为各查询表创建关系，创建完成后，为了让表与表之间的关系更符合实
际工作的需要，可以对所创建的关系进行管理。因此，了解关系并管理关系就尤为重要了。

7.2.1　了解关系

两个表通过创建关系连接在一起后，可以像在单个表中使用数据一样使用两个表中的数据，
不需要担忧关系详细信息，也不必将这些表合并成单个表。

要进行关系的创建和管理，首先要了解关系的相关概念和基本元素。

在 Power BI 模型模块中，通常把表分为事实表和维度表。

1. 事实表

事实表是数据关系结构中的中央表，包含连接事实与维度表的数字度量值和键。事实表中包含描述业务内特定事件的数据，其与维度表在 Excel 数据透视表中的对应关系如图 7-4 所示。

2. 维度表

维度表是维度属性的集合，是分析问题的窗口，是人们观察数据的特定角度，也是考虑问题时的一类属性。属性的集合构成一个维。

在如图 7-5 所示的关系结构图中，❶、❷、❹ 为维度表，❸ 为事实表。

图 7-4　事实表与维度表的关系　　　　图 7-5　关系中的各元素

在如图 7-5 所示的关系结构图中，关系线中 ❺、❻、❼ 所指各元素的含义如下。

❺ 图标 **1**，表示该维度表中没有重复数据；❻ 图标 **∗**，表示该事实表中有重复数据；❼ 图标 ▲，表示关系间数据筛选的流向。

筛选流向有双向和单向两种，双向 ⬍ 表示两表之间可以互相筛选；单向表示一个表能对另一个表进行筛选，但不能反向筛选。

当鼠标指针在 ❺、❻、❼ 三个元素中任意一个元素上悬浮时，连接两表的关系线会呈选中状态，高亮显示，如图 7-6 所示。其中，两个表中字段连接的对应关系叫基数。

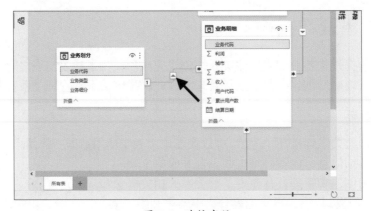

图 7-6　连接字段

在 ❺、❻、❼ 三个元素中任意一个元素上双击，或右击，在弹出的快捷菜单中单击【属性】选项，可打开如图 7-7 所示的【编辑关系】对话框。

图 7-7 【编辑关系】对话框

在【编辑关系】对话框中可以看到，此时的【基数】关系是"多对一"。单击【基数】右侧的下拉按钮，弹出的下拉列表中会显示基数关系的四种选项，如图 7-8 所示。

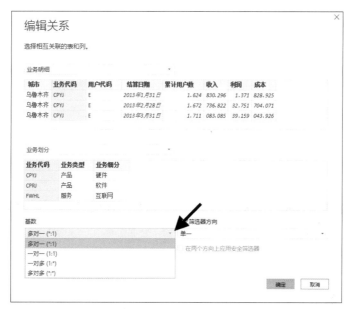

图 7-8 基数关系

【基数】列表中各选项的含义如表 7-1 所示。

表 7-1 【基数】列表中各选项的含义

基数关系	含义	关键点
多对一（*:1）	默认类型。意味着一个表中的一个值可以具有多个实例，而另一个相关表（常称为查找表）中仅具有一个值的一个实例（值唯一非重复）。例如，表 A 和表 B 为多对一关系，那么表 B 是表 A 的查找表，表 A 称为引用表。在查找表中，查找列是唯一非重复的，而在引用表中，查找列的值不唯一	查找表、维度表、引用表、事实表、数据表
一对多（1:*）	一对多是多对一的反向。例如，表 A 和表 B 是一对多关系，那么表 A 是表 B 的查找表，表 B 称为引用表。在查找表中，查找列是唯一非重复的，而在引用表中，查找列的值不唯一	箭头由"1"指向"*"。箭头的方向是交叉筛选器的方向，表示数据筛选的方向。双向箭头表示两个表可互相筛选；单一箭头只能由维度表指向事实表，即只能实现维度表对事实表的筛选。
一对一（1:1）	引用表中的列仅具有特定值的一个实例，相关表也是如此	—
多对多（*:*）	仅在两表的两列都不包含唯一值，且多对多关系的显著不同行为被理解的情况下，才使用此关系	—
其他	除了以上几种关系，Power BI Desktop 中还存在一种关系线为虚线的关系，表示此关系不可用	关系线为虚线

　　具有唯一值的表通常称作"查找表"，即"维度表"；具有多个值的表通常称作"引用表"，即"事实表"。在图 7-5 中，"业务明细"表中的业务代码、城市、用户代码等都不是唯一的，为事实表，也就是引用表；"业务划分""用户划分""区域划分"各表中，几种类别都是唯一值，与"业务明细"表都是一对多的关系，为维度表，也就是查找表。

7.2.2 自动检测创建关系

　　通常情况下，Power BI 可自动在表与表之间创建关系。虽然自动检测不一定能帮助用户找出所有数据关系，但能够帮助用户快速创建大部分关系。

　　有以下两种等效操作可以打开【管理关系】对话框。

　　💧 启动 Power BI，打开并加载数据表后，切换到【数据】模块，依次单击【主页】→【关系】区域内的【管理关系】按钮，如图 7-9 所示。

图 7-9 打开【管理关系】对话框方法一

● 依次单击【表工具】→【关系】区域内的【管理关系】按钮，如图 7-10 所示。

图 7-10　打开【管理关系】对话框方法二

以上操作都可以打开【管理关系】对话框。在对话框中，可以看到已经创建的三个可用基数关系。如果对话框中显示"尚未定义任意关系"，可单击【自动检测】按钮，启动自动检测。

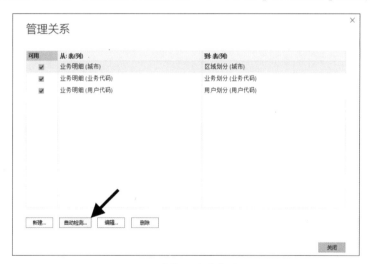

图 7-11　【管理关系】对话框

单击【自动检测】按钮后，会弹出【自动检测】提示对话框，本示例中已经创建了基数关系，因此显示为"未找到任何新关系"，如图 7-12 所示。

如果检测到可创建的关系，会显示"找到 N 个新关系"（本示例为 3 个），如图 7-13 所示。

图 7-12　未检测到新关系

图 7-13　检测到新关系

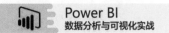

创建关系后进入【模型】模块，可以看到已创建的基数结构图。将鼠标指针悬浮在某数据块上，待鼠标指标变成四向箭头时，可以移动数据块至合适的位置，如图 7-14 所示。

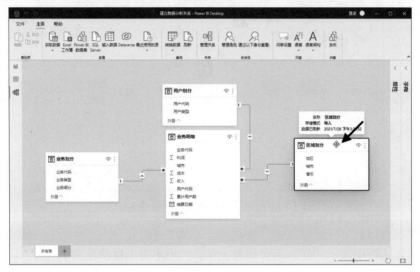

图 7-14　移动数据块

7.2.3 手动创建关系

当 Power BI 无法自动在两个表之间创建关系，或通过自动检测创建的关系与想要创建的关系不相符时，可使用"新建"功能，手动创建关系。

有两种方法可用于手动创建关系，具体操作步骤如下。

1. 使用选项卡

步骤❶ 在【数据】模块中，依次单击【表工具】→【关系】区域内的【管理关系】按钮，在弹出的【管理关系】对话框中单击【新建】按钮，如图 7-15 所示。

图 7-15　新建关系

步骤 ❷　在弹出的【创建关系】对话框中，设置引用表为"业务明细"、查找表为"业务划分"，依次在"业务明细"和"业务划分"表中选中关系列"业务代码"。【基数】和【交叉筛选器方向】自动设置完成，不适合可以进行调整，这里保持默认，单击【确定】按钮。弹出【管理关系】对话框，此基数关系已经创建完成，单击【新建】按钮，如图7-16所示。

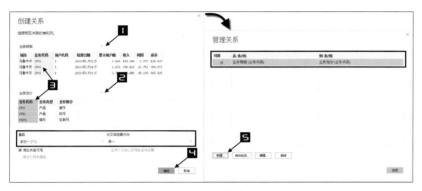

图7-16　创建关系

步骤 ❸　重复步骤2操作，完成对所有基数关系的创建，最终效果如图7-17所示。单击【管理关系】对话框的【关闭】按钮，结束对基数关系的创建。

图7-17　所有基数关系创建完成

2. 直接手动拖动

在【模型】模块中，依次单击【主页】→【关系】区域内的【管理关系】按钮，可以在【管理关系】对话框中进行基数关系的创建和管理。

在该模块中，在表的数据块上按住鼠标左键不放，拖动某一字段至目标位置，也可以快速创建基数关系。例如，拖动"业务划分"中的"业务代码"字段至"业务明细"中的"业务代码"字段上方，松开鼠标左键，即可快速创建基数关系，如图7-18所示。

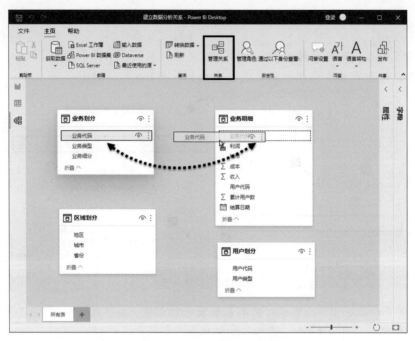

图 7-18　拖动创建基数关系

使用同样的方法，完成对本示例中所有基数关系的创建。需要注意的是，只有在字段名称完全一致的情况下，才能创建有效关系；若字段名称不同，所创建的关系呈虚线显示，为不可用关系。如图 7-19 所示，将"业务划分"中的"业务细分"字段拖至"业务明细"中的"用户代码"字段上，会创建不可用关系。

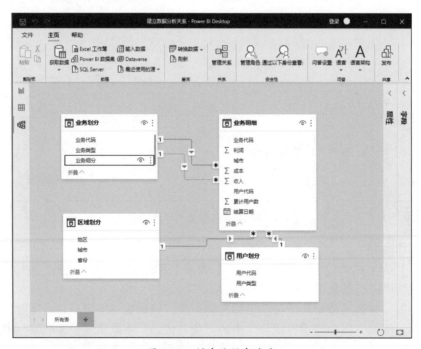

图 7-19　创建的所有关系

7.2.4 编辑和删除关系

若创建的关系不符合用户需求，需要编辑修改，或者需要删除多余的关系，可使用【管理关系】中的【编辑】和【删除】按钮。编辑关系的具体操作步骤如下。

步骤 **1** 依次单击【主页】→【关系】区域内的【管理关系】按钮，打开【管理关系】对话框；或者在【模型】模块的关系结构图中双击【关系线】上的任意元素，直接打开对应关系的【编辑关系】对话框。

步骤 **2** 选中【管理关系】对话框中的第一条可用关系，单击【编辑】按钮，进入该关系的【编辑关系】对话框，即可对该基数关系进行编辑。编辑完成，单击【确定】按钮，如图 7-20 所示。

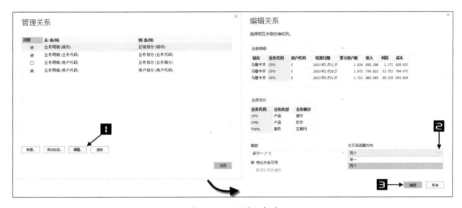

图 7-20　编辑关系

如果需要删除已创建的基数关系，可以使用如下两种方法。

1. 在【管理关系】对话框中删除

打开【管理关系】对话框，选中要删除的关系，单击【删除】按钮。弹出【删除关系】提示对话框，单击【删除】按钮，返回【管理关系】对话框，单击【关闭】按钮，完成操作，如图 7-21 所示。

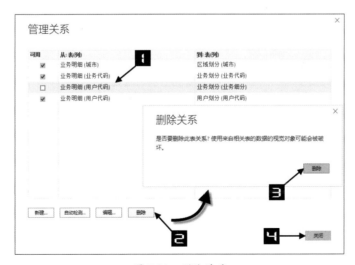

图 7-21　删除关系

2. 使用快捷菜单删除

在要删除的基数关系连接线上右击，在弹出的快捷菜单中单击【删除】选项。弹出【删除关系】提示对话框，单击【删除】按钮，如图 7-22 所示。

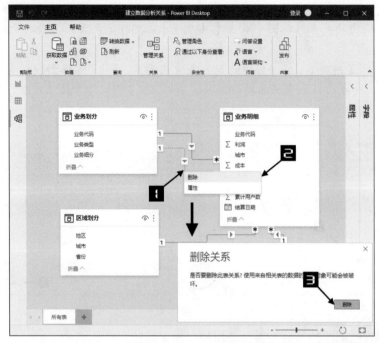

图 7-22　使用快捷菜单删除

如果只是需要暂时停止使用创建的关系，可在【管理关系】对话框中取消对需要停用的基数关系复选框的勾选，如图 7-23 所示。若再次勾选对应基数关系的复选框，可重新启动对基数关系的使用。

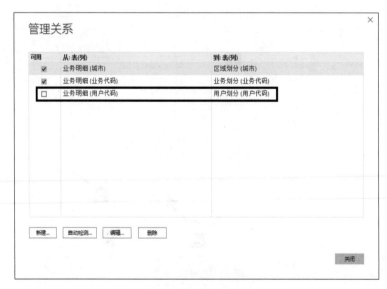

图 7-23　暂停使用关系

7.3 认识 DAX

DAX（Data Analysis Expression，数据分析表达式）是一种简单的公式语言，于 2010 年随 Power Pivot 的第一个版本发布。

7.3.1 DAX 的概念

DAX 不是编程语言，而是一种公式语言，可以帮助用户在计算列和计算字段（也称为度量）时定义自定义计算。也就是说，DAX 可以帮助用户通过数据模型中的现有数据创建新信息。DAX 公式使用户能够执行数据建模、数据分析操作，并将结果用于报告和判断。

DAX 公式类似于 Excel 公式，因为 Excel 的 Power Pivot 在 DAX 出现时便开始使用，最初的开发团队试图让 Excel 函数和 DAX 相似。DAX 公式有许多与 Excel 公式相似的功能，这种相似性，让熟悉 Excel 的用户更加容易学习 DAX。

但 DAX 公式与 Excel 公式也有本质的区别：一般情况下，Excel 公式在单元格中执行计算，使用行列坐标引用单元格；而 DAX 公式引用的是表、列或度量值，只能在表中运行计算。

7.3.2 DAX 的语法

如图 7-24 所示，是 DAX 公式的结构实例。

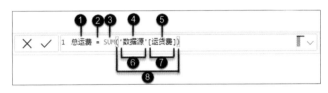

图 7-24　DAX 公式的结构

从公式结构来看，构成公式的元素包括度量值、等号、引用值和运算符号等。

❶ 度量值名称，如"总运费"。

❷ 等号运算符"="，表示公式的开头。

❸ DAX 函数，本示例为求和函数"SUM"，对"数据源"表"运货费"列中的所有运货费数据进行汇总求和。

❹ 引用的表的名称，如"数据源"。

❺ 引用的表中的引用列，本示例为"运货费"列。

❻ 单引号。Power BI 常通过"'"启动智能感知，可以感知当前所有工作表字段和度量值。如果表名称为英文，可以不加单引号。

❼ 中括号。Power BI 也可以通过"["启动智能感知，使用"["左中括号，只能感知当前工作表字段和度量值。

❽ 小括号。小括号内包含一个或多个参数的表达式，几乎所有函数都需要至少一个参数，一个参数会传递一个值给函数。

图 7-24 中公式的含义为：度量值名称为"总运费"，计算汇总表"数据源"中"运货费"的总和。

在实际使用中，DAX 公式中还可能包括 DAX 运算符、筛选上下文、行上下文等其他元素，辅助进行运算。

7.3.3 DAX 的基本核心概念和术语

1. 度量值

简单来说，度量值是用 DAX 公式创建的虚拟字段的数据值，它不改变数据源，也不改变数据模型，只有在可视化报表上能看到它的值。度量值是 Power BI 里使用频率最高的概念，所有数据、图表、模型都基于度量值。通常使用公式来创建度量值，比如常见的求和、计数、最大/最小值等，度量值结果会根据公式中内容的变动而变动。

度量值类似于程序设计语言中的全局变量，是一个标量，通常用于表示单个值。例如，求和、求平均值、求最大值等结果为单个值时，可以定义为度量值。度量值可以在报表的任意位置使用。

2. 计算列

主要用于在表中添加列。例如，一个销售明细表中只有"单价"列和"数量"列时，可以使用"计算列"功能，增加"总金额"列。

公式：总金额 = [单价]*[数量]

计算列基于原始数据的行，通常用于整理原始数据或增加辅助列，对原始数据进行分组、合并等操作。

 提示 如果使用计算列和度量值都可以实现某一目的，优先选择使用度量值，以节省内存和磁盘空间。

3. 计算表

计算表是使用 DAX 公式或表达式得到的一个新表格，这个新表格不是直接通过其他数据源加载得到的，但和其他表格具有相同的意义和计算方式。

4.VAR（变量）

VAR，即 Variable，变量。DAX 是一种公式语言，所以变量是一个很重要的概念。通过 VAR 定义变量，通过 Return 返回结果值，可以将同一操作的多个度量值整合在一个 DAX 表达式里，简化操作。

5. 函数

对于函数，大家一点也不陌生，Excel 中就有大量函数，且与 Power BI 中的函数有很多功能、写法一样。不过，Power BI 的函数具有自己的特色，如下所示。

（1）DAX 函数引用的是完整的表或列，如果想使用表或列中的特定值，需要在公式中添加筛选器。

（2）如果需要逐行自定义计算，可以使用上下文函数来操作。

（3）DAX 中，许多函数的运算结果是返回表，不是返回值。

（4）DAX 函数包含多种时间智能函数，使用这些函数，可以定义日期或选择日期范围，并基于这些日期或日期范围，执行动态计算。

Power BI 函数的类型与 Excel 函数一样，包括日期和时间函数、财务函数、信息函数、逻辑函数、数学函数、统计函数、文本函数等，此外，Power BI 还有自己特有的函数类型，包括筛选器函数、关系函数、时间智能函数、表操作函数等。

6. 数据类型

Power BI 中的数值类型确定和转换一般在 Power Query 编辑器中进行，导入数据后，Power Query 编辑器会自动进行数据类型的转换，如果转换结果无法满足用户的需求，用户可以使用 Power Query 编辑器的"数据转换"功能，手动对数据类型进行转换，相关内容在第 5 章中已经详细讲解，这里不再赘述。

7. 运算符

运算符是构成公式的基本元素之一，每个运算符代表一种运算。如表 7-2 所示，Power BI 包含 4 种类型的运算符：算术运算符、比较运算符、文本串联运算符和逻辑运算符。

（1）算术运算符：用于执行算术运算，运算结果为数值。

（2）比较运算符：用于执行比较运算，运算结果为逻辑值 True 或 False。

（3）文本串联运算符：用于将两个字符串连接成一个字符串。

（4）逻辑运算符：用于执行逻辑运算，运算结果为逻辑值 True 或 False。

表 7-2　公式中的运算符

符号	说明	实例
		算术运算符：加法运算	2+3
-	算术运算符：减法运算或负数符号	5-3
*	算术运算符：乘法运算	2*3
/	算术运算符：除法运算	2/3
^	算术运算符：乘幂	3^2
=, >, < >=, <=, <>	比较运算符： 等于、大于、小于、大于等于、小于等于、不等于	[运费]=500，[运费]>500 [运费]<500，[运费]>=500 [运费]<=500，[运费]<>500
&	文本串联运算符：连接字符串	"Excel" & "Home"（结果为"ExcelHome"）
&&	逻辑运算符：逻辑与——两个操作数都为 True 时，运算结果为 True，否则为 False	[运费]=500&&[成本]<500
||	逻辑运算符：逻辑或——两个操作数都为 False 时，运算结果为 False，否则为 True	[运费]<500||[成本]<500

8. 上下文

上下文是 DAX 中的一个重要概念，即公式的计算环境。在 DAX 中，有两种上下文：行上下文和筛选上下文。

（1）行上下文，为当前记录行（当前行）。从数据源中获取各种数据后，Power BI 将其以关系表（二维表）的形式存储。计算函数时，通常会应用某一行中的数据，此时的行就是当前计算的行上下文。

（2）筛选上下文，为作用于表的筛选条件（筛选器）。函数应用筛选出的数据（单个或多个值）完成计算。

7.3.4　DAX 的输入和编辑

Power BI 计算中所用的 DAX 公式，即度量值、计算列或计算表中所用的 DAX 公式。以

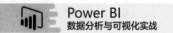

输入度量值为例，有以下两个等效操作。

⬧ 启动 Power BI，加载目标数据表。进入【数据】模块，依次单击【主页】→【计算】区域内的【新建度量值】按钮，如图 7-25 所示。

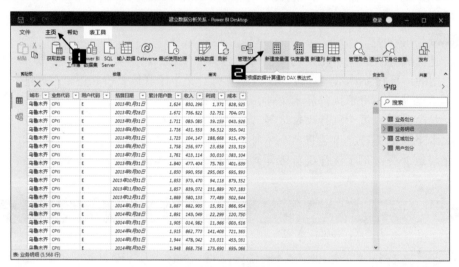

图 7-25　新建度量值操作之一

⬧ 启动 Power BI，加载目标数据表。进入【数据】模块，依次单击【表工具】→【计算】区域内的【新建度量值】按钮，如图 7-26 所示。

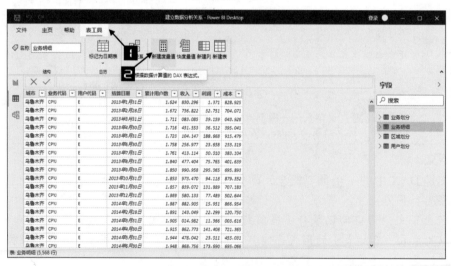

图 7-26　新建度量值操作之二

进入如图 7-27 所示的度量值编辑状态，此时，编辑框中出现"度量值 ="输入提示，在"="后面输入需要使用的函数，如"SUM"。在编辑框中输入"S"时，会弹出一个由 S 开头的函数下拉列表，继续输入"U"，列表会缩短，只显示以 SU 开头的函数，如图 7-27 所示。

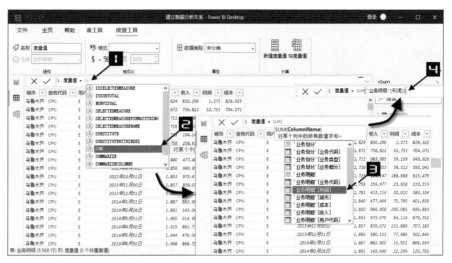

图 7-27　输入表达式向导

若第一个函数即为目标函数，直接按 <Tab> 键，即可输入需要的函数。

若目标函数不在第一位，按上下方向键，可以在列表中移动选择目标函数，如图 7-27 所示。

选中目标函数，如"SUM"函数，按 <Enter> 键，自动添加左括号并弹出对应的参数列表，按上下方向键，选中需要的目标列，如"'业务明细'[利润]"，输入右括号，完成对表达式的输入，如图 7-27 所示。

如果按 <Enter> 键后没有自动添加左括号，可以手动输入，然后输入单引号（注意：需要是英文状态下的括号与单引号），再完成以上操作。

修改"度量值"名称为"利润之和"，完成操作，如图 7-28 所示。

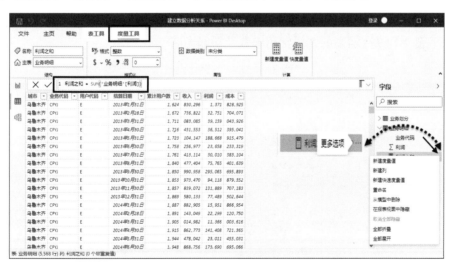

图 7-28　【度量工具】选项卡

此时，会自动出现如图 7-28 所示的上下文选项卡【度量工具】，其中，【结构】区域内的【名称】和【主表】文本框中，显示该度量值的名称与所属的主表；【格式化】区域内有各种数据格式可选项，如数据格式为"整数"。

单击【字段】窗格中度量值"利润之和"右侧的【更多选项】按钮，如图 7-28 所示，弹出的列表中有多种选项。

(1) 新建度量值、新建列、新建快速度量值。与图 7-25 和图 7-26 中【计算】区域内的相应选项一样，可以用于新建对应的 DAX 表达式。

(2) 重命名。单击该选项，为当前度量值重命名。

(3) 从模型中删除。单击该选项，删除当前度量值。

(4) 在报表视图中隐藏。单击该选项，在报表中不显示该度量值，即该度量值进入隐藏状态。

(5) 取消全部隐藏。取消度量值的隐藏状态，进入正常显示状态。

(6) 全部展开 / 全部折叠。单击【全部展开】选项，可以将【字段】窗格中的所有表、度量值等展开显示；单击【全部折叠】选项，则仅显示查询表的名称。

 提示

(1) DAX 表达式对字母的大小写，括号、单引号的英文形式等要求非常严格，如果输入错误，会出现如图 7-29 所示的"错误提示"。

图 7-29　错误提示

(2) 如果创建的表达式很长，可以按 <Alt+Enter> 组合键进行强制换行，增强可读性。

7.4 DAX 函数

DAX 包含 200 多个函数，根据应用领域的不同，分为聚合函数、日期和时间函数、时间智能函数、逻辑函数、数学与三角函数、信息函数、文本函数、转换函数、筛选器函数等。

表 7-3 至表 7-12 是 DAX 的各类常用函数及功能说明。

表 7-3　DAX 之聚合函数

常用函数	函数作用	备注
SUM	求和	
AVERAGE	求平均值	
MEDIEN [2016 版新增函数]	求中位值	
MAX	求最大值	计算此类函数聚合表中某个列的值并返回单个值。聚合是一种抽象的概念，求和、求平均数、计数都是聚合。更深远的聚合是一种思想，它将人脑无法分析的海量数据迅速聚合到少量数据中，形成价值密度更高的信息
MIN	求最小值	
COUNT	数值格式的计数	
COUNTA	所有格式的计数	
COUNTBLANK	空单元格的计数	
COUNTROWS	表格中的行数	
DISTINCTCOUNT	不重复计数	

表 7-4　DAX 之日期和时间函数

常用函数	函数作用	备注
YEAR	返回当前日期的年份	此类函数类似 Excel 中的日期与时间函数。但是，DAX 是基于 Microsoft SQL Server 使用的 Datetime 数据类型，可以采用列中的值作为参数
MONTH	返回 1 到 12 月份的整数	
DAY	返回月中第几天的整数	
HOUR	返回 0 到 23 的整数（小时）	
MINUTE	返回 0 到 59 的整数（分钟）	
SECOND	返回 0 到 59 的整数（秒）	
TODAY	返回当前的日期	
NOW	返回当前的日期和时间	
DATE	根据年、月、日生成日期	
TIME	根据时、分、秒生成日期时间	
DATEVALUE	将文本格式的日期转换成日期格式	
TIMEVALUE	将文本格式的时间转换成日期时间格式	
EDATE	调整日期格式中的月份	
EOMONTH	返回调整后的日期所在月份的最后一天	
WEEKDAY	返回 1 到 7 的整数（星期几），返回参数建议使用 2	
WEEKNUM	当前日期在一整年中的周数（从当年的 1 月 1 日开始算）	

表 7-5　DAX 之时间智能函数

常用函数	函数作用	备注
DATESYTD	本年累计至今	时间智能函数与普通日期函数的区别是普通日期函数依赖当前行上下文，一般作为新建列使用，比如 YEAR 函数，提取日期列的年度；时间智能函数会重置上下文，一般在新建度量值时使用，可以快速移动到指定区间
DATEADD	按指定间隔返回时间区间（可以是间断的）	
SAMEPERIODLASTYEAR	去年同期	
PARALLELPERIOD	和 DATEADD 函数类似，但返回的是完整的时间范围	
TOTALYTD	年初至今累计额	

表 7-6　DAX 之逻辑函数

常用函数	函数作用	备注
IF	根据某个 / 某几个逻辑判断是否成立，返回指定的数值	用于返回表达式中有关值或集的信息。例如，通过 IF 函数检查表达式的结果并创建条件结果
IFERROR	如果计算出错，返回指定的数值	
AND	逻辑关系的"且"，等同于"&&"	
OR	逻辑关系的"或"，等同于"‖"	
SWITCH	数值转换	

表 7-7　DAX 之数学与三角函数

常用函数	函数作用	备注
ABS	绝对值	与 Excel 中的同类函数类似, 但使用的数据类型与 Excel 存在一些差别
ROUND	四舍五入	
ROUNDUP	向上舍入	
ROUNDDOWN	向下舍入	
INT	向下舍入到整数 (取整数)	

表 7-8　DAX 之信息函数

常用函数	函数作用	备注
ISBLANK	是否空值	用于查找作为参数提供的单元格或行, 并且指示值是否与预期的类型相匹配
ISNUMBER	是否数值	
ISTEXT	是否文本	
ISNOTEST	是否非文本	
ISERROR	是否错误	

表 7-9　DAX 之文本函数

常用函数	函数作用	备注
LEFT	从左向右取	用于返回部分字符串、搜索字符串中的文本、连接字符串值等
RIGHT	从右向左取	
MID	从中间开始取	
LEN	返回指定字符串的长度	
FIND/SEARCH	查找	
REPLACE	替换	
SUBSTITUTE	查找替换	
BLANK	返回空值	
CONCATENATE	连接字符串, 等同于 "&"	
LOWER	将字母转换成小写	
UPPER	将字母转换成大写	
TRIM	在文本中删除两个词之间除了单个空格外的所有空格	
REPT	重复字符串	

表 7-10　DAX 之转换函数

常用函数	函数作用	备注
FORMAT	日期或数字格式的转换	虽然 DAX 可以根据操作符转换数据的类型，且转换动作是自动发生的，但 DAX 也提供了一些函数，用于数据类型的转换。例如，使用 INT 函数可以转换数据类型为整数
VALUE	转换成数值	
INT	转换成整数	
DATE	转换成日期格式	
TIME	转换成时间格式	
CURRENCY	转换成货币	

表 7-11　DAX 之筛选器函数

常用函数	函数作用	备注
ALL	返回表中所有行或列中的所有值，同时忽略可能已应用的任何筛选器	DAX 中的筛选器和值函数是最复杂的功能强大的函数，与 Excel 函数有很大的不同。查找函数通过使用表和关系执行操作，与数据库类似；筛选函数可用于操作数据上下文来创建动态计算
ALLCROSSFILTERED	清除应用于表的所有筛选器	
ALLEXCEPT	删除表中所有上下文筛选器，已应用于指定列的筛选器除外	
FILTER	返回一个表，用于表示另一个表或表达式的子集	
CALCULATE	在已修改的筛选器上下文中计算表达式	
EARLIER	返回所述列的外部计算传递中指定列的当前值	
EARLIEST	返回指定列的外部计算传递中指定列的当前值	
FILTER	返回一个表，用于表示另一个表或表达式的子集	

表 7-12　DAX 之其他函数

常用函数	函数作用	备注
BLANK	返回空白	此类函数用于执行无法定义为任何类别的唯一操作
ERROR	引发错误并显示错误消息	
DATATABLE	用于声明内联数据值集的表	
UNION	从一对表创建联合表	

　　熟悉 Excel 的用户会发现，DAX 中很多函数的名称及作用与 Excel 中的函数有相似之处，例如，SUM 函数都是对数据进行求和计算，COUNT 函数都是对单元格数目进行计数。

　　但其实，DAX 函数与 Excel 函数使用不同的理论方法对数据进行处理，二者的数据计算范围定义完全不同，主要体现在以下两点。

　　（1）DAX 函数没有单元格与行列坐标概念，取而代之的是上下文关系。

　　（2）DAX 函数的计算对象是列或表单，通过前后左右行文内容来确定函数的计算范围。

　　由于没有单元格概念的束缚，无论列值如何变化，只要列名称没有改变，DAX 公式就会按照函数设定，自动对列下的值进行计算，这样，可以对动态数据进行处理，使数据的分析计算更加灵活、方便。

7.5 DAX 常用函数的应用

7.5.1 聚合函数

7.5.1.1 DISTINCTCOUNT 函数

DISTINCTCOUNT 函数用于计算一个数字列中不同单元的数目。

DISTINCTCOUNT 函数的语法如下。

```
DISTINCTCOUNT(<column>)
```

参数的含义如下。

column，包含要计数的数字的列。

使用该函数，将返回目标列 column 中非重复值的数目。

此函数的唯一允许参数是列，可以使用包含任何数据类型的列。在该函数未找到要计数的列时，将返回 BLANK；否则，将返回非重复值的计数。

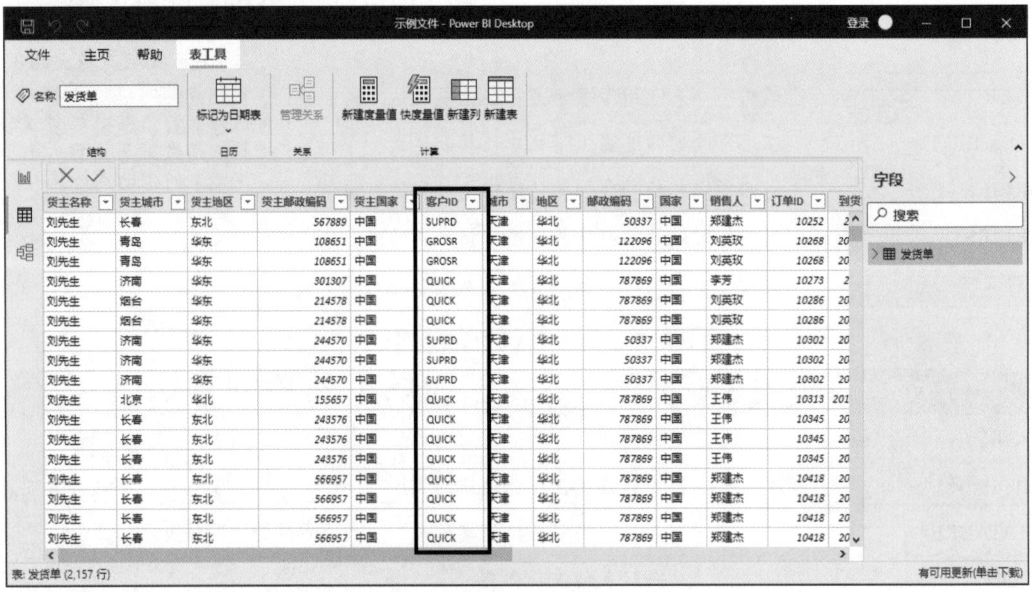

图 7-30　数据表

在如图 7-30 所示的示例文件中，"客户 ID"列中有很多客户 ID，其中不乏重复项，使用 DISTINCTCOUNT 函数得到所有非重复项的具体操作步骤如下。

步骤 ❶ 启动 Power BI，加载示例文件，切换至【数据】模块。

步骤 ❷ 创建度量值。依次单击【表工具】→【计算】区域内的【新建度量值】按钮，在度量值编辑框中输入如下公式。

```
客户 ID 数量 = DISTINCTCOUNT('发货单'[客户 ID])
```

此时，在【字段】窗格中，可以看到已添加的度量值"客户 ID 数量"，如图 7-31 所示。

图 7-31　"客户 ID 数量"度量值

由于度量值是保存于内存中的虚拟数据，所以不能在【数据】窗格中具体显示。

[步骤 ③] 单击切换至【报表】模块，在【可视化】窗格中单击【卡片图】控件，将新建的"客户 ID 数量"拖曳至【字段】框中，报表区域即可显示"客户 ID 数量"为"89"，如图 7-32 所示。

图 7-32　卡片图显示度量值

[步骤 ④] 如果要输入多个类似的度量值，可以通过复制粘贴简化操作。单击已有的度量值名称，如"客户 ID 数量"，在编辑框中选中要复制的表达式，按 <Ctrl+C> 组合键复制，单击

【新建度量值】按钮，在编辑框中按 <Ctrl+V> 组合键粘贴，依次修改参数列为"'发货单'[销售人]"，修改度量值名称为"销售人员"，如图7-33所示，以获取发货表中的"销售人员"数。

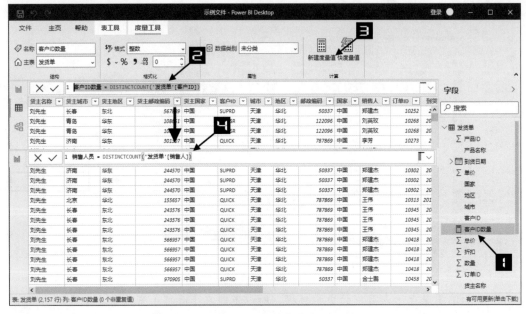

图7-33　复制度量值

步骤⑤ 使用以下公式，可以获取"产品数量"数。

```
产品数量 = DISTINCTCOUNT('发货单'[产品名称])
```

"客户ID数量""销售人员""产品数量"如图7-34所示。

图7-34　三个数量的卡片图

7.5.1.2　SUMMARIZE 函数

SUMMARIZE 函数非常强大，用于针对一系列组所请求的总计返回摘要表。
SUMMARIZE 函数的语法如下。

```
SUMMARIZE(<table>,<groupBy_columnName>[,<groupBy_columnName>]…[,
name>, <expression>]…)
```

参数的含义如下。

（1）table，任何返回数据表的 DAX 表达式。

（2）groupBy_columnName（可选），现有列的限定名称，将使用在该列中找到的值创建摘要组，此参数不能是表达式。

（3）name，给予总计或汇总列的名称，包含在双引号内。

（4）expression，任何返回单个标量值的 DAX 表达式，其中，表达式将计算多次（针对每行 / 上下文）。

返回值为包含 groupBy_columnName 参数的选定列和由名称参数设计的汇总列的表。

使用 SUMMARIZE 函数时，需要注意以下几点。

（1）为其定义名称的每列必须有一个对应的表达式，否则将返回错误。第一个参数 name 定义了结果中此列的名称，第二个参数 expression 定义了所执行的用来获取该列中每行的值的计算。

（2）groupBy_columnName 必须在 table 或 table 的相关表中。

（3）每个名称都必须用双引号引起来。

（4）此函数按一个或多个 groupBy_columnName 列的值将一组选定行组合成一个摘要行集，针对每一组返回一行。

为了帮助用户更直观地理解 SUMMARIZE 函数的基础用法，以下实例进行了详细的步骤展示。

图 7-35　示例文件

在如图 7-35 所示的发货单查询表中，创建一个统计每位销售人员销售金额的数据表，具体操作步骤如下。

步骤 1　启动 Power BI，加载示例文件，切换至【数据】模块。

步骤 2　创建度量值。依次单击【主页】→【计算】区域内的【新建度量值】按钮，在编

辑框中输入如下公式，创建度量值"总价之和"。

> 总价之和 = SUM('发货单'[总价])

步骤❸ 创建新表。依次单击【主页】→【计算】区域内的【新建表】按钮，在编辑框中输入如下公式。

> 销售金额表 = SUMMARIZE('发货单','发货单'[销售人],"销售金额",'发货单'[总价之和])

输入完成后，按 <Enter> 键，单击编辑框前面的对钩，即可看到生成的汇总表"销售金额表"，如图 7-36 所示。

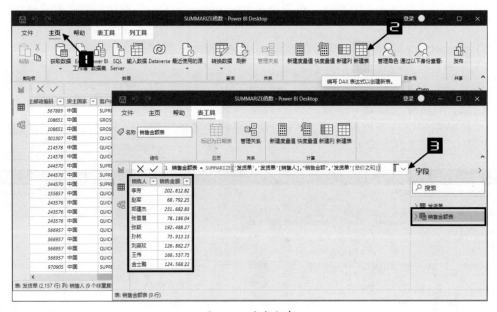

图 7-36　生成新表

公式解析：

> 销售金额表 = SUMMARIZE('发货单','发货单'[销售人],"销售金额",'发货单'[总价之和])

等号左边是新建表的名称，右边是 DAX 表达式，其中，第一参数为表，本示例为"发货单"；第二参数为汇总的列，如发货单查询表中的"销售人"列；新列的名称为"销售金额"，调用的相关度量值为"总价之和"。

如果需要进一步汇总各城市的各产品数及销售金额，具体操作步骤如下。

步骤❶ 创建相应的度量值"产品数量"，公式如下。

> 产品数量 = DISTINCTCOUNT('发货单'[产品名称])

步骤❷ 在新建表的编辑框中输入如下公式。

城市表 = SUMMARIZE('发货单','发货单'[城市],"产品数",'发货单'[产品数量],"销售金额",'发货单'[总价之和])

最终效果如图 7-37 所示。

图 7-37　城市各产品销售金额表

公式解析:

城市表 = SUMMARIZE('发货单','发货单'[城市],"产品数",'发货单'[产品数量],"销售金额",'发货单'[总价之和])

等号左边是新建表的名称,右边是 DAX 表达式,其中,第一参数为表,本示例为"发货单";第二参数为汇总的列,如发货单查询表中的"城市"列;第一列显示数据,新列命名为"产品数",调用的相关度量值为"产品数量";第二列显示数据,新列命名为"销售金额",调用的相关度量值为"总价之和"。

7.5.2 逻辑函数

7.5.2.1　IF 函数

IF 函数用于检查条件,如果为 TRUE,返回第一个值,否则,返回第二个值。
IF 函数的语法如下。

```
IF(<logical_test>, <value_if_true>[, <value_if_false>])
```

参数的含义如下。

（1）logical_test，计算结果可以是 TRUE 或 FALSE 的任何值或表达式。

（2）value_if_true，逻辑测试为 TRUE 时返回的值。

（3）value_if_false（可选），逻辑测试为 FALSE 时返回的值。如果省略，则返回 BLANK。

返回值为 value_if_true、value_if_false 或空。

需要注意的是，如果 value_if_true 和 value_if_false 的数据类型不同，IF 函数会返回可变数据类型；如果 value_if_true 和 value_if_false 都是数值数据类型，IF 函数会尝试返回单个数据类型。在后一种情况下，IF 函数会隐式转换数据类型，以容纳这两个值。

例如，使用公式 IF(<condition>, TRUE(), 0)，返回 TRUE 或 0；使用公式 IF(<condition>, 1.0, 0)，则返回十进制值，即使 value_if_false 的数据类型是整数数据类型也不例外。

1. IF 函数的基础用法

在本示例中判断总价是否大于等于 1,000 元，若大于等于 1,000 元，为大单，否则为小单。

步骤 ❶ 启动 Power BI，加载目标文件，切换至【数据】模块。

步骤 ❷ 新建总价列。依次单击【表工具】→【计算】区域内的【新建列】按钮，在编辑框中的 "=" 后输入一个英文状态下的单引号，启动智能感知，弹出字段列表。按上下键，选中 "发货单[单价]"，按 <Enter> 键完成输入。输入符号 "*" 后，重复以上操作，完成对 "发货单[数量]" 的输入，如图 7-38 所示。编辑框中的公式如下。

```
总价 = '发货单'[单价]*'发货单'[数量]
```

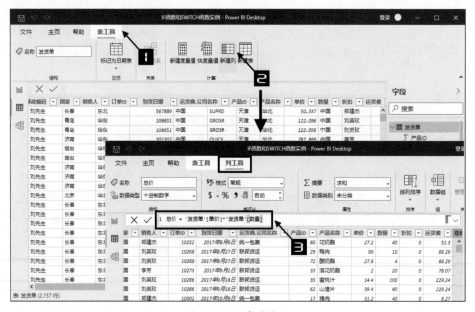

图 7-38　新建总价列

步骤 ❸ 新建判断列。重复步骤 2 的操作，在编辑框中输入如下公式，完成对判断列的添加。

判断大小单 = IF(' 发货单 '[总价]>=1000," 大单 "," 小单 ")

如图 7-39 所示，是添加"总价"列和"判断大小单"列后的效果。

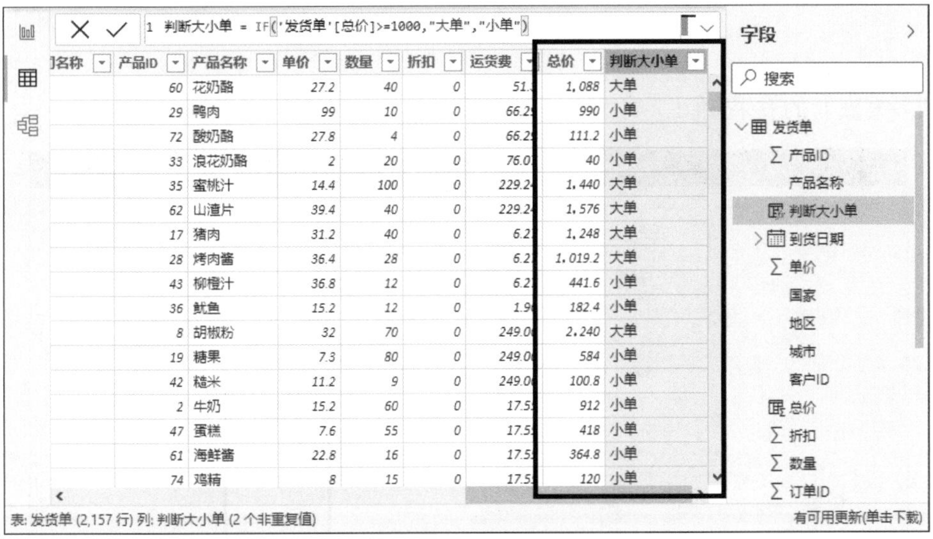

图 7-39　添加的两列

步骤 4　切换至【报表】模块，添加字段"总价"为卡片图，添加"判断大小单"为切片器，可以看到添加列的最终可视化应用，如图 7-40 所示。

图 7-40　添加列的可视化应用

2. IF 函数的嵌套

使用 IF 函数的"多重嵌套"功能，可以实现根据条件进行多重判断。例如，在新建列编辑框中输入如下公式，可以实现对总价的多重判断——如果大于等于 1,000，显示 ">=1000"；
如果大于等于 500，则显示 "500~1000"；否则，显示为 "<500"。

```
IF = IF('发货单'[总价]>=1000,">=1000",IF('发货单'[总价]>=500,"500~
1000","<500"))
```

添加多重嵌套的效果如图 7-41 所示。

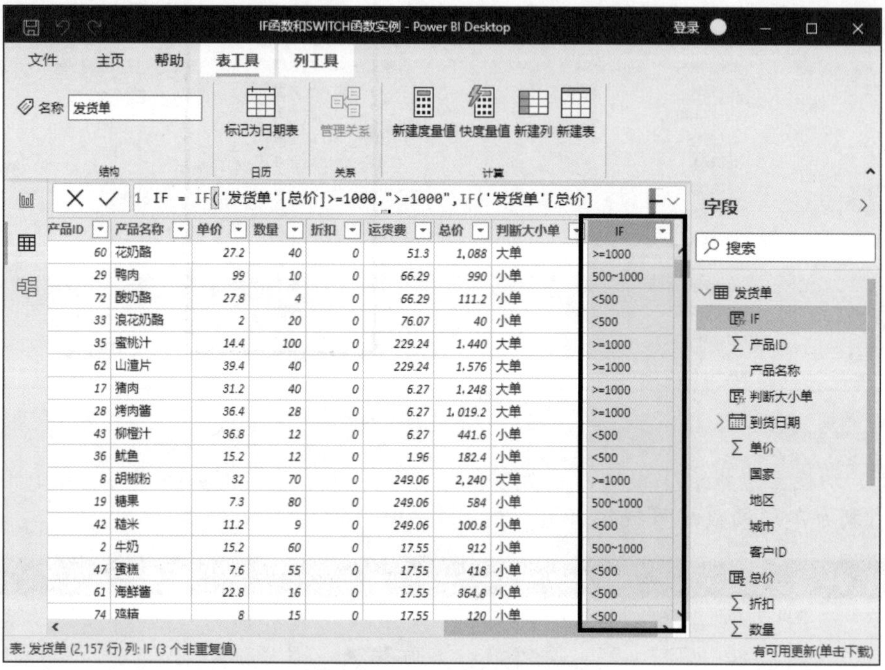

图 7-41　IF 的多重嵌套

如果有更多条件，可以一层一层地嵌套下去。

> **提示**　如果运算过程中需要嵌套多个 IF 函数，最好直接使用 SWITCH 函数。SWITCH 函数提供了一种更清晰的选择，编写返回两个以上的可能值的表达式。

7.5.2.2　SWITCH 函数

SWITCH 函数用于针对值列表计算表达式，返回多个可能的结果表达式之一。
SWITCH 函数的语法如下。

```
SWITCH(<expression>, <value>, <result>[, <value>, <result>]…[,
<else>])
```

参数的含义如下。

（1）表达式，返回单个标量值的任何 DAX 表达式，其中，表达式将被计算多次（针对每
　　　行 / 上下文）。

（2）value，与 expression 的结果相匹配的常量值。

（3）result，当 expression 的结果与对应的 value 相匹配时，要进行计算的任何标量表达式。

（4）else，如果 expression 的结果与任何 value 参数都不匹配，要进行计算的任何标量表达式。

表达式返回值为一个标量值，如果与 value 相匹配，该值来自 result 表达式；如果与任何 value 值都不相匹配，则该值来自 else 表达式。

需要注意的是，所有 result 表达式和 else 表达式必须属于同一数据类型。

SWITCH 函数的功能与 IF 函数的功能相同，但书写时更加简洁易懂，所以在判断条件非常多的时候，用户更加喜爱 SWITCH 函数。

前一小节示例中的 IF 函数公式，可以用如下公式代替。

```
SWITCH = SWITCH(TRUE(),'发货单'[总价]>=1000,">=1000",'发货单'[总
        价]>=500,"500~1000",'发货单'[总价]<500,"<500")
```

单击新建列，在编辑框中输入以上公式后的效果如图 7-42 所示。

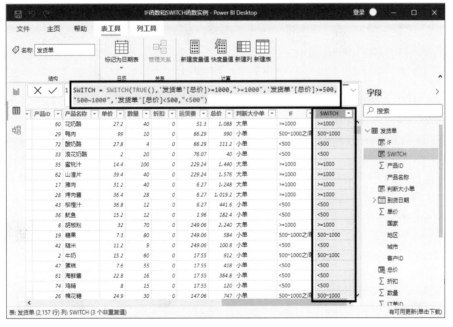

图 7-42　SWITCH 函数的使用

公式解析：

```
SWITCH = SWITCH(TRUE(),'发货单'[总价]>=1000,">=1000",'发货单'[总
        价]>=500,"500~1000",'发货单'[总价]<500,"<500")
```

等号左边是新建列的名称，右边第一参数为表达式"TRUE（）"，即"为真"；第二、三参数为第一重判断条件，即总价大于等于 1,000 时，对应的结果显示为">=1000"；第四、五参数为第二重判断条件，即总价大于等于 500 时，对应的结果显示为"500~1000"；第六、

七参数为第三重判断条件，即总价小于 500 时，对应的结果显示为"<500"。

7.5.3 关系函数

RELATED 函数用于从关系的一端返回标量值。

RELATED 函数的语法如下。

```
RELATED（<列名>）
```

参数含义如下。

列名，包含所需值的列的列名。

使用 RELATED 函数，将返回一个任意类型的值。

客户省份	区域	产品分类	金额
甘肃	西区	电脑	4,714
甘肃	西区	手机	5,170
浙江	东区	冰箱	3,414
安徽	东区	空调	3,073
广西	南区	手机	2,710
辽宁	北区	电脑	4,299
上海	东区	电脑	5,441
黑龙江	北区	电脑	5,658
江苏	东区	冰箱	5,747
西藏	西区	空调	2,407
河北	北区	手机	3,188
新疆	西区	电脑	3,664
河南	北区	冰箱	2,713
湖北	东区	空调	4,274
山西	北区	电脑	5,347

客户省份	订单数量
甘肃	199
浙江	193
安徽	274
广西	383
辽宁	45
上海	382
黑龙江	338
江苏	238
西藏	110
河北	267
新疆	428
河南	410
湖北	203
山西	532

产品分类	单价
电脑	2,000
手机	1,800
冰箱	1,200
空调	1,600

区域	折扣
东区	0.7
南区	1
西区	0.9
北区	0.5

图 7-43　原始数据

在 Power BI 中，要将如图 7-43 所示的原始数据中的单价、订单数量、折扣等数据对应在销售明细表中，具体操作步骤如下。

步骤① 启动 Power BI，加载原始数据中四个数据表的数据并保存，如图 7-44 所示。

步骤② 在"销售明细"查询表中，依次单击【表工具】→【计算】区域内的【新建列】按钮，在编辑框中的等号后输入函数名称 RELATED，系统自动添加左括号，在弹出的智能列表中选中"区域 [折扣]"选项，按 <Enter> 键，如图 7-45 所示。

图 7-44　加载数据

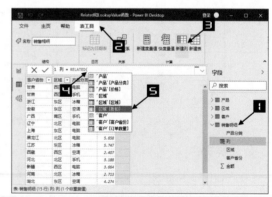

图 7-45　新建列

步骤③ 添加右括号，修改度量值名称为"折扣"，单击编辑框前面的对钩，完成对公式的输入，输入的公式如下。

```
折扣 = RELATED('区域'[折扣])
```

添加的折扣列如图 7-46 所示。

步骤 4 重复步骤 2 至步骤 3 的操作,完成对其他列的添加。对应的公式如下。

单价 = RELATED('产品'[价格])

订单数量 = RELATED('客户'[订单数量])

最终完成的效果如图 7-47 所示。

图 7-46 折扣列

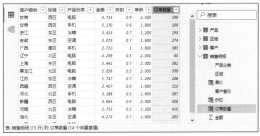

图 7-47 添加辅助列后的效果

需要强调的是,用 RELATED 函数调用关系表数据的前提是表与表之间必须建立基数关系,如图 7-48 所示,否则会出错。

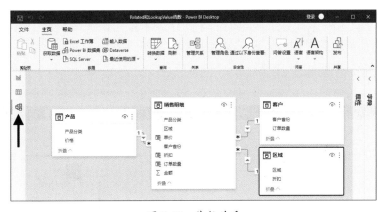

图 7-48 基数关系

7.5.4 筛选器函数

7.5.4.1 VALUES 函数

在 VALUES 函数中,使用列作为参数时,返回由指定列非重复值组成的表;使用表作为参数时,返回指定表中的行(保留去除重复行)。

VALUES 函数的语法如下。

VALUES(<表名或列名>)

参数的含义如下。

表名或列名,即要从中返回唯一值的列,或要从中返回行记录的表。

返回值为表，整个表或者具有一列或多列的表。

需要注意的是，在创建维度表时，常常需要将数据表中各维度的不重复值提取出来。

图 7-49　原始数据

在如图 7-49 所示的原始数据中，"地区"列中有很多地区，其中不乏重复值，提取其中的不重复值创建地区维度表的具体操作如下。

依次单击【主页】→【计算】区域内的【新建表】按钮，在编辑框中输入如下公式，按 <Enter> 键或编辑框前面的对钩，完成对公式的输入，如图 7-50 所示。

地区表 =VALUES（' 发货单 ' [地区]）

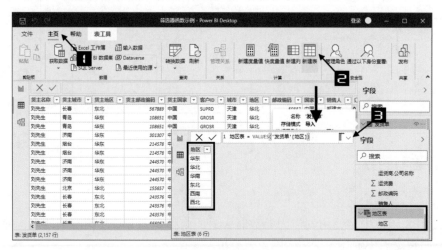

图 7-50　创建维度表

此时，原"发货单"列、"地区"列中的所有不重复值已被提取，并创建了新的维度表"地区表"，如图 7-50 所示。

7.5.4.2　FILTER 函数

在 FILTER 函数中，可以以一个表和一个逻辑条件作为参数。简单来说，该函数起到的作用相当于 Excel 中的筛选，即把符合条件的数据提取出来，并创建新表。

FILTER 函数的语法如下。

```
FILTER（<表>,<布尔表达式>）
```

参数的含义如下。

（1）表，需要被筛选的表。

（2）布尔表达式，要为表的每一行提供计算的布尔表达式。

返回值为表，整个表或者具有一列或多列的表，表中只包含已筛选的行。

FILTER 函数既是一个表函数，又是一个迭代器。使用 FILTER 函数对表进行逐行扫描，在行上下文环境中对应逻辑条件，可以返回符合条件的记录。

在上下文转换的作用下，在 FILTER 函数中使用一个度量值，可以基于其他行或表进行动态计算，完成过滤。

1. 单条件筛选

本示例要求筛选并提取指定查询表中产品名称为"白米"的所有数据条目，并创建新表。依次单击【主页】→【计算】区域内的【新建表】按钮，在编辑框中输入如下公式，如图 7-51 所示。

```
白米表 =FILTER('发货单','发货单'[产品名称]="白米")
```

图 7-51　筛选表

公式解析：

```
白米表 =FILTER('发货单','发货单'[产品名称]="白米")
```

等号左边是新建表的名称"白米表"，右边第一参数为筛选表"发货单"；第二参数为筛选条件，即筛选表中产品名称为"白米"的数据。

2. 多条件筛选——条件"与"

若需要筛选出某城市的白米数据条目，添加并列筛选条件即可。单击【新建表】，在编辑框中输入如下公式，可以将深圳的白米数据条目提取并创建新表，如图 7-52 所示。

深圳白米表 = FILTER('发货单','发货单'[产品名称]="白米"&&'发货单'[城市]=
"深圳")

图 7-52　深圳白米表

公式解析：

深圳白米表 = FILTER('发货单','发货单'[产品名称]="白米"&&'发货单'[城市]=
"深圳")

　　等号左边是新建表的名称"深圳白米表"，右边第一参数为筛选表"发货单"；第二参数为筛选条件，即产品名称为"白米"且城市为"深圳"；符号"&&"相当于逻辑"与"。

3. 多条件筛选——条件"或"

　　若需要筛选出所有白米或饼干数据条目，单击【新建表】，在编辑框中输入如下公式即可，如图 7-53 所示。

白米饼干表 = FILTER('发货单','发货单'[产品名称]="白米"||'发货单'[产品
名称]="饼干")

图 7-53　白米或饼干表

公式解析：

白米饼干表 = FILTER('发货单','发货单'[产品名称]="白米"||'发货单'[产品
名称]="饼干")

　　等号左边是新建表的名称"白米饼干表"，右边第一参数为筛选表"发货单"；第二参数为筛选条件，即产品名称为"白米"或"饼干"；符号"||"相当于逻辑"或"。

7.5.4.3　CALCULATE 函数

CALCULATE 函数的作用是在被筛选器参数修改过的上下文中对表达式进行求值，是 DAX 函数中最复杂、最灵活、最强大的函数，堪称 DAX 函数的引擎。

CALCULATE 函数的语法如下。

CALCULATE（＜表达式（度量值）＞，［＜筛选器 1＞］，［＜筛选器 2＞］…）

参数的含义如下。

（1）表达式是要计值的表达式（度量值），可以执行各种聚合运算，相当于计算器。

（2）从第二个参数开始，是一系列筛选条件，可以是布尔表达式，可以为空。如果有多个筛选条件，用英文逗号分隔，相当于筛选器。

简单理解，即从第二个参数开始进行指定的筛选，得到一个数据集合，对其执行第一参数指定的聚合运算，返回一个运算值。

需要注意的是，CALCULATE 函数中的条件列必须有完整列名，否则会报错。

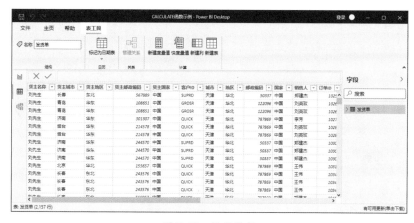

图 7-54　原始数据

在如图 7-54 所示的发货单中，完成以下计算。

计算一：计算华南地区总价之和。

计算二：计算东北区白米最高运货费。

计算三：计算李芳在华南地区销售白米的总销售额。

计算四：计算华南、华北、华东三区的销售总额。

计算五：计算东北、西南、西北三区的销售总额。

具体操作步骤如下。

步骤❶　启动 Power BI，加载目标文件。

步骤❷　新建相关度量值。依次单击【表工具】→【计算】区域内的【新建度量值】按钮，在编辑框中分别输入如下公式，新建度量值"总价之和"与"最高运货费"。

总价之和 = SUM（'发货单'[总价]）

最高运货费 = MAX（'发货单'[运货费]）

步骤❸　重复步骤 2 中新建度量值的相关操作，再次单击【新建度量值】按钮，在编辑框中输入如下公式，新建"华南地区总价之和"度量值，如图7-55所示。

> 华南地区总价之和 = CALCULATE('发货单'[总价之和],'发货单'[地区]="华南")

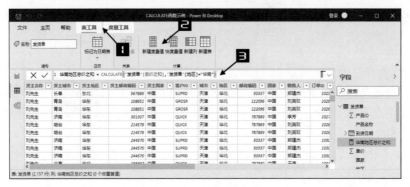

图7-55 华南地区总价之和

步骤 **4** 重复步骤3的操作，在编辑框中分别输入如下公式，完成相关计算。

> 东北区白米最高运货费 = CALCULATE('发货单'[最高运货费],'发货单'[地区]="东北",'发货单'[产品名称]="白米")
>
> 李芳在华南地区销售白米的总销售额 = CALCULATE('发货单'[总价之和],'发货单'[销售人]="李芳",'发货单'[地区]="华南",'发货单'[产品名称]="白米")
>
> 华南、华北、华东三区的销售总额 = CALCULATE('发货单'[总价之和],'发货单'[地区] in{"华南","华北","华东"})
>
> 东北、西南、西北三区的销售总额 = CALCULATE('发货单'[总价之和],not'发货单'[地区]in{"华北","华南","华东"})

以上计算值在报表中展示的效果如图7-56所示。

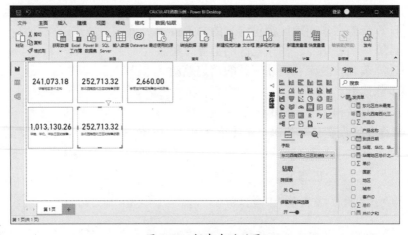

图7-56 报表中的效果

公式解析:

华南地区总价之和 = CALCULATE(' 发货单 '[总价之和],' 发货单 '[地区]=" 华南 ")

公式中，第一参数为计值的聚合度量值，即所有总价之和；第二参数为筛选条件，即地区为 "华南" 的所有数据条目。

东北区白米最高运货费 = CALCULATE(' 发货单 '[最高运货费],' 发货单 '[地区]=
" 东北 ",' 发货单' [产品名称]=" 白米 ")

公式中，第一参数为计值的聚合度量值，即运货费的最高值；第二参数和第三参数为并列筛选条件，即地区为 "东北" 且产品名称为 "白米" 的所有数据条目。

李芳在华南地区销售白米的总销售额 = CALCULATE(' 发货单 '[总价之和],' 发货单 '[销
售人]=" 李芳 ",' 发货单 '[地区]=" 华南 ",' 发
货单 '[产品名称]=" 白米 ")

公式中，第一参数为计值的聚合度量值，即李芳在华南地区销售白米的总价之和；第二、第三及第四参数为并列筛选条件，即地区为 "华南"、产品名称为 "白米"，且销售人为 "李芳" 的所有数据条目。

华南、华北、华东三区的销售总额 = CALCULATE(' 发货单 '[总价之和],' 发货单 '[地
区] in{" 华南 "," 华北 "," 华东 "})

公式中，第一参数为计值的聚合度量值，即华南、华北、华东销售的总价之和；第二参数是使用了运算符 "in" 的并列条件，即地区为 "华南" "华北" "华东" 的所有数据条目。

东北、西南、西北三区的销售总额 = CALCULATE(' 发货单 '[总价之和],not' 发货单 '
[地区]in{" 华北 "," 华南 "," 华东 "})

公式中，第一参数为计值的聚合度量值，即东北、西南、西北销售的总价之和；第二参数是使用了运算符 "not" 和 "in" 的并列条件，即地区不是 "华北" "华南" "华东" 的所有数据条目。

其中，运算符 "in" 和 "not" 的含义如下。

（1）包含（in），如果表中存在或包含符合要求的值，返回 TRUE，否则返回 FALSE。除了写法不同，in 和 CONTAINSROW 函数在功能上是相同的。

（2）否定（not），用于反转布尔表达式的结果，将 FALSE 转换为 TRUE，或将 TRUE 转换为 FALSE。

此外，IN 和 NOT 也可以用作函数。

7.5.4.4　LOOKUPVALUE 函数

LOOKUPVALUE 函数的作用是在表中检索满足所有匹配条件的值。

LOOKUPVALUE 函数的语法如下。

LOOKUPVALUE（<结果列>，<查找列>，<查找值>，[<查找列>，<查找值> …]，

[<备选结果>]）

参数的含义如下。

（1）结果列，要返回的值所在列的列名。列必须使用标准 DAX 语法命名，通常是完全限定的，不支持表达式。

（2）查找列（可重复），在与结果列相同的表中或扩展表中，执行查找的现有列的名称。查找列使用完全限定名，不支持表达式。

（3）查找值（可重复），标量表达式（不引用正在搜索的同一表中的任何列）。

（4）备选结果（可选），第一参数结果为空或多个不重复值时的替代结果。如果省略此参数，结果为空时返回 BLANK，匹配多值时返回错误。

返回值是一个任意类型的值。

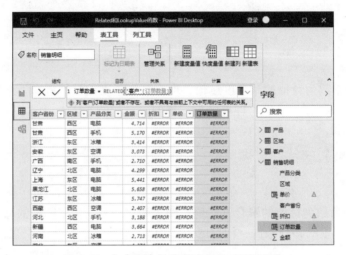

图 7-57　未建立基数关系的 RELATED 函数

如图 7-57 所示，查询表之间未建立基数关系时，所使用的所有 RELATED 函数都会报错。在同样的情况下，使用与 RELATED 函数功能基本相同的 VOOKUPVALUE 函数可完成运算，不受基数关系的影响。具体操作步骤如下。

步骤 ❶　打开 7.5.3 节中的示例文件，在"销售明细"查询表中依次单击【表工具】→【计算】区域内的【新建列】按钮，在编辑框中输入如下公式，如图 7-58 所示。

折扣 2 = LOOKUPVALUE('区域'[折扣],'区域'[区域],'销售明细'[区域])

图 7-58　LOOKUPVALUE 函数

完成对公式的输入后，可以看到正确的折扣列，如图 7-58 所示。

步骤 **2** 重复步骤 1 的操作，在编辑框中输入如下公式，调用"单价"和"订单数量"，最终效果如图 7-59 所示。

单价 2 = LOOKUPVALUE('产品'[价格],'产品'[产品分类],'销售明细'[产品分类])

订单数量 2 = LOOKUPVALUE('客户'[订单数量],'客户'[客户省份],'销售明细'[客户省份])

图 7-59 最终效果

公式解析：

折扣 2 = LOOKUPVALUE('区域'[折扣],'区域'[区域],'销售明细'[区域])

单价 2 = LOOKUPVALUE('产品'[价格],'产品'[产品分类],'销售明细'[产品分类])

订单数量 2 = LOOKUPVALUE('客户'[订单数量],'客户'[客户省份],'销售明细'[客户省份])

三个公式的结构完全一样，等号左边是对应的度量值名称，右边第一参数是要调用的查询表中的列，如"区域"查询表中的"折扣"列；第二参数与第三参数是对应关系，如"区域"查询表中的"区域"列对应"销售明细"查询表中的"区域"列。

7.5.5 日期与时间函数

CALENDARAUTO 函数用于返回一个单列的日期表，该单列中包含一组连续日期，日期范围基于模型中的数据自动计算。

CALENDARAUTO 函数的语法如下。

```
CALENDARAUTO ( [<财年截止月份>] )
```

参数的含义如下。

财年截止月份（可选），即返回从 1 到 12 的整数，代表财年的截止月份。

返回值是只有一列的表。

依次单击【表工具】→【计算】区域内的【新建表】按钮，在编辑框中输入如下公式，按
<Enter> 键确认输入，如图 7-60 所示。

```
日期表 = CALENDARAUTO()
```

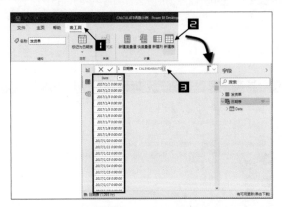

图 7-60　创建日期表

即可创建一个由所有表中最开始的日期和最后的日期创建的日期维度表，如图 7-60 所示。

7.5.6　数学与三角函数

DIVIDE 函数用于执行安全除法，在被 0 除时返回备用结果或空值。
DIVIDE 函数的语法如下。

```
DIVIDE(<numerator>, <denominator> [,<alternateresult>])
```

参数的含义如下。

（1）numerator，分子，被除数。

（2）denominator，分母，除数。

（3）alternateresult（可选），分母为 0 时的结果，可避免返回错误值。

返回值为一个小数值。

需要注意的是，被 0 除时使用的备用结果必须是一个常量，默认使用空值。使用 DIVIDE
函数处理分母为 0 的情况比使用 IF 语句更快，但是，DIVIDE 函数是在公式引擎中执行运算的，
效率不如直接相除高且 DIVIDE 函数的参数必须是度量值，不能为计算列。

图 7-61　原始数据

如图 7-61 所示，使用销售表、员工表和任务额表中的原始数据，在 Power BI 中完成任务完成率的计算及可视化，具体操作步骤如下。

步骤 ① 加载目标文件。启动 Power BI，单击【Excel 工作簿】，在弹出的【打开】对话框中双击目标文件。弹出【导航器】对话框，在对话框中勾选需要用的三个表，单击【加载】按钮，如图 7-62 所示。

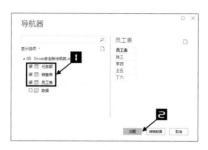

图 7-62 加载目标文件

步骤 ② 手动创建基数关系。切换至【模型】模块，由于原数据表中的列字段名称不统一，基数关系并未自动检测创建，如图 7-63 所示。

拖动员工表中的"员工表"字段至销售表中的"员工姓名"字段上，手动创建基数关系，如图 7-64 所示。删除销售表与任务额表之间的关系，使用同样的方法拖动员工表中的"员工表"字段至任务额表中的"员工姓名"字段上，继续完成手动创建基数关系。

图 7-63 基数关系未创建

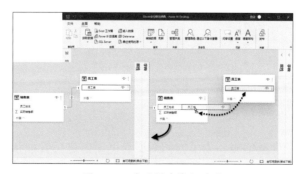

图 7-64 手动创建基数关系

步骤 ③ 创建度量值。单击【新建度量值】按钮，在编辑框中输入如下公式，完成对相关度量值的创建。

销售总额 = SUM('销售表'[实际销售额])

任务额总额 = SUM('任务额'[年度任务额])

步骤 ④ 创建任务完成率相关度量值。单击【新建度量值】按钮，在编辑框中输入如下公式，完成对任务完成率相关度量值的创建。

任务完成率 = '任务额'[销售总额]/'任务额'[任务额总额]

任务完成率DV = DIVIDE('任务额'[销售总额],'任务额'[任务额总额])

步骤 ⑤ 切换至【报表】模块，单击【可视化】窗格中的【表格】控件，添加字段"员工表"中的"员工表"列、字段"任务额"中的"任务完成率"列和"任务完成率DV"列，如图7-65所示。

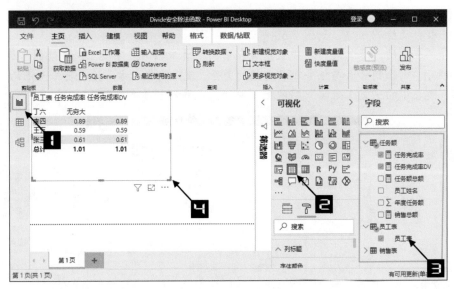

图 7-65　任务完成率可视化效果

在图7-65中可以看到，由于"丁六"没有任务，导致"任务完成率"公式中除数为0，出现错误显示"无穷大"。而在使用DIVIDE函数的"任务完成率DV"公式中，可以避免除数为0的错误，正常显示为空值。

7.5.7　其他函数

7.5.7.1　表操作函数

1.ROW 函数

当字段列表中有多个度量值时，为了方便对所有度量值进行管理和使用，可以使用表操作函数ROW创建一个度量值表。

ROW函数的语法如下。

```
ROW(<name>, <expression>[[,<name>, <expression>]…])
```

参数的含义如下。

（1）name，为指定列的名称，用双引号引起来。

（2）expression，表达式，返回要填充的单个标量值的 DAX 表达式。

使用 ROW 函数，返回一个具有单行的表，包含针对每一列表达式计算得出的值。

使用 ROW 函数，需要注意以下两点。

（1）参数中必须成对出现名称和表达式。

（2）在已计算的列或行级安全性（RLS）规则中，不支持在 DirectQuery 模式下使用此函数。

通过创建度量值表来认识 ROW 函数，具体操作步骤如下。

步骤① 启动 Power BI，加载目标文件，依次单击【表工具】→【计算】区域内的【新建表】按钮，在编辑框中输入如下公式，添加一个表名为"度量值表"的空表，如图 7-66 所示。

```
度量值表 = ROW("度量值",BLANK())
```

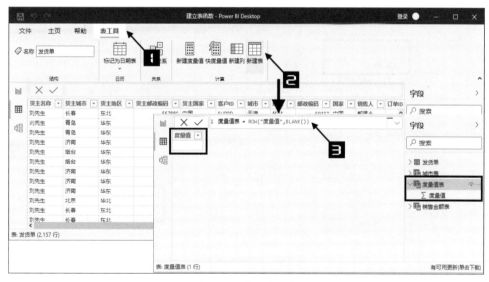

图 7-66　建立表函数

公式解析：

```
度量值表 = ROW("度量值",BLANK())
```

等号左边为新表名称"度量值表"，右边函数 ROW 的第一参数为新建表中第一列的列名称"度量值"；第二参数为填充度量值的表达式，这里显示为空值 BLANK()。

步骤② 移动已创建的度量值至度量值表。选中要移动的度量值，如"产品数量"，出现上下文选项卡【度量工具】。依次单击【结构】区域内【主表】编辑框的下拉按钮，在弹出的下拉列表中选择【度量值表】选项，如图 7-67 所示。

图 7-67　移动度量值

步骤 ❸ 将度量值"产品数量"移动至"度量值表"下方,可以在【度量工具】选项卡【结构】区域内看到,【主表】显示为"度量值表",如图 7-68 所示。

图 7-68　移动后的效果

步骤 ❹ 重复以上操作,完成对其他度量值的移动,最终效果如图 7-69 所示。

图 7-69　最终效果

步骤 **5** 如果需要创建新的度量值，直接在"度量值表"下创建即可。

需要说明的是，已在其他 DAX 公式中使用的度量值，移动后可能会出现错误值。如图 7-70 所示，"城市表"后面有红色警示标记，双击"城市表"，在弹出的公式中可以看到错误原因：在表"发货单"中找不到"总价之和"列，或者该列不能用于此表达式。

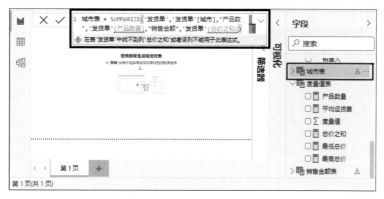

图 7-70　红色警示

步骤 **6** 已创建的表公式不能正常使用时，可以进行修改。在需要修改的位置输入英文状态下的单引号，调出表及度量值字段列表，选中当前正确的表名称，完成输入后删除原错误值，如图 7-71 所示。

修改完成后，红色警示将自动消失，如图 7-72 所示。

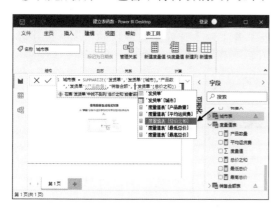

图 7-71　修改公式

图 7-72　修改后的结果

2. NATURALINNERJOIN 函数

NATURALINNERJOIN 函数用于内联结，即取两个表公共列的交集，并返回表的所有列。NATURALINNERJOIN 函数的语法如下。

```
NATURALINNERJOIN ( <左表>, <右表> )
```

参数的含义如下。

（1）左表，表或表表达式。

（2）右表，表或表表达式。

返回值是表，包含公共列的交集和所有其他列。

本示例使用 NATURALINNERJOIN 函数将两个表的数据合并到一个表中，具体操作步骤如下。

步骤 ① 启动 Power BI，加载目标文件，切换至【模型】模块。

步骤 ② 拖动"产品"查询表中的字段"产品"至"销售明细"查询表中的字段"产品分类"上，松开鼠标，完成对基数关系的创建，如图 7-73 所示。

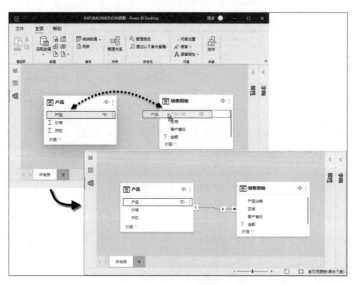

图 7-73 手动创建基数关系

步骤 ③ 切换至【数据】模块，依次单击【表工具】→【计算】区域内的【新建表】按钮，在编辑框中输入如下公式，按 <Enter> 键完成输入，如图 7-74 所示。

```
产品销售明细 = NATURALINNERJOIN('销售明细','产品')
```

图 7-74 新建表

此时可以看到，新建的表自动将"产品"查询表中的"价格"和"折扣"数据对应匹配在"销售明细"查询表的每条记录中，两表中没有交集的"电饭煲"信息则没有显示。

7.5.7.2 行上下文函数

DAX 设计了一系列后缀为 X 的函数，比如 SUMX 函数、AVERAGEX 函数、MAXX 函数、MINX 函数等，属于行上下文函数。下面以最常用的 SUMX 函数为例，认识此类函数。

SUMX 函数用于返回为表中每一行计算的表达式的和。

SUMX 函数的语法如下。

```
SUMX （ <表名>，<表达式> ）
```

参数的含义如下。

（1）表名，使用表达式为每一行计值的表。

（2）表达式，为表的每一行求值的表达式。

返回值为一个任意类型的值。

其中，SUMX 函数仅对列中的数字进行计数，空白、逻辑值和文本会被忽略。

在 7.5.2 节的示例文件中，添加的列为"总价"列，若不需要添加辅助列，使用 SUMX 函数可以达到同样的效果。

步骤 ❶ 单击【新建度量值】按钮，在编辑框中输入如下公式。

```
总价 2 = SUMX('发货单','发货单'[单价]*'发货单'[数量])
```

公式中，"总价2"是度量值名称，第一参数为表名"发货单"，第二参数为计算表达式"'发货单'[单价]*'发货单'[数量]"。

步骤 ❷ 在报表中添加卡片图。添加值字段为"总价2"，与前面"总价"列的显示值完全一样，如图 7-75 所示。

图 7-75　可视化效果

"计算列"与"度量值"的区别是，度量值只有在图表中才会执行计算，而计算列在创建后就会把整列数据存储在文件中，增大文件的容量。行数较少时可能感觉不到两者的区别，如果数据表有几百万行，使用计算列就意味着增加了几百万行数据。

其他后缀为 X 的函数，使用方法与 SUMX 函数类似，这里不再赘述。

7.6 新建快速度量值

与需要手动书写 DAX 函数的度量值相比，快速度量值主要是对现有的字段使用系统设置好的功能，通过配置生成度量值。

使用以下两种方法，可以新建快速度量值。

1. 使用快捷菜单

在某一字段，如"总价"上右击，在弹出的快捷菜单中选择【新建快速度量值】选项，如图 7-76 所示。

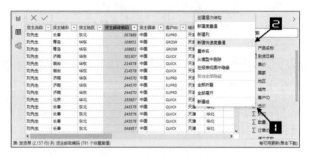

图 7-76　右键快捷菜单

2. 使用功能区选项

有以下两种等效操作，可使用功能区选项新建快速度量值

- 依次单击【主页】→【计算】区域内的【快度量值】按钮，如图 7-77 所示。

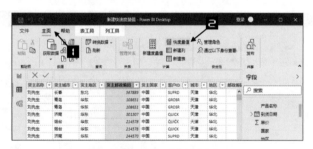

图 7-77　【主页】选项卡

- 依次单击【表工具】→【计算】区域内的【快度量值】按钮，如图 7-78 所示。

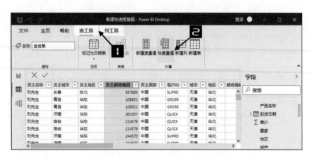

图 7-78　【表工具】选项卡

完成以上任一操作，都可以打开【快度量值】对话框，在【计算】列表中，可以看到多种计算选项，如图 7-79 所示。

用户只需要轻松拖拉、点击几下鼠标，即可完成对常用度量值的创建，具体操作步骤如下。

步骤① 打开【快度量值】对话框，单击【计算】列表右侧的下拉按钮，在弹出的下拉列表中选择【本年迄今总计】选项。使用鼠标拖动"总价"字段至左侧的【基值】编辑框中，拖动"到货日期"字段至【日期】编辑框中，如图 7-80 所示。

图 7-79　【快度量值】对话框

图 7-80　"总价 YTD"的创建

步骤② 单击【确定】按钮后，度量值编辑框中会生成如图 7-81 所示的"总价 YTD"度量值表达式，并添加度量值"总价 YTD"。

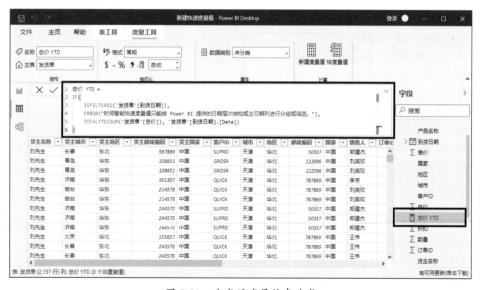

图 7-81　生成的度量值表达式

步骤 ❸ 为了帮助用户更好地理解"总价YTD",新建一个对比度量值"总价之和",在度量值编辑框中输入如下公式。

```
总价之和 = SUM('发货单'[总价])
```

步骤 ❹ 切换至【报表】模块,单击添加【表格】,勾选"到货日期""总价YTD"和"总价之和"字段,可以看到总价YTD的数据显示,如图7-82所示。

图 7-82　总价 YTD 可视化

步骤 ❺ 使用同样的方法,打开【快度量值】对话框,设置【计算】【基值】【日期】分别为"年增率变化""总价""到货日期",如图7-83所示。

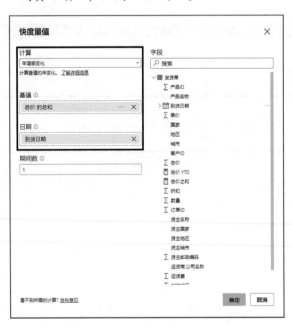

图 7-83　"总价 YoY%"的创建

步骤 ❻ 单击【确定】按钮，生成"总价 YoY%"表达式，并创建度量值"总价 YoY%"，如图 7-84 所示。

图 7-84　"总价 YoY%"表达式

步骤 ❼ 使用同样的方法，打开【快度量值】对话框，设置【计算】【基值】【日期】【期间】【之前的时间段】和【之后的时间段】分别为"移动平均""总价""到货日期""月""2"和"0"，如图 7-85 所示。

图 7-85　"总价移动平均"的创建

步骤 ❽ 单击【确定】按钮，生成"总价移动平均"表达式，并创建度量值"总价移动平均"，如图 7-86 所示。

图 7-86　"总价移动平均"表达式

步骤 **9** 将"总价 YoY%"和"总价移动平均"添加至表格中，最终效果如图 7-87 所示。

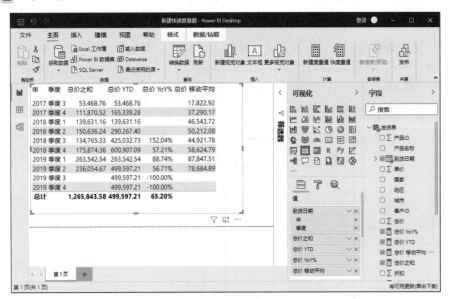

图 7-87　最终效果

其中，"总价 YTD"的每行数据为前几行数据的累加，通过"总价 YoY%"可以看出每年度与上一年度相同季度对比的增长率，当前的"移动平均"是当前月与之前两个月累计的三个月平均值。

 根据本书前言的提示，可观看"Power BI 快度量值应用"的视频讲解。

第 8 章

创建数据可视化报表

　　数据的获取、整理及建模都是可视化操作的基础。Power BI 的可视化报表具有直观、形象的特点，方便用户查看数据的差异、比例和变化趋势，快速挖掘有价值的信息，合理地分析现状和预测未来。因此，Power BI 既是用户的个人报表和可视化工具，又是项目、部门或整个企业背后的分析和决策引擎。

　　相对于 Excel，作为一种交互式数据可视化工具，Power BI 将数据的可视化功能变得更加简洁、灵活和智能。

8.1 创建 Power BI 报表

Power BI 报表是视觉对象的集合，创建报表要从制作视觉对象开始。Power BI 不仅内置了类型丰富的经典视觉对象，还可以通过导入自定义视觉对象，满足用户更多的视觉对象需求。

8.1.1 经典报表的创建

Power BI 内置的经典视觉对象有柱形图、条形图、折线图、饼图、散点图、卡片图、切片器等。Power BI 的直接拖拉控件式图形化开发模式，使用户能够快速上手，在短时间内创建各种酷炫的报表。

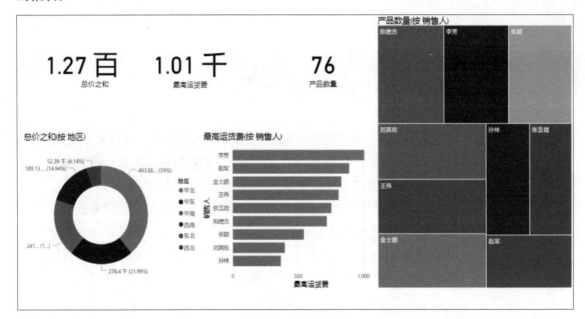

图 8-1　报表效果图

通过制作如图 8-1 所示的报表，介绍制作可视化对象的基本方法，具体操作步骤如下。

步骤① 启动 Power BI，加载目标文件。

步骤② 新建度量值。单击【新建度量值】按钮，在编辑框中输入如下公式，完成对相应度量值的创建。

```
总价之和 = SUM('发货单'[总价])
最高运货费 = MAX('发货单'[运货费])
产品数量 = DISTINCTCOUNT('发货单'[产品名称])
```

步骤③ 创建卡片图。切换至【报表】模块，单击【可视化】窗格中的【卡片图】控件，在报表中插入一个空白的卡片图，如图 8-2 所示。

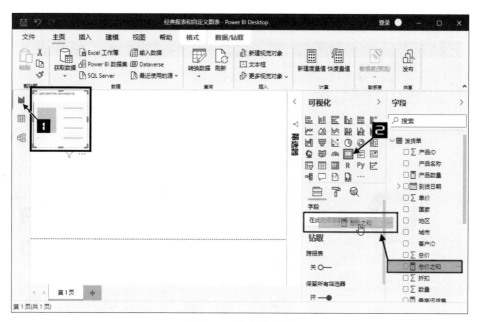

图 8-2　创建卡片图

步骤 ④　在【字段】窗格中选中度量值"总价之和"，拖动至【可视化】窗格【字段】下的 "在此处添加数据字段"编辑框中，如图 8-2 所示。

步骤 ⑤　重复以上操作，再次添加两个卡片图，并分别添加数据字段为"最高运货费"和"产品数量"，效果如图 8-3 所示。

图 8-3　卡片图效果

步骤 ⑥　创建圆环图。单击【可视化】窗格中的【环形图】控件，在报表中添加一个空白环形图。勾选字段"地区"和"总价"前面的复选框，分别添加至【图例】和【值】数据区域内，显示每个地区的总价之和，如图 8-4 所示。

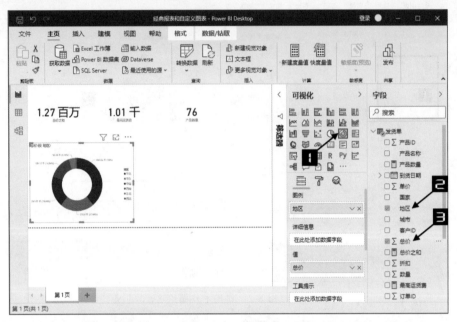

图 8-4　插入环形图

步骤 7　创建条形图。单击【可视化】窗格中的【簇状条形图】控件，在报表中添加一个空白簇状条形图。勾选字段"销售人"和"最高运货费"前面的复选框，分别添加至【轴】和【值】数据区域内，显示每个销售人的最高运货费，如图 8-5 所示。

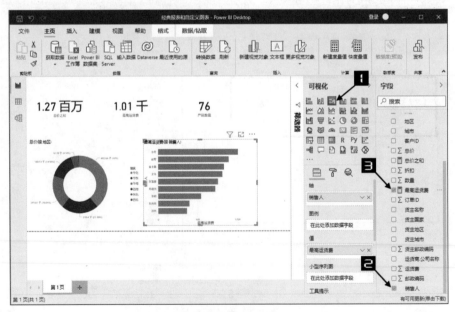

图 8-5　插入条形图

步骤 8　创建树状图。单击【可视化】窗格中的【树状图】控件，在报表中添加一个空白树状图。勾选字段"销售人"和"产品数量"前面的复选框，分别添加至【组】和【值】数据区域内，显示每个销售人的产品数量，如图 8-6 所示。

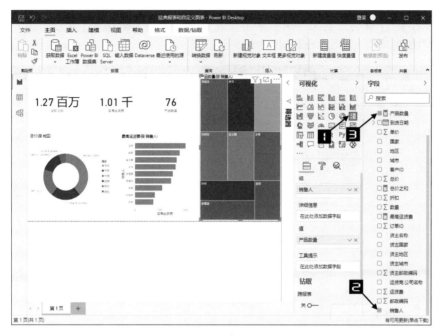

图 8-6　创建树状图

步骤 ⑨　适当调整各板块的位置与大小，修改页名称为"经典报表页"，最终效果如图 8-7 所示。

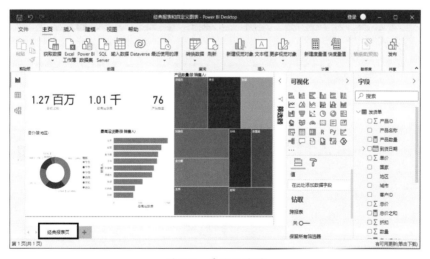

图 8-7　最终效果图

8.1.2　自定义视觉对象

Power BI 不仅有丰富的内置视觉对象，还允许用户通过不同途径添加自定义视觉对象。一般情况下，获取自定义视觉对象的途径有两个，分别是从 Power BI 的应用商场中导入自定义

视觉对象和使用 Microsoft AppSource 下载自定义视觉对象并导入 Power BI。

8.1.2.1　从 Power BI 的应用商场中导入自定义视觉对象

步骤 **1**　在 8.1.1 节的示例文件中，单击报表画布下方的【新建页】按钮，插入新报表页，并重命名为"自定义图表"，如图 8-8 所示。

图 8-8　插入新报表页

步骤 **2**　单击【可视化】窗格中的【获取更多视觉对象】按钮，在弹出的下拉列表中单击【获取更多视觉对象】选项，如图 8-9 所示。

图 8-9　获取更多视觉对象

步骤 **3**　选择要导入的视觉对象。弹出【Power BI 视觉对象】对话框，在左侧的【分类】列表中，有各种视觉对象可供用户选择。单击【分类】列表中的选项，即可在右侧查看该分类中的视觉对象。滚动浏览视觉对象，找到并单击要导入的视觉对象，如"Word Cloud"，如图 8-10 所示。

图 8-10　选择要导入的视觉对象

步骤 ④ 添加视觉对象。此时，【Power BI 视觉对象】对话框中会显示选中的视觉对象的详细信息，包括版本、发布日期、语言、说明、示意图等内容。如果确定添加该视觉对象，单击【添加】按钮，如图 8-11 所示。如果需要继续选择，单击【返回】按钮，返回上一页。

图 8-11　添加视觉对象

步骤 ⑤ 单击【添加】按钮后，弹出【导入自定义视觉对象】提示对话框，单击【确定】按钮，完成对视觉对象的添加，如图 8-12 所示。

图 8-12　【导入自定义视觉对象】提示对话框

步骤 ⑥ 创建文字云图表。单击【可视化】窗格下方的【Word Cloud 2.0.0】图标，在报表中添加一个空白文字云。勾选字段"产品名称"和"总价"前面的复选框，分别添加至【类别】和【值】数据区域内，如图 8-13 所示。

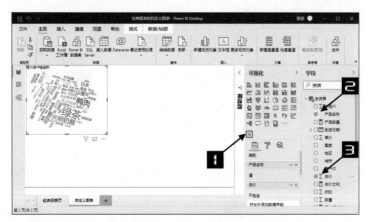

图 8-13　创建文字云

步骤 ⑦ 适当调整文字云的大小，从图 8-13 中可以看出，绿茶的销售总价是最高的。

 提示　在 Power BI 中导入的自定义视觉对象只在当前报表中有效，即只能在当前报表中使用，若要在其他报表中使用此视觉对象，需要重新导入。

8.1.2.2　使用 Microsoft AppSource 下载自定义视觉对象并导入

若需要下载更多自定义视觉对象，可以使用 Microsoft AppSource 应用网站，具体操作步骤如下。

步骤 ❶ 进入 Microsoft AppSource 应用程序界面，如图 8-14 所示。

图 8-14　应用程序界面

步骤 ❷ 查找 Power BI 视觉对象。应用程序界面左侧有各种视觉对象类型，拖动界面右侧的滚动条，可以看到更多视觉对象类型，选择需要的自定义视觉对象，例如，拖动右侧滚动条至下方，单击"Enlighten Aquarium"，进入"Enlighten Aquarium"详情界面，单击"Get it now"按钮，如图8-15所示。

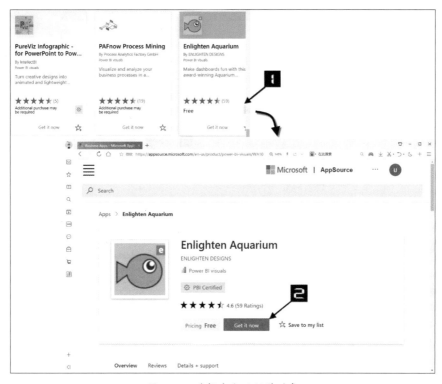

图8-15 选择自定义视觉对象

〔步骤〕**3** 下载自定义视觉对象。在弹出的对话框中单击【Continue】按钮（若用户未登录，会弹出登录提示），如图8-16所示。

〔步骤〕**4** 单击【下载电源BI】按钮，在弹出的【新建下载任务】对话框中设置适当的存放路径，单击【下载】按钮，如图8-17所示。

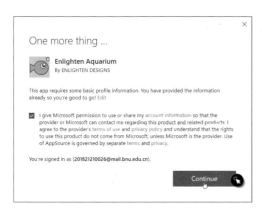

图8-16 下载自定义视觉对象之一

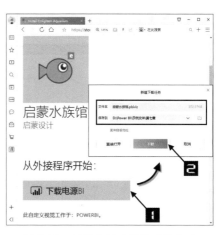

图8-17 下载自定义视觉对象之二

步骤 **5** 导入自定义视觉对象。依次单击【可视化】窗格→【获取更多视觉对象】按钮→
【从文件导入视觉对象】选项，在弹出的提示对话框中，勾选【不再显示此对话框】复选框，
单击【导入】按钮，如图 8-18 所示。

图 8-18　从文件导入

步骤 **6** 在弹出的【打开】对话框中找到并选中刚刚下载的目标文件，单击【打开】按钮，
在弹出的提示对话框中，单击【确定】按钮，如图 8-19 所示。

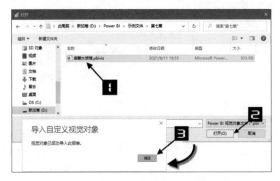

图 8-19　【打开】对话框

步骤 **7** 创建自定义视觉对象。单击【Enlighten Aquarium】控件按钮，在【字段】窗格中
勾选【最高运货费】和【销售人】复选框，完成对自定义视觉对象的创建，如图 8-20 所示。

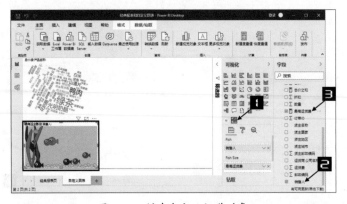

图 8-20　创建自定义视觉对象

为了帮助用户了解更多自定义视觉对象，本示例使用同样的方法，下载并导入 Power BI 中使用率很高的"动画条形图"，具体操作步骤如下。

步骤❶ 创建相关辅助列。切换至【数据】模块，单击【新建列】按钮，在编辑框中输入如下公式，完成对辅助列的添加，如图 8-21 所示。

月份 = MONTH('发货单'[到货日期])

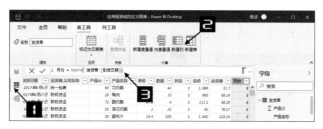

图 8-21　新建列

步骤❷ 单击【可视化】窗格中的自定义控件【Animated Bar Chart Race】按钮，设置【Name】【Value】【Period】分别为"城市""总价之和""月份"，如图 8-22 所示。

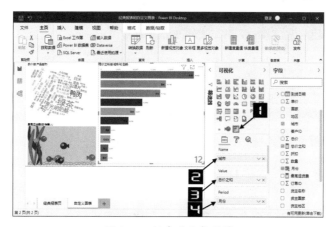

图 8-22　创建动画条形图

步骤❸ 设置"月份"数据，适当调整大小，最终效果如图 8-23 所示。

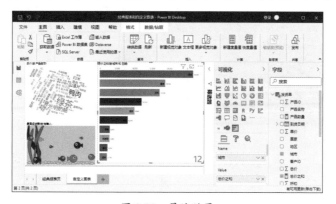

图 8-23　最终效果

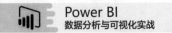

8.2 在报表中添加筛选器

在 Power BI 报表中添加筛选器、文本框、链接、形状、书签、按钮等元素，能增强报表的视觉效果、创建出引人注目的报表，这里，我们以添加筛选器为例进行详细讲解。

在 Power BI 报表中，可以用多种方式进行交互，比如使用切片器进行视觉对象之间的交叉筛选，但最基本、最直接的是使用 Power BI 内置的筛选器筛选数据。

打开 Power BI 报表，筛选器位于报表画布右侧的【筛选器】窗格中，按照筛选器所作用的范围，可将其分为视觉级筛选器、页面级筛选器和报告级筛选器，如图 8-24 所示。

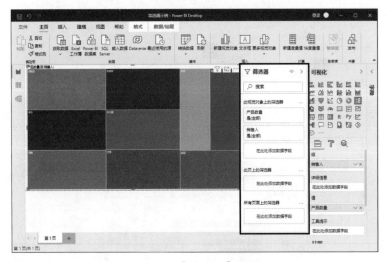

图 8-24 【筛选器】窗格

1. 视觉级筛选器

选中一个视觉对象，【筛选器】窗格最上方的"视觉级筛选器"中，显示生成该视觉对象的字段，如图 8-25 所示。

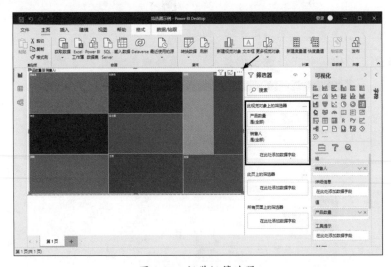

图 8-25 视觉级筛选器

第一个字段"产品数量"是一个数值型字段，单击其右侧的下拉按钮，即可看到所有适用于该数值字段的筛选选项，如图 8-26 所示。

例如，设置筛选条件为"大于 70"，单击【应用筛选器】按钮，即可显示所有"产品数量"大于 70 的销售人员的视觉对象，如图 8-27 所示。

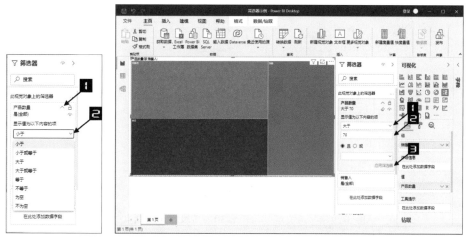

图 8-26　数值字段筛选选项　　　　　图 8-27　筛选指定条件数据

此时，字段右侧的按钮变为上三角按钮（展开或折叠筛选器卡），单击该上三角按钮，可将所有列表折叠起来。

单击文本型字段右侧的下拉按钮（展开或折叠筛选器卡），可以看到适用于文本型字段的各种选项，如图 8-28 所示。勾选"李芳"前面的复选框，可以把李芳名下大于 70 的视觉对象显示出来。

图 8-28　文本型字段筛选选项

单击【筛选类型】选项框右侧的下拉按钮，在弹出的下拉列表中可以看到【高级筛选】【基本筛选】和【前 N 个】三种不同的筛选类型，如图 8-29 所示。

当筛选类型为【高级筛选】时,单击【显示值为以下内容的项】下拉按钮,可以看到各种筛选选项,如图 8-30 所示。

图 8-29　筛选类型　　图 8-30　高级筛选选项

设置筛选条件为"开头是李或开头是王",单击【应用筛选器】按钮,树状图筛选的视觉效果如图 8-31 所示。

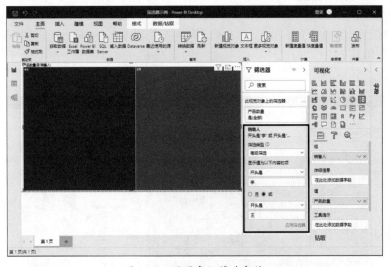

图 8-31　设置高级筛选条件

对于不同类型的字段,筛选器的筛选选项略有不同,除文本型字段、数值型字段外,还有日期型字段,其筛选选项更加丰富,基本类似于 Power Query 编辑器中各数据的筛选选项,这里不再赘述。

当筛选类型为【前 N 个】时,用户可以很容易地查看最大的或最小的 N 个数据。例如,设置筛选类型为"前 N 个",显示项为"上 5"个(最大的 5 个数值),将筛选排序的字段设置为"总价"(将字段"总价"拖曳至【按值】文本框内),单击【应用筛选器】按钮,即可显示销售总价前 5 位的销售人员的产品数量视觉对象,如图 8-32 所示。

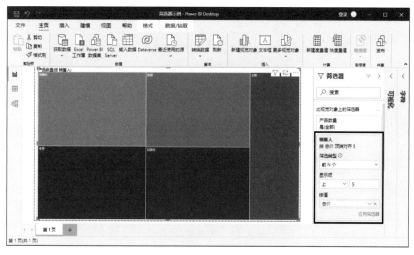

图 8-32　销售总价前 5 位的销售人员

　　在视觉级筛选器中，除了该视觉对象的字段，还可以添加新的字段，如图 8-33 所示。将需要添加的字段拖曳至"在此处添加数据字段"处，即可使用其他字段对该视觉对象进行筛选，效果和使用该视觉对象外部的切片器对其进行筛选类似。

　　如果需要清除筛选或重新筛选，单击该字段右侧的橡皮擦按钮 ◇ 即可，如图 8-34 所示。对于新添加的筛选字段，字段旁会出现删除按钮 ×，单击删除按钮后，该字段将从筛选框中消失，再次需要时，可以重新拖曳进来。

图 8-33　添加筛选字段　　　图 8-34　清除筛选

2. 页面级筛选器

　　页面级筛选器是作用于页面中所有视觉对象的筛选器，使用时，不需要在画布上单击任何视觉对象，将需要筛选的字段拖曳至页面级筛选器中，单击【应用筛选器】，每个图表都被筛选了。例如，设置筛选字段为"总价"，筛选类型为"高级筛选"，筛选条件为"大于10000"，单击【应用筛选器】按钮，视觉对象效果如图 8-35 所示。

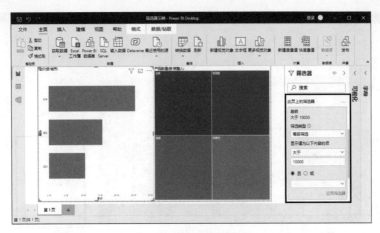

图 8-35　页面级筛选器

3. 报告级筛选器

报告级筛选器作用的范围更广，不仅是当前页面，应用报告级筛选器后，该报表中所有页面都将被筛选，具体操作方法与应用视觉级筛选器一样。

在 Power BI 中创建的筛选器，发布到 Power BI 服务后依然有效，可以在 Power BI 服务中进行筛选。

深入了解

筛选器和切片器一样，可以实现报表的交互，两者的区别是，切片器显示在报表页面上，用户可以直观看到并直接点击交互；筛选器不在页面上显示，优点是可以节省画布空间、使报表看起来更简洁，缺点是不直观、用户的视线需要移到页面之外的区域进行交互。如果想让用户更好地使用筛选器和切片器，添加一个简单的说明是必要的。

8.3　在报表中插入文本框和形状

在报表中使用文本框和形状，能够增强报表的可读性。

8.3.1　文本框

有以下两种等效操作，可以在报表中插入文本框。

● 在【报表】模块中，依次单击【主页】→【插入】区域内的【文本框】按钮，如图 8-36 所示。

图 8-36　插入文本框之一

● 在【报表】模块中，依次单击【插入】→【元素】区域内的【文本框】按钮，如图 8-37
所示。

图 8-37　插入文本框之二

完成以上任一操作，都可以在报表中插入空白文本框，并弹出【设置文本框格式】窗格，
对文本框进行各种格式设置。拖动文本框四周出现的控制柄，可以调整其大小；将鼠标指针悬
浮在文本框上方，当其变为十字形时，可以移动文本框位置，如图 8-38 所示。

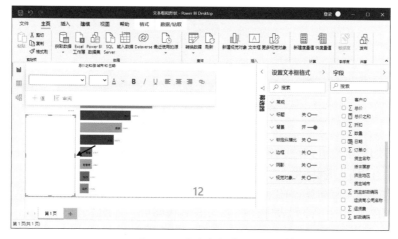

图 8-38　文本框格式设置

在文本框中输入文字，可以丰富报表内容，增强报表的视觉效果。如图 8-39 所示，为动
画条形图添加文字说明，可以帮助用户更好地理解和使用该视觉对象。

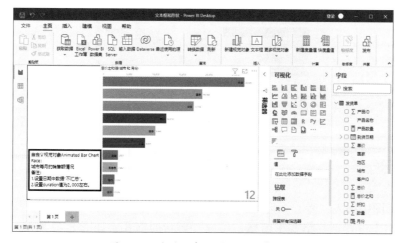

图 8-39　为动画条形图添加文字说明

若需要插入格式相同的多个文本框，可以选中设置好格式的文本框，先按 <Ctrl+C> 组合键复制，再按 <Ctrl+V> 组合键粘贴，只需要修改文本即可，如图 8-40 所示。

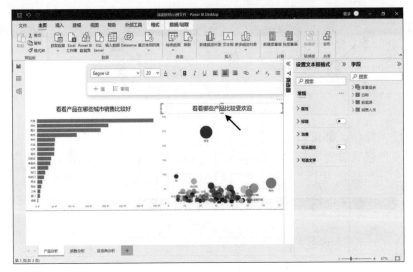

图 8-40　复制粘贴文本框

8.3.2 形状

在报表中添加形状也可以增强报表的可读性，比如标注重点、突出显示等。在 Power BI 中，可以添加的形状有矩形、椭圆形、三角形、直线、箭头、爱心、气泡等。

添加形状的方法非常简单，在【报表】模块中，依次单击【插入】→【元素】区域内的【形状】下拉按钮，在弹出的下拉列表中选择适当的形状即可，如图 8-41 所示。

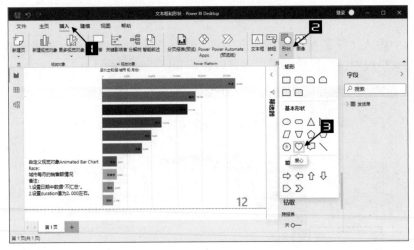

图 8-41　插入形状

在动画条形图中插入"爱心"形状，提醒用户动画条形图中月份的变化。插入形状后，选中形状时会弹出【设置形状格式】窗格，可设置形状的格式，如图 8-42 所示。拖动形状四周的控制柄，可以调整形状大小，并将其移动至适当位置。

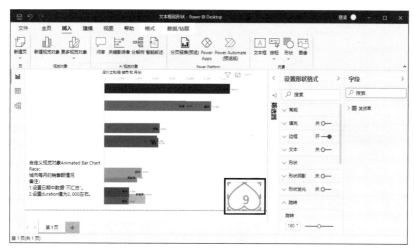

图 8-42　插入"爱心"形状

此外，依次单击【插入】→【元素】区域内的【图像】按钮，可以在报表中插入适当的图像。

8.4　在报表中添加按钮

1. 在报表中添加按钮

要在 Power BI 报表中添加按钮，依次单击【插入】→【元素】区域内的【按钮】按钮，在弹出的下拉列表中选择需要的内容即可，如单击【空白】选项，即可在报表中添加一个空白按钮，如图 8-43 所示。

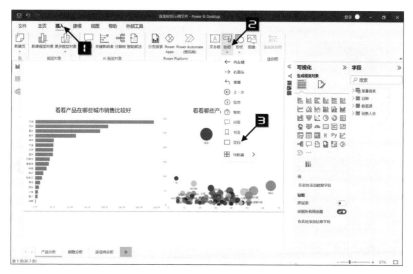

图 8-43　添加按钮

2. 设置按钮格式

在报表画布上添加按钮后，或者选中按钮时，【"格式"按钮】窗格会自动弹出，用户可以根据需要自定义按钮，如图 8-44 所示。

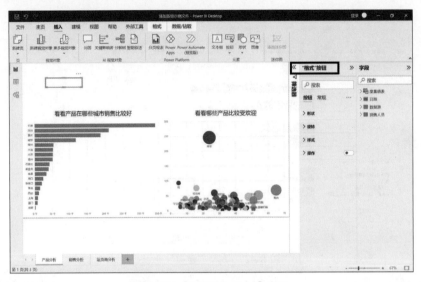

图 8-44　【"格式"按钮】窗格

展开【"格式"按钮】窗格中的各选项，在【文本】框中输入"产品分析"，设置【文本大小】为"20 磅"，其他保持默认设置，如图 8-45 所示。

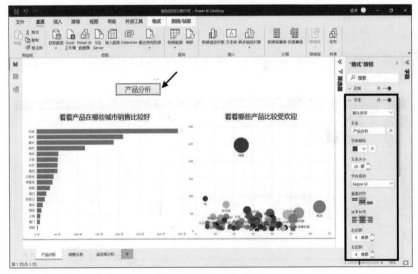

图 8-45　设置按钮文本

3. 设置空闲、悬停或按下时的按钮格式

Power BI 中的按钮有三种状态：默认状态（未悬停或按下时的状态）、悬停状态和按下状态（通常指被单击时的状态）。用户可以根据状态的不同，修改【"格式"按钮】窗格中的选项，灵活地自定义按钮。

通过【"格式"按钮】窗格中的【填充】【边框】【文本】和【图标】选项，结合按钮的三种状态，可以调整按钮的格式或显示方式。

例如，在【图标】选项中，依次单击【图标】左侧的【折叠 / 展开】按钮→【默认状态】

下拉按钮，在弹出的下拉列表中单击某种状态选项，如【按下时】选项，如图 8-46 所示。此时设置的按钮格式即为按钮"按下时"的显示状态。

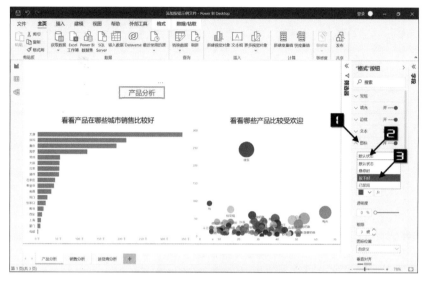

图 8-46　按钮的三种状态

如图 8-47 所示，在【默认状态】中，设置【填充颜色】为"白色，30% 深度"的白色；在【悬停时】中，设置【填充颜色】为"主题颜色 3，40%"的较浅粉色；在【按下时】中，设置【填充颜色】为"主题颜色 1，20%"的浅蓝色。

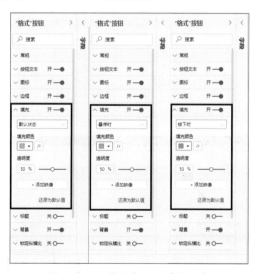

图 8-47　三种状态下的填充颜色

4. 选择按钮的操作

单击【"格式"按钮】窗格中【操作】选项右侧的开关，打开按钮的各操作选项，单击【类型】选项区右侧的下拉按钮，在弹出的下拉列表中可以看到各种操作类型，如图 8-48 所示。

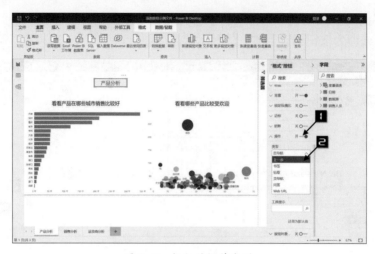

图 8-48　按钮的操作类型

按钮各操作类型的作用如下。

（1）上一步：返回报表的上一页，此项非常适合钻取页。

（2）书签：显示与为当前报表定义的书签关联的报表页。

（3）钻取：导航到已按照所选内容筛选的钻取页，而不需要使用书签。

（4）页导航：导航到报表中的其他页面，而不需要使用书签。

（5）问答：打开"问答资源管理器"窗口。

某些按钮类型会自动选择默认操作，例如，"问答"按钮类型会自动选择【问答】作为默认操作。

单击想使用的按钮，同时按 <Ctrl> 键，可以试用或测试为报表创建的按钮。

5. 创建页面导航

【操作】选项中，【类型】为"页导航"时，不需要保存或管理任何书签，也可以得到导航体验。如图 8-49 所示，单击【产品分析】按钮，设置【操作】选项中的【类型】为"页导航"，【目标】为"无"，即可链接当前页。

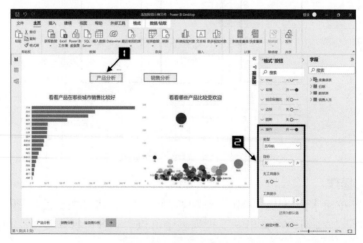

图 8-49　页导航当前页

单击【产品分析】按钮，先按 <Ctrl+C> 组合键复制，再按 <Ctrl+V> 组合键粘贴一个按钮，修改三种状态下的显示文本皆为"销售分析"，设置【操作】选项中的【类型】为"页导航"，【目标】为"销售分析"，如图 8-50 所示。按住 <Ctrl> 键的同时单击该按钮，即可链接至"销售分析"报表页。

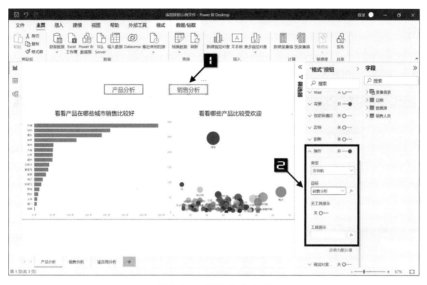

图 8-50　页导航其他页

使用同样的方法，在"产品分析"报表页中创建"运货商分析"按钮，按住 <Shift> 键的同时选中三个按钮，按 <Ctrl+C> 组合键复制后，切换至"销售分析"报表页和"运货商分析"报表页，分别按 <Ctrl+V> 组合键粘贴，在三个报表页中添加按钮，并修改"产品分析"按钮的链接目标为"产品分析"报表页。此时，一个完整的页导航就制作完成了，如图 8-51 所示。在三个报表中按住 <Ctrl> 键按任意一个按钮，即可转换至相应链接的页面。

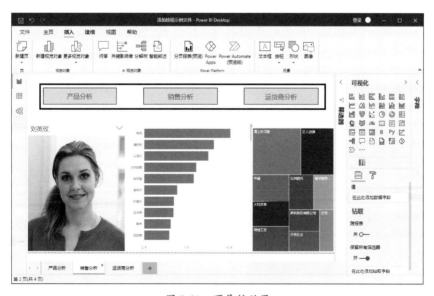

图 8-51　页导航效果

8.5 在报表中添加书签

书签是 Power BI 的常用元素之一，可捕获报表页当前已配置的视图，包括筛选器、切片器等。单击书签时，Power BI 将返回该书签捕获的视图，因此，用户可以使用书签共享见解、创建情景，为可视化报表增添更为丰富的交互效果。

1. 添加书签

依次单击【视图】→【显示窗格】区域内的【书签】按钮，弹出【书签】窗格，单击该窗格中的【添加】按钮，如图 8-52 所示，即可为当前页面添加书签。

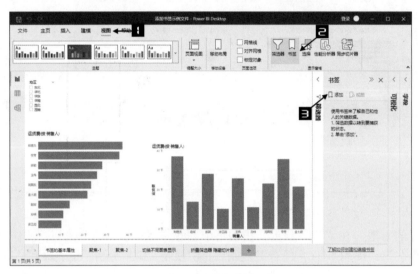

图 8-52　添加书签

2. 调整书签的属性

单击【添加】按钮后，添加的书签会自动以序号命名，如"书签 1"。

单击书签名右侧的【更多】按钮，在弹出的下拉列表中单击【重命名】选项，可以为书签重新命名，如图 8-53 所示。

添加新书签时，默认勾选的属性有【数据】【显示】【当前页】【所有视觉对象】，如图 8-53 所示。

四种属性勾选后的含义如下。

【数据】，表示连同显示数据一起创建书签，如果创建书签的界面应用了筛选器、钻取、排序等，保存创建书签时的状态。

例如，创建名为"华东区运货费"的书签，勾选【数据】后，即使在报表页面改变地区切片器的筛选范围，如筛选西北区，点击"华东区运货费"书签时，仍会显示创建书签时的界面，即地区切片器的筛选项为"华东"，如图 8-54 所示。

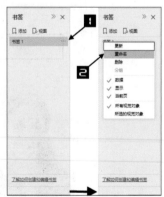

图 8-53　书签属性

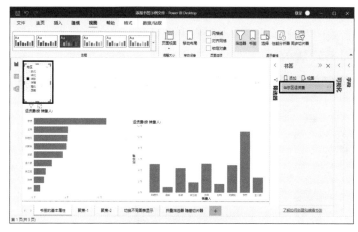

图 8-54　【数据】属性

若创建书签时不勾选【数据】，改变筛选器内容时，书签内容会随着筛选器内容的改变而改变。

【当前页】，表示书签锁定当前页面，如果将书签应用到其他页面，可以进行页面之间的切换，比较适合页面导航等。

例如，创建名为"书签的基本属性"的书签，如图 8-55 所示，默认勾选【当前页】。

图 8-55　【当前页】属性

切换至"目录"页面，在该页依次单击【插入】→【元素】区域内的【按钮】→【空白】选项，参照 8.4 节中的方法设置按钮相关格式。

选中按钮"书签的基本属性"，在【"格式"按钮】窗格中，设置【操作】选项中的【类型】为"书签"，【书签】链接目标为"书签的基本属性"，如图 8-56 所示。

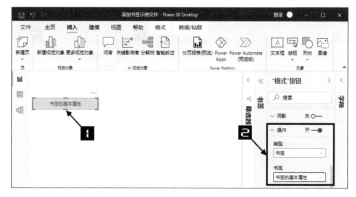

图 8-56　创建页导航操作

此时，在报表页面中按住 <Ctrl> 键，单击"书签的基本操作"按钮，即可快速跳转至"书签的基本操作"页面。

若创建"书签的基本操作"书签时不勾选【当前页】，单击"目录"页面的"书签的基本操作"按钮时便不能进行页面之间的跳转。

【所有视觉对象】，表示将页面中所有的视觉对象都应用于书签。

创建"所有视觉对象"书签时，默认勾选【所有视觉对象】。创建该书签后，在报表中创建新的视觉对象"折线图"，再次单击"所有视觉对象"书签时，会显示创建书签后页面中的所有视觉对象，如图 8-57 所示。

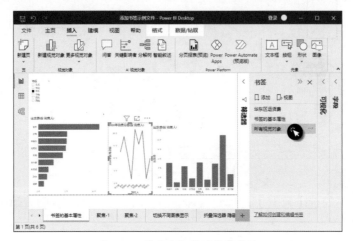

图 8-57 【所有视觉对象】属性

【所选的视觉对象】，表示将页面中所选中的视觉对象应用于书签。

由于当前报表中有多个视觉对象，为了方便选择，依次单击【视图】→【显示窗格】区域内的【选择】按钮，打开【选择】窗格。在【选择】窗格中单击"运货费"条形图和柱形图的隐藏命令，添加"所选的视觉对象"书签，并勾选【所选的视觉对象】属性，如图 8-58 所示。

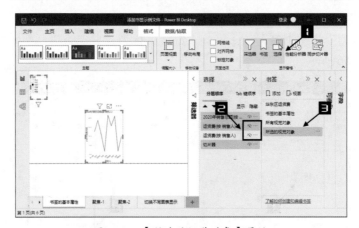

图 8-58 【所选的视觉对象】属性

此时，单击"所有视觉对象"书签，将显示所有的视觉对象；单击"所选的视觉对象"书签，则仅显示选中的视觉对象。

8.6 书签的常见应用

使用书签，可以为可视化报告增添更为丰富的交互效果。书签堪称制作交互性报告的利器，创建书签时，以下元素将与书签一起被"拍照"保存下来：筛选器（Filters）、当前页（The

Current Page）、排序顺序（Sort Order）、钻取位置（Drill Location）、视觉对象选择状态（如
交叉突出显示筛选器）、切片器（包括下拉列表或列表等切片器类型）和切片器状态、可见性
（对象可见性，使用【选择】窗格进行设置）、任何可见对象的"焦点"或"聚焦"模式。

因此，Power BI 中书签的常见应用有内容导航、叙事导航、渐进披露、预设筛选器、恢复
报表状态 - 清除筛选器、切换分析指标 - 分析维度、切换部分整体、折叠隐藏筛选器、链接到
详细和聚焦逐一突出视觉对象等。

为了便于用户更直观地理解，下面用几个实例更好地说明书签的应用。

8.6.1 链接到详细和聚焦逐一突出视觉对象

步骤 ❶ 添加按钮。在报表中添加需要的按钮，并设置按钮的相关格式，如图 8-59 所示。

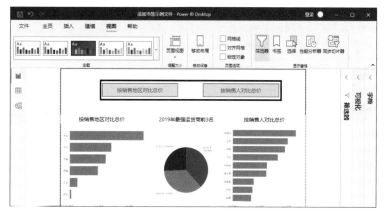

图 8-59　添加按钮

步骤 ❷ 聚焦视觉对象。单击条形图右上角的【更多选项】按钮，在弹出的下拉列表中单
击【聚焦】选项，如图 8-60 所示。

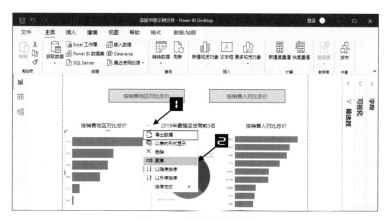

图 8-60　聚焦视觉对象

步骤 ❸ 添加新书签。在条形图聚焦的状态下，依次单击【视图】→【显示窗格】区域内的
【书签】按钮，在弹出的【书签】窗格中单击【添加】按钮，添加新书签，并重命名为"按地
区聚焦"，如图 8-61 所示。

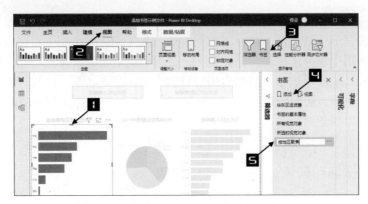

图 8-61　添加新书签

步骤 4　链接目标。单击目标按钮，在【"格式"按钮】窗格中，设置【操作】选项中的【类型】为"书签"，【书签】链接目标为"按地区聚焦"，如图 8-62 所示。

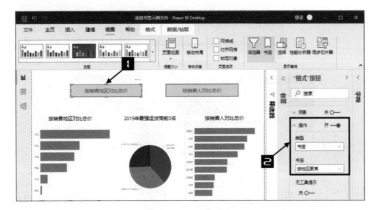

图 8-62　链接目标

步骤 5　重复步骤 2 至步骤 4 的操作，完成对"按销售人对比总价"按钮及对应图表的设置。此时，按住 <Ctrl> 键的同时单击任一按钮，将聚焦对应视觉对象，如图 8-63 所示。

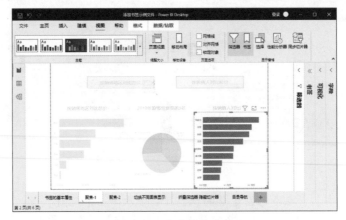

图 8-63　聚焦视觉对象

若需要取消聚焦显示，在报表画布中任意位置单击即可。

8.6.2 内容导航

步骤 **1** 插入指引文本。切换至"聚焦–2"报表页,插入文本框并输入指引文本,设置适当格式。选中文本框,依次单击【格式】→【排列】区域内的【下移一层】→【置于底层】选项,如图 8-64 所示,使指引文本在不聚焦时隐藏显示。

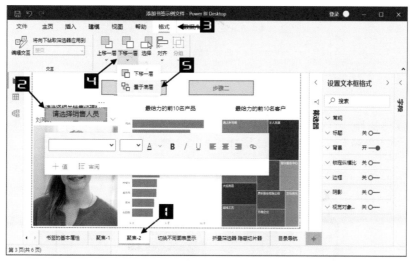

图 8-64 插入指引文本

步骤 **2** 聚焦文本框。单击指引文本框上方的【更多选项】按钮,在弹出的下拉列表中单击【聚焦】选项,如图 8-65 所示。

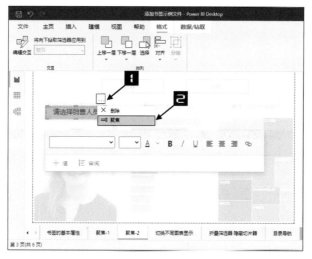

图 8-65 聚焦文本框

步骤 **3** 添加新书签。在文本框聚焦状态下,依次单击【视图】→【显示窗格】区域内的【书签】按钮,在弹出的【书签】窗格中单击【添加】按钮,添加新书签,并重命名为"步骤一",如图 8-66 所示。

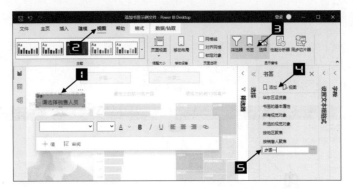

图 8-66　添加新书签

步骤 4　链接目标。单击"步骤一"按钮，在【"格式"按钮】窗格中，设置【操作】选项中的【类型】为"书签"，【书签】链接目标为"步骤一"，如图 8-67 所示。

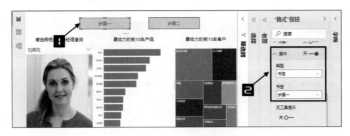

图 8-67　链接目标

步骤 5　重复步骤 1 至步骤 4 的操作，完成对其他指引文本的设置。此时，用户按住<Ctrl>键的同时单击"步骤一"按钮和"步骤二"按钮，就可以清楚地看到指引文本，了解报表讲述的故事了。

8.6.3　切换视觉对象

如图 8-68 所示，报表中有两个视觉对象的叠加，单击"显示树状图"按钮，显示下层的视觉对象；单击"显示散点图"按钮，则显示上层的视觉对象，两者可以自由切换显示。

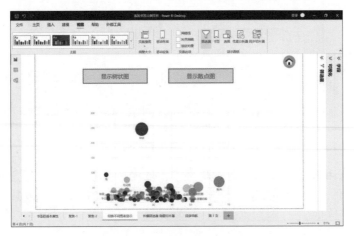

图 8-68　切换视觉对象效果

使用书签实现以上效果的具体操作步骤如下。

步骤❶ 显示"树状图"视觉对象。同时打开【选择】窗格和【书签】窗格，在【选择】窗格中，单击"散点图"右侧的隐藏按钮，使其隐藏，同时，使"树状图"保持显示状态。单击【书签】窗格中的【添加】按钮，添加新书签，并重命名为"显示树状图"，如图 8-69 所示。

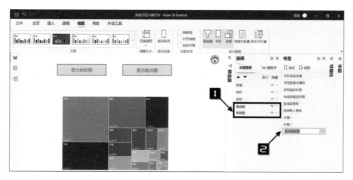

图 8-69　添加新书签

步骤❷ 显示"散点图"视觉对象。完成同样的操作步骤，使"散点图"显示，并在"树状图"隐藏的状态下添加新书签，重命名为"显示散点图"，如图 8-70 所示。

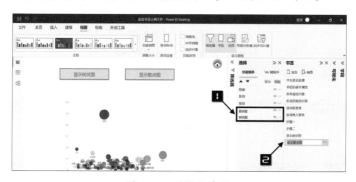

图 8-70　再添加书签

步骤❸ 链接目标。单击"显示树状图"按钮，设置【操作】选项中的【类型】为"书签"，【书签】链接目标为"显示树状图"，如图 8-71 所示。

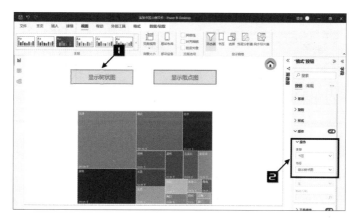

图 8-71　链接目标

步骤 ④ 完成同样的操作，为"显示散点图"按钮链接"显示散点图"书签。至此，单击两个按钮（在按住 <Ctrl> 键的同时），就可以在两个视觉对象间进行切换显示了。

8.6.4 折叠隐藏筛选器

步骤 ① 创建两个按钮（"展开筛选器"按钮和"折叠筛选器"按钮），并设置格式。

步骤 ② 在【筛选器】窗格打开的状态下添加书签，并将添加后的书签重命名为"展开筛选器"，如图 8-72 所示。

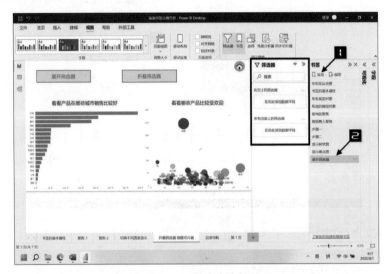

图 8-72　展开筛选器

步骤 ③ 在【筛选器】窗格折叠的状态下添加书签，并将添加后的书签重命名为"折叠筛选器"，如图 8-73 所示。

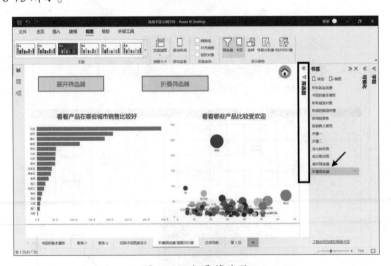

图 8-73　折叠筛选器

步骤 ④ 单击"展开筛选器"按钮，在【"格式"按钮】窗格中，设置【操作】选项中的【类型】为"书签"，【书签】链接目标为"展开筛选器"，如图 8-74 所示。

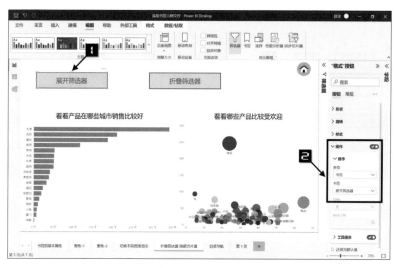

图 8-74　链接目标

步骤⑤ 使用同样的方法，为"折叠筛选器"按钮链接书签，完成最终设置。至此，单击两个按钮，就可以切换展开或折叠筛选器了。

在报表页面中，为了节省空间，也可以使用书签对切片器进行展开或隐藏显示设置，其设置方法与展开或隐藏筛选器显示的方法类似，这里不再赘述。

8.6.5 页面导航

8.4 节中的页面导航是使用按钮的"页导航"功能制作的，使用书签也可以制作类似的页面导航，两者各有优势，用户可以择优使用。

使用书签制作页面导航的具体操作步骤如下。

步骤❶ 在目录报表页中创建相应的按钮（或图像），完成格式设置。

步骤❷ 为每张报表页添加相应的书签。如为了快速切换至"聚焦-1"报表页，添加新书签，并重命名为"聚焦-1"，如图 8-75 所示。

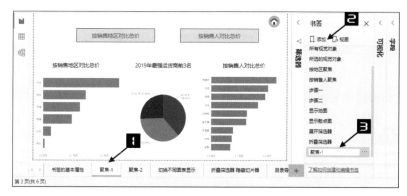

图 8-75　页书签

步骤❸ 重复以上操作，完成对所有页书签的添加。

步骤❹ 为按钮链接相应的页书签。如单击"聚焦-1"按钮，在【"格式"按钮】窗格中设置

【操作】选项中的【类型】为"书签",【书签】链接目标为"聚焦-1",如图 8-76 所示。

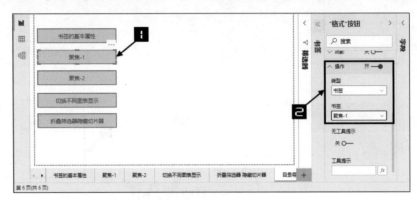

图 8-76　链接目标

步骤⑤ 重复以上操作,为其他按钮链接目标页书签。

步骤⑥ 在每一张报表页中添加"返回"图像,并创建目标链接。如在"书签的基本属性"报表页中插入图像"返回",单击该图像,在打开的【格式图像】窗格中,设置【操作】选项中的【类型】为"书签",【书签】链接目标为"目录",如图 8-77 所示。

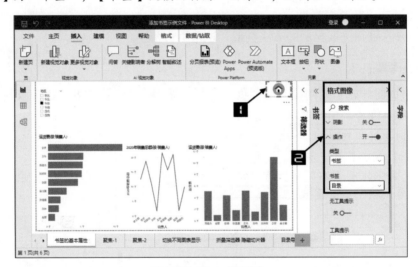

图 8-77　返回"图像"

步骤⑦ 复制该图像并粘贴至其他报表页中,完成对页面导航的最终设置。

8.7 编辑交互

编辑交互功能是在编辑模式下选择源视觉对象,通过显示的图标来选择具体的行为,编辑各个图表之间数据交互方式的功能。

通俗地说,即报表中视觉对象的交互方式,用户是可以自行设置的。

要改变数据的交互方式,可以使用编辑交互按钮。选中某一视觉对象,依次单击【格式】→【交互】区域内的【编辑交互】按钮即可,如图 8-78 所示。

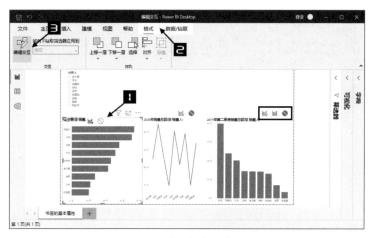

图 8-78　【编辑交互】按钮

不同视觉对象上显示的按钮图标会有所不同，但图标的功能是一致的。按钮图标示例如图
8-78 所示，三个按钮的功能如表 8-1 所示。

表 8-1　编辑交互三个按钮的功能

按钮	含义
	筛选。用来与其他报表产生数据交互关系
	无交互。用来取消与其他报表产生的数据交互关系
	突出显示。用来突出显示视觉对象

如图 8-79 所示，单击切片器中的某一销售人时，三个视觉对象都会筛选显示当前销售人
员的信息。

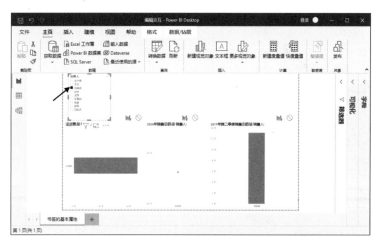

图 8-79　一般的交互关系

如果用户想取消交互，单击报表右上角相应的【编辑交互】按钮即可，如取消折线图和柱
形图的筛选，如图 8-80 所示。

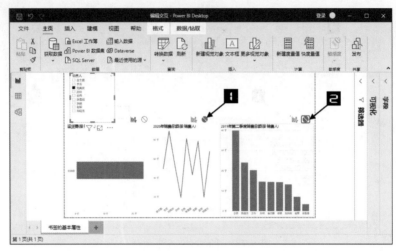

图 8-80　改变交互方式

8.8 深化和钻取视觉对象

深化与钻取功能主要应用于有层级关系的报表，比如报表中有省区市、年月日等逐层往下的层级关系时，可以通过深化或钻取，查看不同层级的报表内容。

本示例使用深化功能，逐层查看年销售利润相关数据信息，具体操作步骤如下。

步骤 ❶ 扩展至下一级别。启动 Power BI，加载示例文件，在报表页面，可以看到 2019 年与 2020 年的销售利润柱形图。在柱形图的任意数据系列上右击，在弹出的快捷菜单中单击【扩展至下一级别】选项，如图 8-81 所示。

图 8-81　扩展数据

步骤 ❷ 第一次深化至各季度的销售利润情况。选中数据系列，依次单击上下文选项卡【数据/钻取】→【钻取操作】区域内的【展开下一级别】按钮，如图 8-82 所示。

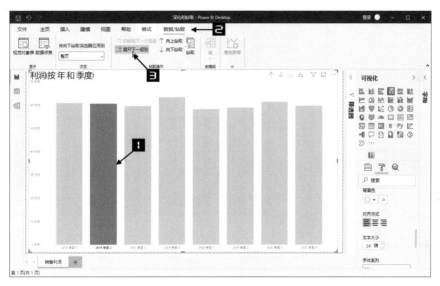

图 8-82　再次扩展数据

此时，可以看到各月份的销售利润对比情况，如图 8-83 所示。但 X 轴上的季度和月份标签没有层次，看起来杂乱无章。

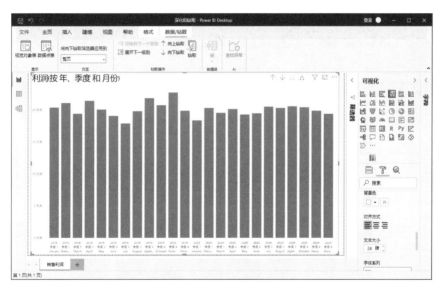

图 8-83　深化初步效果

步骤 3　在【可视化】窗格中单击【格式】选项卡，单击【X 轴】左侧的展开按钮，在展开界面中单击【连接标签】开关，关闭该选项。拖动右侧滚动条至下方，打开【网格线】开关，设置【线条颜色】为"黑色"，【线条样式】为"实线"，如图 8-84 所示。两次深化并美化处理后的最终效果如图 8-85 所示。

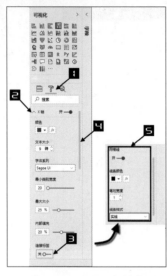

图 8-84　设置 X 轴格式

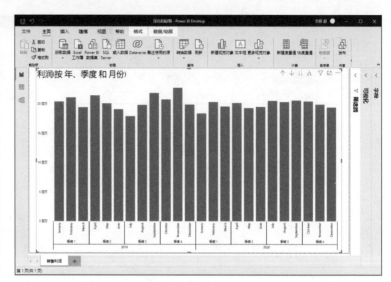

图 8-85　最终效果

步骤 4　单击视觉对象右上角的【向上钻取】按钮，可以看到按季度销售利润对比的效果，如图 8-86 所示。向下钻取有两个按钮，一个是转至层次结构的下一层，另一个是展开层级结构中所有下移级别。

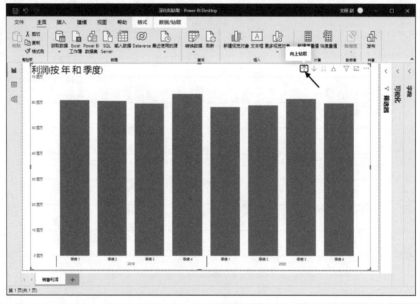

图 8-86　向上钻取

8.9 导出用于报表视觉对象的数据

如果需要查看当前报表视觉对象的数据，可以在 Power BI 中显示该数据，也可以将数据以 .csv 文件的形式导出。

依次单击【文件】→【选项和设置】→【选项】按钮,在弹出的【选项】对话框中,单击【当前文件】区域内的【报表设置】选项,在【导出数据】区域,可以看到【允许最终用户从 Power BI 服务或 Power BI 报表服务器导出汇总数据】单选钮被选中,如图 8-87 所示。这说明当前视觉对象的创建数据可以被导出,保持默认设置,返回报表页面。

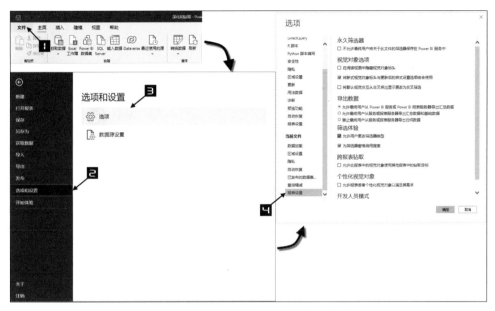

图 8-87　导出数据设置

以导出 8.8 节示例中视觉对象的创建数据为例,具体操作步骤如下。

步骤❶　单击视觉对象右上角的【更多选项】按钮,在弹出的下拉列表中单击【导出数据】选项,如图 8-88 所示。

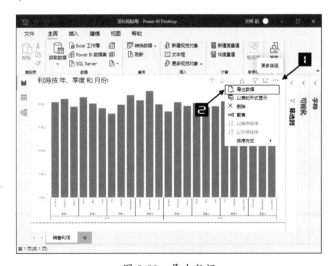

图 8-88　导出数据

步骤❷　在弹出的【另存为】对话框中,设置保存的路径和文件名,单击【保存】按钮,如图 8-89 所示。

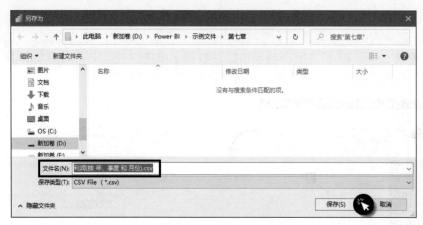

图 8-89　【另存为】对话框

完成保存后，双击该文件，即可在 Excel 中查看相关数据。

提示

导出视觉对象数据的限制和注意事项如下。

（1）从 Power BI 或 Power BI 报表服务器导出到 .csv 文件的数据最多为 30, 000 行，导出到 .xlsx 文件的数据最多为 150, 000 行。

（2）如果视觉对象使用的数据来自多个表，并且这些表在数据模型中不存在任何关系，则只导出第一个表的数据。

视频

根据本书前言的提示，可观看"Power BI 常用图表应用实战"的视频讲解。

第 9 章

修饰数据可视化报表

　　一般情况下，使用可视化控件完成创建的视觉对象都有默认的风格，即可视化控件往往只能满足创建简单常用的视觉对象的要求。如果需要用视觉对象清晰地表达数据的含义，或者创建出与众不同、更为美观的视觉对象，需要用户对视觉对象进行进一步美化处理。

　　本章将简要介绍可以对视觉对象进行美化的项目，受篇幅限制，无法一一介绍具体的美化方法和结果，读者可根据本章内容自行尝试。

9.1 自定义报表主题颜色

面对一个可视化对象，用户最先注意到的特征就是颜色，其重要性不言而喻。在 Power BI 中，配色是可视化的重头戏。

9.1.1 Power BI 内置主题

Power BI 报表的全局颜色是由主题控制的，要批量改变图表配色，只能通过修改主题实现。

启动 Power BI，加载示例文件，依次单击【视图】→【主题】区域内的【主题】下拉按钮，可以看到有多种内置的主题可选，如图 9-1 所示。

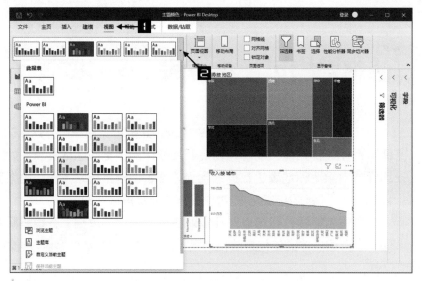

图 9-1　内置主题

单击应用任一主题，如"高对比度"，可快速改变所有视觉对象的颜色，如图 9-2 所示。

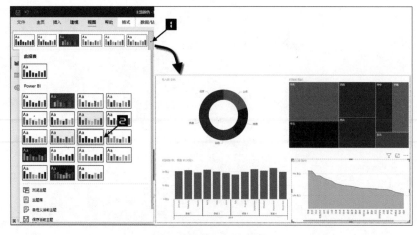

图 9-2　应用内置主题

9.1.2 自定义报表主题

除内置主题外，Power BI 允许用户自定义主题，以满足更多个性化需求。

1. 自定义主题

步骤 ❶ 依次单击【视图】→【主题】区域内的【主题】下拉按钮→【自定义当前主题】选项，如图 9-3 所示。

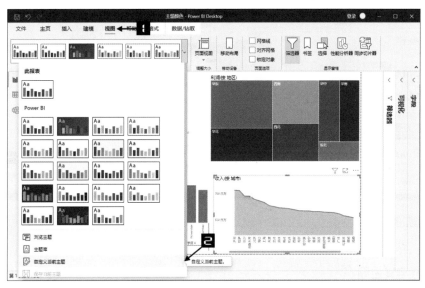

图 9-3　自定义主题

步骤 ❷ 弹出【自定义主题】对话框，可以看到对话框中有【名称和颜色】【文本】【视觉对象】【页码】和【筛选器窗格】五个选项卡，如图 9-4 所示。

图 9-4　【自定义主题】对话框

步骤 ❸ 用户可以根据需要挑选颜色，也可以直接复制颜色代码进行颜色设置，设置完成后单击【应用】按钮，完成对自定义主题的应用。

2. 保存自定义主题

自定义主题创建完成后，依次单击【视图】→【主题】区域内的【主题】下拉按钮，在弹出的主题库中单击【保存当前主题】选项。弹出【另存为】对话框，设置保存路径及文件名后，设置保存类型为".json"，单击【保存】按钮即可完成保存，如图9-5所示。

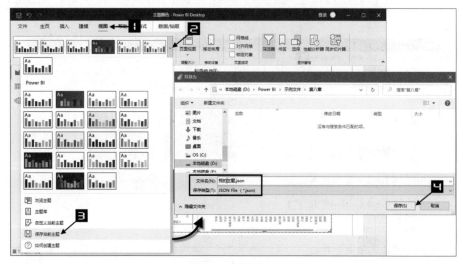

图9-5　保存主题

3. 导入自定义主题

再次使用已保存的自定义主题时，将之前保存的文件导入即可。如果有好的图片或报表主题，也可以保存为.json文件，以备后续使用。

导入自定义主题的具体操作步骤如下。

步骤❶　依次单击【视图】→【主题】区域内的【主题】下拉按钮，在弹出的主题库中单击【浏览主题】选项。弹出【打开】对话框，找到并选中需要的主题文件，如"我的主题.json"，单击【打开】按钮，如图9-6所示。

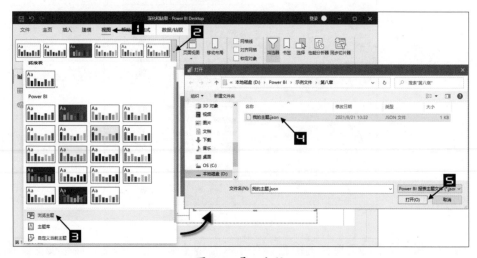

图9-6　导入主题

步骤 2 导入主题后,弹出【导入主题】提示对话框,单击【关闭】按钮,完成对主题的导入,如图 9-7 所示。

图 9-7 【导入主题】提示对话框

步骤 3 单击【视图】→【主题】区域内的【主题】下拉按钮,在弹出的主题库中,可以看到导入的主题被应用时的效果,如图 9-8 所示。

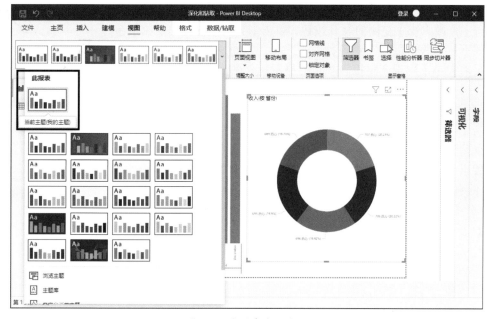

图 9-8 应用自定义主题

9.2 设置报表页面大小

经常使用报表的用户深知保持报表布局、页面比例完美的重要性,可有时这会有点困难,因为报表浏览者可能会使用纵横比和大小不同的屏幕查看这些报表。

Power BI 报表默认显示视图为"调整到页面大小",而报表页面默认显示大小为 16:9。

如果用户想锁定不同的纵横比,或者想用不同的方式调整报表,可以进行【页面视图】设置或【页面大小】设置。

1.进行【页面视图】设置

依次单击【视图】→【调整大小】区域内的【页面视图】按钮,在弹出的下拉列表中单击需要的选项,这里单击【适应宽度】选项,如图 9-9 所示。

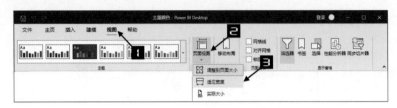

图 9-9　页面视图

各选项含义如下。

（1）调整到页面大小（默认值）：将内容调整到最适合页面的程度。

（2）适应宽度：将内容调整到适应页面宽度的大小。

（3）实际大小：内容以完整大小显示。

2. 进行【页面大小】设置

在报表中未选中任何视觉对象时，单击【可视化】窗格→【格式】选项卡→【页面大小】左侧的展开按钮，单击【类型】右侧的下拉按钮，在弹出的下拉列表中可以看到各种可用选项，如图 9-10 所示。

【页面大小】用于调整报表画布的显示比例和实际大小（以像素为单位），包括：16∶09 比例（默认值）；4∶03 比例；信件比例；工具提示比例；自定义比例（以像素为单位的高度和宽度）。

单击【4∶03】选项，可以改变当前页面的大小。

如果预设的页面大小无法满足需求，用户可以单击【自定义】选项，自己设置页面大小。例如，单击添加报表页，在【可视化】窗格中，单击打开【页面大小】选项区域，设置【类型】为"自定义"，【宽度】为"900 像素"，【高度】为"700 像素"，完成对自定义页面大小的设置，如图 9-11 所示。

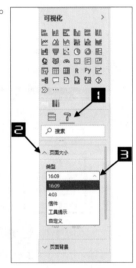

图 9-10　页面大小

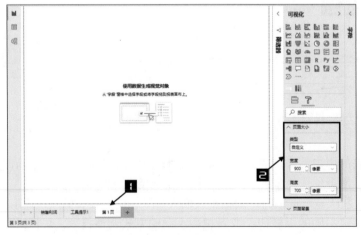

图 9-11　自定义页面大小

在【可视化】窗格中，单击打开【页面信息】选项区域，在【名称】文本框中输入报表页名称，这里输入"自定义页面大小"，可以看到，报表画布下方的报表标签也发生相应的变化，如图 9-12 所示。

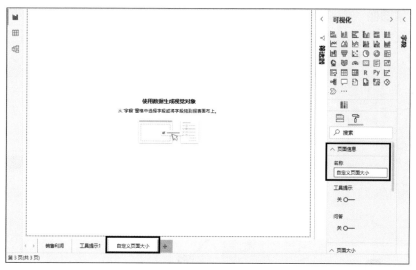

图 9-12　报表页重命名

9.3　设置报表页面背景

报表页面背景默认为白色，用户可以为报表页面设置不同的背景颜色，甚至是图像背景。

1. 设置背景颜色

在未选中任何视觉对象时，在【可视化】窗格中单击【格式】选项卡→【页面背景】左侧的展开按钮，单击【颜色】下拉按钮，在弹出的颜色列表中单击任一主题颜色，或者单击【其他颜色】选项，自定义一种颜色，完成对背景颜色的设置，如图 9-13 所示。

报表页面的透明度默认为 100%，设置背景颜色后，需要更改背景颜色的透明度。拖动【透明度】滑块，或者直接在【透明度】文本框中输入相应的透明度值，如图 9-14 所示，完成对页面背景颜色的设置。

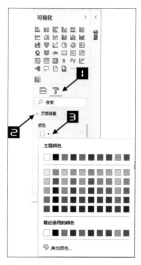

图 9-13　设置背景颜色

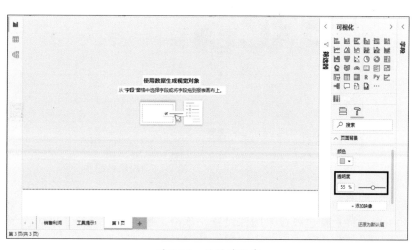

图 9-14　设置透明度

2. 设置背景图像

单击【页面背景】区域内的【添加映像】按钮，在弹出的【Open File（打开）】对话框中，选中目标图像，单击【打开】按钮，如图 9-15 所示。

图 9-15　背景图像

如果图像尺寸与页面大小不匹配，可以单击【图像匹配度】下拉按钮，在弹出的下拉列表中单击【匹配度】或【填充】选项，使图像与页面匹配，如图 9-16 所示。

图 9-16　图像匹配度

3. 取消背景设置

取消背景颜色或背景图像设置，单击【还原为默认值】即可。要想删除添加的图像，可以单击图像名称后的【删除】按钮，如图 9-17 所示。

图 9-17　还原为默认值或删除添加的图像

　更改页面大小或设置页面背景，只对当前报表有效。

9.4　编辑视觉对象

1. 移动

单击视觉对象，将其选中，视觉对象四周出现 8 个控制点，如图 9-18 所示。按住鼠标左键的同时拖动鼠标，可将视觉对象拖放至合适的位置。

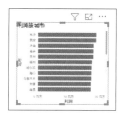

图 9-18　8 个控制点

2. 复制

选中视觉对象后，先单击【主页】→【剪贴板】区域内的【复制】按钮（或按 <Ctrl+C> 组合键），再单击【剪贴板】区域内的【粘贴】按钮（或按 <Ctrl+V> 组合键），复制并粘贴当前视觉对象，拖放至合适位置即可。

3. 删除

选中视觉对象，单击【剪贴板】区域内的【剪切】按钮，或按 <Delete> 键，都可将当前视觉对象删除。

使用【剪切】按钮删除视觉对象后，可以将其粘贴至其他位置。

4. 调整视觉对象大小

选中视觉对象，视觉对象四周出现 8 个控制点，将鼠标指针定位在控制点上，待其变成双向箭头时进行拖放操作，即可调整视觉对象的大小。

9.5　自定义视觉对象的格式

选中视觉对象，单击【可视化】窗格中的【格式】选项卡，可以看到【常规】【图例】【X

轴】【Y轴】【缩放滑块】【数据颜色】等多种格式选项，如图9-19所示。

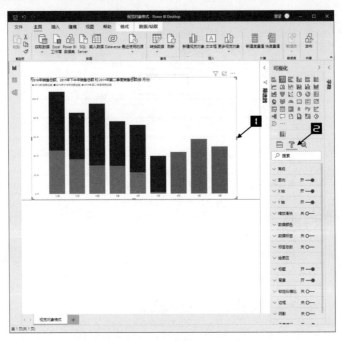

图9-19　视觉对象格式选项

9.5.1 自定义视觉对象的标题、背景

1. 自定义标题

选中视觉对象，单击【可视化】窗格中的【格式】选项卡，拖动滚动条至【标题】选项区域，将【标题】滑块移至【开】。若要更改标题，在【标题文本】文本框中输入文本，如"按销售人对比销售总价"；设置【字体颜色】为"白色"，【背景色】为"蓝色"；设置【对齐方式】为"居中对齐"；设置【文本大小】为"21磅"，【字体系列】为"Arial Black"，如图9-20所示。

标题的最终效果如图9-21所示。

图9-20　自定义标题

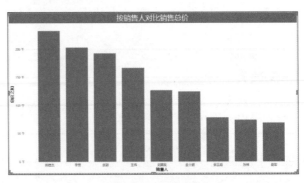

图9-21　标题效果

若需要还原所有设置，单击【标题】选项区域内的【还原为默认值】
按钮即可。

2. 自定义背景

选中视觉对象，在【可视化】窗格中单击【格式】选项卡，拖动滚
动条至【背景】选项区域，将【背景】滑块移至【开】。可自定义背景
颜色和透明度，如设置背景【颜色】为"白色，20%，较深"，【透明度】
为 40%，如图 9-22 所示。

若需要还原所有设置，单击【背景】选项区域内的【还原为默认值】
按钮即可。

9.5.2 自定义堆积视觉对象的数据标签和标签总数

堆积视觉对象中可以显示数据标签和标签总数。在堆积柱形图中，数
据标签用于标识列中每个部分的值，标签总数用于显示整个聚合列的总值。

1. 数据标签

选中视觉对象，在【可视化】窗格中单击【格式】选项卡，拖动滚
动条至【数据标签】选项区域，将【数据标签】滑块移至【开】，其他
保持默认设置，如图 9-23 所示。

图 9-22 自定义背景

数据标签【显示单位】默认选项为"自动"，单击右侧的下拉按钮，可以看到还有
"无""千""百万""十亿"和"万亿"等单位选项，用户可以根据数据大小选用合适的单位，
如图 9-24 所示。

数据标签【方向】中有"垂直"和"水平"两种选项，如图 9-25 所示。

数据标签【位置】中有【自动】【端内】【中心内】和【基内】四种选项，默认选项为"自
动"，如图 9-26 所示。

图 9-23 自定义数据标签　　图 9-24 【数据　　图 9-25 【数据　　图 9-26 【数据
标签】单位选项　标签】文本方向　标签】位置选项
选项

其他选项也可以自定义设置，若需要还原默认设置，单击该区域最下方的【还原为默认值】按钮即可。

2. 标签总数

选中视觉对象，在【可视化】窗格中单击【格式】选项卡，拖动滚动条至【标签总数】选项区域，将【标签总数】滑块移至【开】，设置【颜色】为"黑色"，【显示单位】为"千"，【值的小数位】为"2"，【文本大小】为"11磅"，【字体系列】为"Arial Black"，其他保持默认设置，如图9-27所示。

若需要还原默认设置，单击该区域最下方的【还原为默认值】按钮即可。

自定义【数据标签】与【标签总数】后的最终效果如图9-28所示。

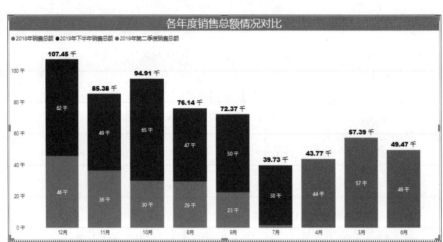

图 9-27　自定义标签总数　　　　　　　　　　图 9-28　最终效果图

> **9.5.3** **自定义视觉对象的 *X* 轴和 *Y* 轴**

并不是所有视觉对象都有坐标轴，如饼图，就没有坐标轴，并且，坐标轴的自定义选项因视觉对象而异。本节将介绍一些最常用的自定义选项。

9.5.3.1　自定义 *X* 轴

选中视觉对象，在【可视化】窗格中单击【格式】选项卡，拖动滚动条至【*X*轴】选项区域，单击【*X*轴】左侧的下拉按钮，展开*X*轴选项区域，如图9-29所示。

在【颜色】中设置*X*轴的字体颜色为"黑色"，【文本大小】保持默认，设置【字体系列】为"Arial Black"。

【最小类别宽度】用于调整条形图、柱形图、折线图和面积图数据系列的宽度、大小和填充面积。

【内部填充】用于调整数据系列间的间隔大小。

【最大大小】用于设置系列数据间的最大宽度数值。

图 9-29　自定义 *X* 轴

设置 X 轴标题的方法如下。

将 X 轴【标题】滑块移至【开】,如图 9-30 所示,X 轴标题在 X 轴标签下方显示。

可视化效果中有默认的 X 轴标题,本示例中,默认的 X 轴标题为"月份"。

【标题】区域内还有很多与"标题"相关的自定义选项,可用于设置标题的字体颜色、大小、字体系列等,也可用于自定义标题内容。

若需要还原默认设置,单击该区域最下方的【还原为默认值】按钮即可。

9.5.3.2 自定义 Y 轴

选中视觉对象,在【可视化】窗格中单击【格式】选项卡,拖动

图 9-30　自定义 X 轴标题　　　图 9-31　自定义 Y 轴

滚动条至【 Y 轴】选项区域,单击【 Y 轴】左侧的下拉按钮,展开各选项,如图 9-31 所示。在默认情况下,Y 轴标签在图表左侧显示。

Y 轴的【位置】【颜色】【文本大小】【字体系列】【显示单位】【值的小数位】【标题】等设置方法与 X 轴类似,这里不再赘述,仅简要叙述与 X 轴不同的设置选项。

1. 网格线

将【网格线】滑块移至【开】,设置【线条颜色】为"橙色",【笔划宽度】为"2",【线条样式】为"实线",如图 9-32 所示。

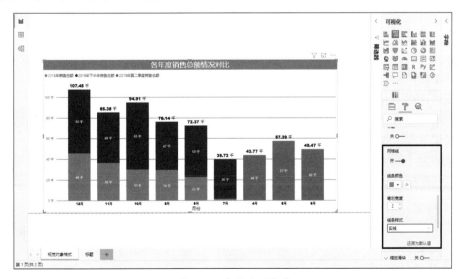

图 9-32　自定义网格线

2. 自定义具有双 Y 轴的视觉对象的可视化效果

某些视觉对象拥有两个 Y 轴，比如图 9-33 中的折线图和簇状柱形图。合理地设置双 Y 轴的格式，可以获得更佳的视觉效果。

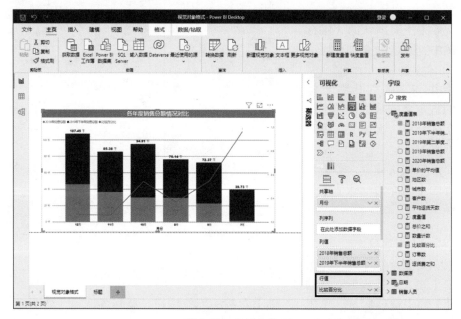

图 9-33　示例文件

在 Power BI 中设置双 Y 轴是为了让值能够以不同的方式缩放。左轴度量是以千为单位的销售额，右轴度量则用于比较百分比。

在【可视化】窗格的【Y 轴】选项卡中，向下拖动滚动条，将【显示次级内容】滑块移至【开】，即可打开次 Y 轴的自定义选项，如图 9-34 所示。

次 Y 轴的自定义选项与主轴的自定义选项类似，有【位置】【颜色】【文本大小】【字体系列】【显示单位】【值的小数位】【标题】等。

3. 反转 Y 轴

对于折线图、条形图、柱形图、面积图和组合图来说，可以将 Y 轴反转，使正值向下，负值向上。

选中视觉对象，在【可视化】窗格的【Y 轴】选项卡中，将【反转轴】滑块移至【开】，即可启用反转轴功能，如图 9-35 所示。

图 9-34　次 Y 轴自定义选项

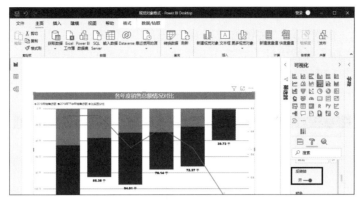

图 9-35　反转轴效果

9.6　在报表中对齐视觉对象

在报表页中添加了多个视觉对象后，常常需要按一定的标准将它们对齐。在 Power BI 中使用鼠标拖动视觉对象时，会出现提示线，便于用户操作。借助 Power BI 中的网格线、对齐功能，能更加精确地控制视觉对象的排列。

1. 网格线

依次勾选【视图】→【页面选项】区域内的【网格线】和【对齐网格】复选框，如图 9-36所示。

图 9-36　网格线

Power BI 报表画布上出现网格线，拖动视觉对象，可将其与网格线对齐，如图 9-37 所示。使用同样的方法，将其他视觉对象与网格线对齐。

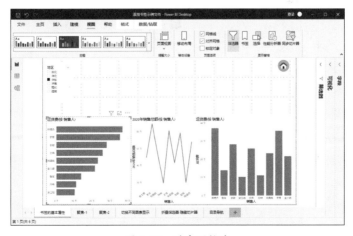

图 9-37　对齐网格线

2. 对齐

按住 <Ctrl> 键，依次选中"按销售地区对比总价"按钮和"按销售人对比总价"按钮后，单击【格式】→【排列】区域内的【对齐】下拉按钮，在弹出的下拉列表中，有【左对齐】【居中对齐】【右对齐】【顶端对齐】【中部对齐】【底端对齐】六种对齐方式，还有【横向分布】和【纵向分布】两种分布方式，如图 9-38 所示。

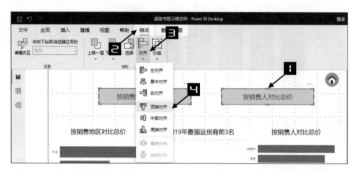

图 9-38　对齐功能

单击【顶端对齐】选项，可使两个视觉对象的顶端对齐，如图 9-38 所示。

 提示　对齐操作可能会使视觉对象堆叠在一起，因此，在完成相关操作前，要确保视觉对象位置的摆放正确。

9.7　锁定报表中的视觉对象

默认情况下，使用鼠标可以随意调整报表页中的视觉对象在画布中的位置，如果需要将视觉对象固定在画布中，可使用 Power BI 中的锁定对象功能。

勾选【视图】→【页面选项】区域内的【锁定对象】复选框，如图 9-39 所示。

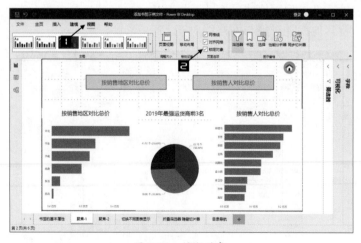

图 9-39　锁定对象

此时，画布中的所有视觉对象都无法移动位置和调整大小。

9.8 视觉对象的分组功能

有以下两种等效操作，可以同时选中多个视觉对象。

- 按住 <Ctrl> 键依次点选，可以选中多个视觉对象。
- 在一定范围内，按住鼠标左键拖拉，将选中拖拉范围内的所有视觉对象，如图 9-40 所示。

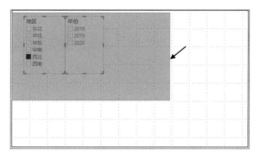

图 9-40　选中多个视觉对象

将同时选中的视觉对象进行分组，有以下三种方法。

1. 使用功能区

同时选中多个视觉对象，依次单击【格式】→【分组】下拉按钮，在弹出的下拉列表中单击【分组】选项，如图 9-41 所示。

2. 使用右键快捷菜单

在同时选中的视觉对象上右击，在弹出的快捷菜单中依次单击【分组】→【分组】选项，如图 9-42 所示。

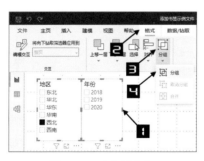

图 9-41　功能区分组

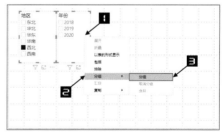

图 9-42　右键快捷菜单分组

3. 快捷键

对视觉对象进行分组的快捷键为 <Ctrl+G>。

若需要取消组合，依次单击【格式】→【分组】→【取消分组】选项，或在右键快捷菜单中依次单击【分组】→【取消分组】选项，或按 <Shift+Ctrl+G> 组合键。

 根据本书前言的提示，可观看"Power BI 导航按钮应用实战"的视频讲解。

第 10 章

数据可视化报表设计高级知识

    Power BI 报表设计是科学与艺术的结合，合理的报表设计可以有效地展示数据、传达信息，让报告引人注目，让信息更加难忘。

    在充分考虑数据展示、信息传达的基础上，报表设计还应考虑对齐、重复、亲密、留白等平面设计原则。需要经过一番认真思考、精心设计，制作出来的报表看起来才会比较专业，具有自己的设计风格。

10.1 结构与布局

Power BI 分析报表由一页或多页组成，页面由报表对象组成。报表对象可以是表示查询结果的数据视觉对象，也可以是图像、背景、形状或文本等装饰素材。通过确定页面的数量、顺序和用途，设计报表布局，通常情况下，多页报表包含首页、内容页、结束页等几个部分，其中，内容页可以是一页或多页。

10.1.1 首页

首页，也叫封面页，可以放置报表的标题、注释等内容。制作首页，大多是为了对多页报表内容进行总的概述，个别报表没有首页，直接展示内容页。

Power BI 报表首页设计与 PPT 首页设计类似，常见的有全图型和半图型。

10.1.1.1 全图型

Power BI 全图型首页，用图片填充整个页面，视觉传达直观且强烈。图片上层放置文本说明信息及导航按钮，给受众大方、舒展的感觉。

案例赏析 逃离房间（哈利·波特版）

将魔法屋背景图铺满页面，主题鲜明，重点突出。左侧文本框设置半透明填充效果，让背景拥有朦胧的高端设计感，如图 10-1 所示。

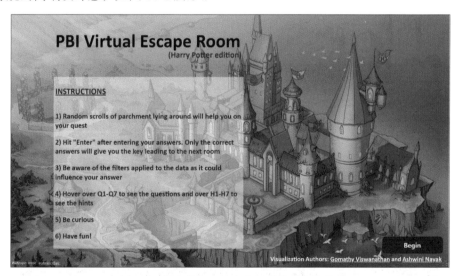

图 10-1　案例赏析：逃离房间（哈利·波特）

案例赏析 销售分析仪表盘

对背景图做半透明处理，并使之铺满整个页面，其中的多个图表素材紧扣主题。页面中间，三个圆角矩形按钮整齐排列、居中对齐，页面下方，页脚区矩形条托起整个页面，让其有很强的稳重感，如图 10-2 所示。

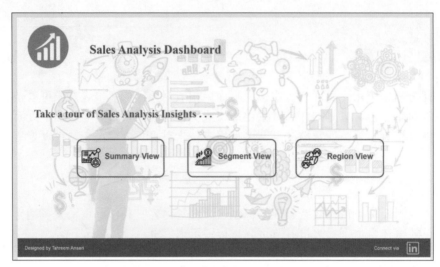

图 10-2　案例赏析：销售分析仪表盘

10.1.1.2　半图型

Power BI 半图型首页，常见的有左右分割和上下分割，其中一部分放置图片，另一部分放置文案。左右分割是最常用的 Power BI 半图型布局，但需要注意的是，当左右两部分形成强弱对比时，受众容易产生视觉上的不平衡感。

案例赏析 ▶ 肉，吃还是不吃（叙述统计）

采用半图型布局，左侧放图，右侧放文本框，页面平衡感十足。右侧文本框应用问答选择设计，页面轻快、活跃、有互动感，如图 10-3 所示。

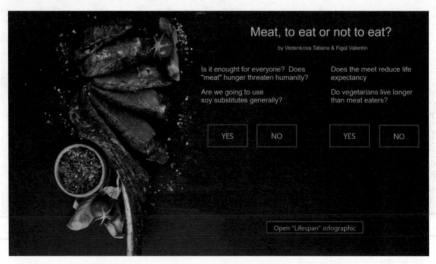

图 10-3　案例赏析：肉，吃还是不吃（叙述统计）

10.1.2　内容页

内容页，即放置数据的页面，其设计比首页设计复杂得多。内容页由一个或多个可视化对象组成，很多报表有多个内容页，如何将多个可视化对象、多个页面组合在一起，形成一个整体统一且美观的报表，涉及很多设计技巧。

内容页通常包含 Logo 与标题、切片器筛选项、导航菜单、图表区、页脚等部分。设计时，不可以仅仅对这些内容进行简单罗列或对素材进行重复堆砌。好的报表页面可以让受众在浏览报表时，按作者的引导，清晰地看到页面上的主要图表和次要图表内容。

10.1.2.1　Logo 与标题

大多数报表用于展示企业的业务指标数据，在每个页面的固定位置添加企业 Logo，会让报表看起来更专业和统一。但是，Logo 在报表中不能太大或过于张扬，不能影响报表中真正要展示的内容。

案例赏析 缺勤减少报告

为了对应受众正常浏览时的视线移动顺序，即先左后右，先上后下，建议将 Logo 与标题放在页面左上角——页面第一视觉位置，如图 10-4 所示。

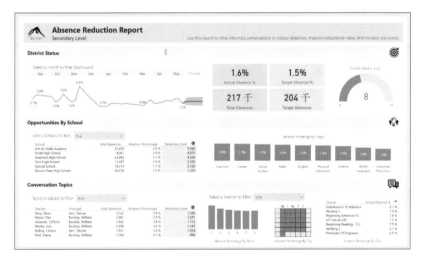

图 10-4　案例赏析：缺勤减少报告

10.1.2.2 切片器筛选项

内容页上经常会放置各种维度的切片器筛选项，例如，报表页大多需要对年、季度、月、地区、城市等进行筛选，让受众更方便地查看数据，如图 10-5 所示。

案例赏析 抗疫信息仪表盘

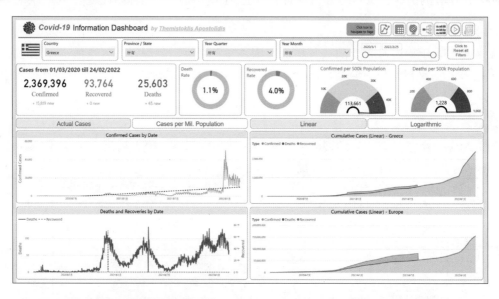

图 10-5 案例赏析：抗疫信息仪表盘

10.1.2.3 导航菜单

在多页报表中，一般都有导航菜单，用来帮助受众在页面间跳转，大多数报表页面的导航菜单采用左侧纵向菜单或顶端横向菜单的形式。在设计制作时，每个导航菜单由数个按钮组成，根据页面跳转的原理，将相应的按钮链接到指定页面即可。

案例赏析 销售分析

销售分析报表左侧的 Summary（摘要）、Segment（时段）、Region（区域）即为导航菜单，这种模仿早期网页导航栏的设计风格，使整个报表结构清晰，页面跳转方便，如图 10-6 所示。

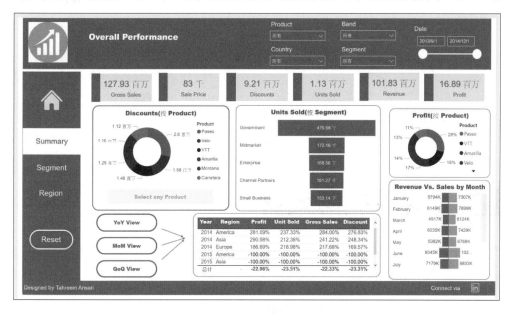

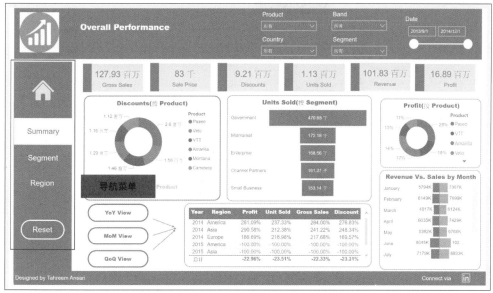

图 10-6　案例赏析：销售分析

案例赏析 COVID-19 新州交通影响

COVID-19 新州交通影响报表使用夸张的手法，分别用英文字母 T、B、F、L、M 代表火车、公共汽车、渡轮、轻轨、地铁，制作导航按钮，这些按钮清晰直观，易于点击，如图 10-7 所示。

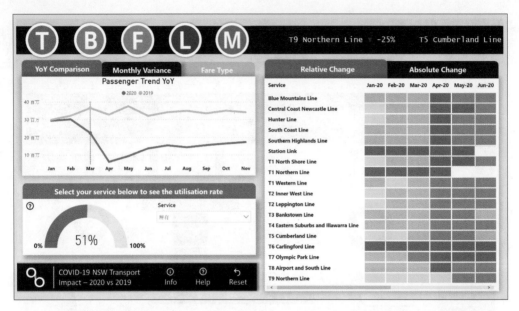

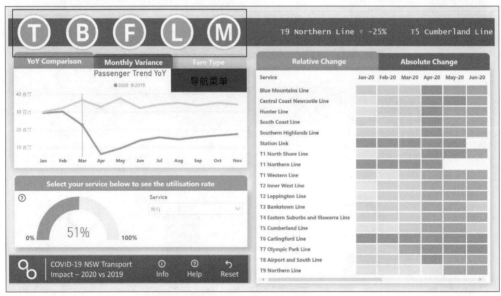

图 10-7　案例赏析：COVID-19 新州交通影响

10.1.2.4　图表区

图表区是内容页的核心区域，用于将多个图表视觉对象在不同的布局中进行摆放。设计时，通常把同类别的数据放在同一个区域中，这样，对于受众来说，浏览时更有逻辑，不会有分裂感。布局时，还需要注意对象数量、排列整齐度和页面平衡等，避免图表视觉对象堆积太多，给受众压抑的感觉。

常用的图表区布局有双栏式布局和三栏式布局，即将整个页面划分成两部分 / 三部分。

欧洲贸易报表的图表区整体采用左右两栏 1∶2 的比例布局，页面整体规范、理性分割，给人以严谨、和谐的美，如图 10-8 所示。

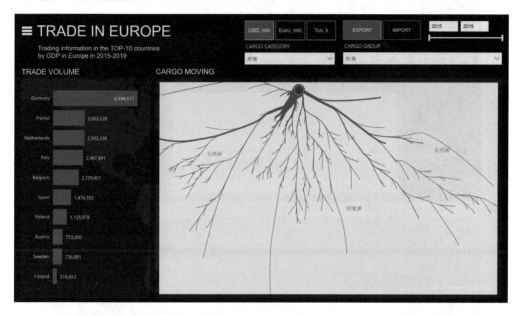

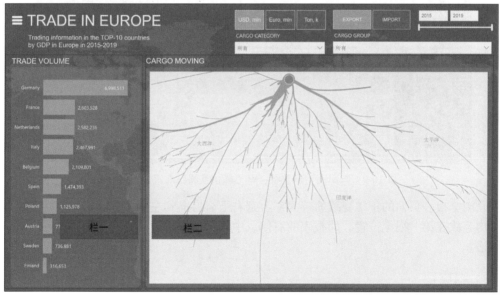

图 10-8　案例赏析：欧洲贸易

案例赏析 社交媒体监测报表及分析报表

社交媒体监测报表及分析报表的图表区整体采用三栏式布局，中间栏比较宽，平衡的页面给受众一种稳定感和舒适感；左侧放置导航栏，逻辑清晰、重点突出，如图 10-9 所示。

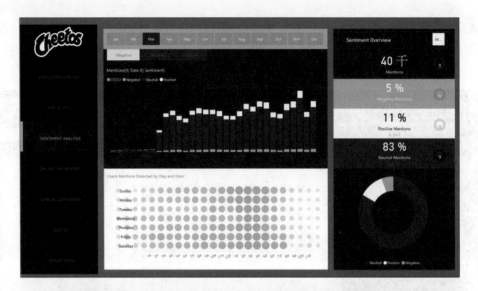

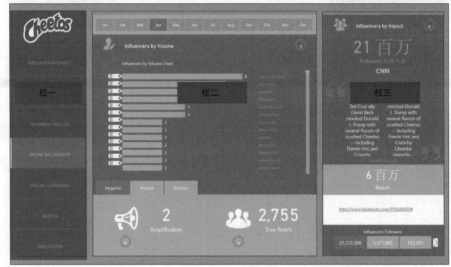

图 10-9　三栏式案例赏析：社交媒体监测报表及分析报表

　　受众浏览报表页面的正常视线轨迹为左上到右下、右上到左下、之字形等，构图时要考虑将重点内容放在第一视觉位置，即报表的右侧或中间，这样的设计具有平衡感，受众浏览时会比较舒适。

〉10.1.3〉结束页

　　结束页在 Power BI 报表设计中不是必须有的页面。如果有，可以在其中添加一些报表设计注释内容、作者信息、版权信息等。

10.2 色彩搭配

　　在报表设计中，色彩搭配非常重要，和谐的报表色彩不但能够给受众以视觉上的美感，也可以让数据更好地呈现。所有色彩都有三个基本要素：色相、亮度、饱和度，也被称为色彩的三属性，是影响设计的重要因素。

⟩10.2.1⟩ 色彩三要素

10.2.1.1 色相

色相，是色彩的相貌，也是各种色彩的名称，用于区分不同的颜色，如红色、黄色、绿色、蓝色等。在图表设计时，可以把重要的数据用醒目的色相进行重点突出，其他参考数据用灰色等较弱的色相表示，主次分明。在 2022 年每月部分科目支出走势中，为了突出租赁费这个需要重点关注的数据，该数据的折线设置为蓝色，其他折线则弱化为灰色，如图 10-10 所示。

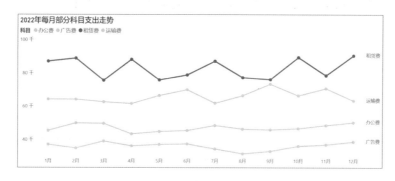

图 10-10　突出重点的折线图

10.2.1.2 亮度

亮度，即色彩的明亮程度，越亮越接近白色，越暗越接近黑色。在数据图表配色中，可以通过调整色彩的亮度，表达同类数据中不同程度的情况。例如，在各会计科目的树状图中，利用色彩的明亮程度，直观地表现数据的大小，比用不同色相进行表现更容易被受众理解，如图 10-11 所示。

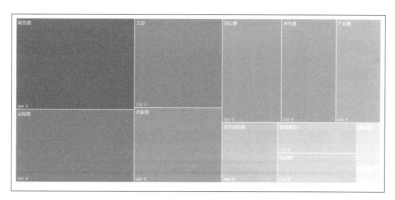

图 10-11　借助亮度突出重点

10.2.1.3 饱和度

饱和度，即色彩的鲜艳程度，也称为色彩的纯度或彩度。饱和度最高的颜色称为纯色，最低的称为灰色，也就是无彩色。色彩的饱和度越低，对比性越弱。配色时，对于暗色背景中的重要元素，最好使用亮度和饱和度较高的色彩表示，如图 10-12 所示。

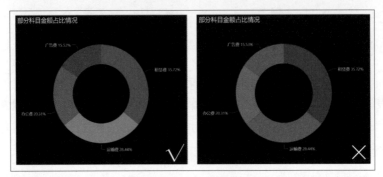

图 10-12　调整饱和度突出重点

10.2.2　配色技巧

掌握配色的方法与规律后，美化报表就变得简单多了。

为企业设计 Power BI 报表时，要重点考虑所选色彩与企业品牌形象的一致性，使用 CIS（Corporate Identity System，企业形象识别系统）中的主要颜色是必要的，比如，腾讯的深蓝色、阿里的橙色、京东的红色。

从企业的 Logo 中提取主色，应用到报表中，是最简便的配色方法。

案例赏析　中国电信报表

中国电信报表的整个页面符合中国电信品牌的 CIS。用取色器吸取中国电信 Logo 里的主色，搭配出完全符合电信属性的色系，并在中国电信官网中找点缀色，为利润总和卡片图着色，得到良好的第一视觉效果并突出重点。所有图表标题都选用中国电信的主色——深蓝色，让受众可以清楚地意识到当前浏览的内容主题；将利润总和卡片图设置为不同的橙色，引导受众，确保其第一时间准确把握重要指标，如图 10-13 所示。

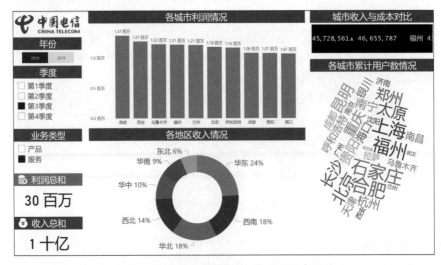

图 10-13　从 Logo 中提取颜色用于报表设计

施工管理报表的三个报表页面均将给人稳重感的深蓝色作为主色，封面页中的标题、导航、图标配色一致，居中对齐，无论是配色还是页面布局，都能给受众以稳重感，如图 10-14 所示。

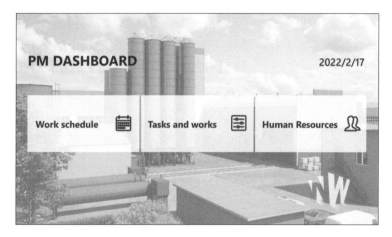

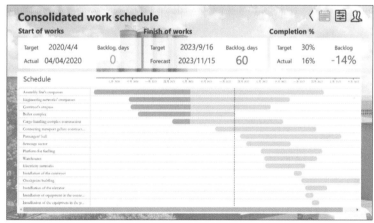

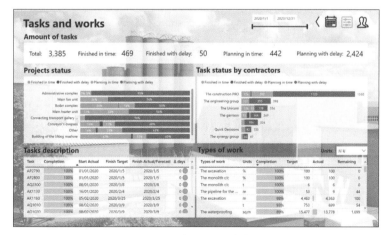

图 10-14　风格统一的多个页面

综合工作时间（Consolidated work schedule）报表页面，使用的并不全是深蓝色，而是同一种色相的多个颜色。在深蓝色中添加黑色、白色、灰色，这种用主色调延伸出来的同类色辅助元素的配色很合理，使得整体报表界面和谐、统一。

任务与工作（Tasks and works）报表页面，中间的条形图对象使用高对比度、易于分辨的色彩，更容易区分内容。

不同的颜色给受众的感受是不一样的，对于 Power BI 报表页面来说，使用一种主色搭配色彩最好驾驭，适用于绝大多数企业。使用主色调完整的配色方案，在设计报表的时候，可以保证底层风格的统一。

 根据本书前言的提示，可观看"从 Logo 中提取颜色用于报表设计"的视频讲解。

10.3 四大设计原则

平面设计中最难的是配色和排版，报表设计中也是如此。在平面设计领域，有设计的四大基本原则，如果能按照这些原则对报表进行排版设计，可以避免很多低级错误，做出美观的报表页面。

排版的四大基本原则如下。

（1）对比，突出视觉重点。

（2）对齐，整齐规范。

（3）重复，风格统一。

（4）亲密，内容关联性。

除四大基本原则外，在排版设计时还需要注意报表中的留白与降噪。

（1）留白，适当的留白设计，不仅可以让页面有呼吸感，还能让视线聚焦，带来非常好的视觉效果。留白之美是大多数人所追求的极简之美，从设计的角度来说，极简是高质量设计的一个关键点。在 Power BI 报表设计时，简约主要体现在版面要去除干扰项，不需要花哨的装饰；元素之间要有一定的距离美，但相关内容尽量放置在同一个区域内。

（2）降噪，如果图表中呈现的元素太多，可能会导致受众无法获取全部信息。很多图表可以通过简化的方式呈现，从而让图表看起来更简洁，拥挤、烦琐的元素不仅让人劳神费力，往往也缺少重点体现。

10.3.1 对比

无对比，不设计。对比可以营造视觉焦点，让受众"瞄"一眼就迅速捕捉关键的信息。

在设计报表时，可以通过改变 Power BI 图表中的重点字号、字体、颜色等，有意识地增加不同等级或不同类别图表元素之间的差异性，形成强烈的视觉对比效果，做到瞬间吸引注意力，突出重点。

案例赏析 客户分析仪表盘

可以通过放大字号、加粗字体、更改色彩、添加装饰元素等操作，达到突出重点的目的，也可以通过减小字号、使用浅色色彩和更大的字符间距等操作，达到弱化内容，从而产生对比的目的，如图 10-15 所示。

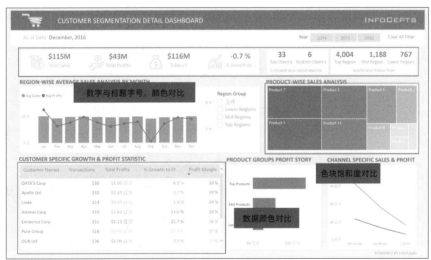

图 10-15　对比原则应用案例赏析：客户分析仪表盘

10.3.2 对齐

没有对齐，就没有美感。对齐，体现了报表排版中的几何布局之美，报表页面中的每个图表元素都应当与另一个图表元素有某种视觉联系，如边界对齐、等距分布、几何对称等。

在 Power BI 中设置对齐，让报表页面元素以某种秩序进行排列分布，可以使页面的排版更加整齐规范。常用的对齐形式有左对齐、居中对齐、右对齐、顶端对齐、中部对齐、底端对齐、横向分布、纵向分布。

案例赏析 机场管理局绩效总结

图表、色块、空白、文本等元素的排列均离不开对齐的应用。使用统一的对齐方式，可以保持排版时的秩序感，如图 10-16 所示。

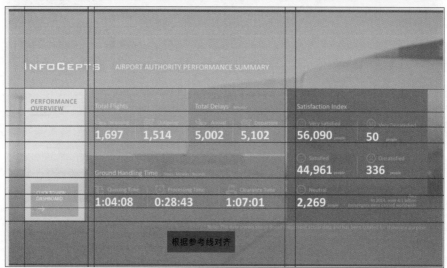

图 10-16　对齐原则案例赏析：机场管理局绩效总结

10.3.3 　重复

重复包括整体报表风格的一致和局部布局的重复，让报表页面中层级相同的内容按照某些相同的标准重复出现，可以呈现元素之间的一致性。

整体风格一致，是指配色、字体、版式用一致的标准；局部布局重复，是指对同一层级的元素采用相同的处理手法。

【案例赏析】 医药销售分析

重复，让 Power BI 报表更具一致性。若样式千变万化，虽然可以避免单调感，却也导致了视觉焦点的反复游移，所以在有些情况下，应尽量避免过度设计。实际上，用少量的字体、布局、配色进行适当的重复，可以降低受众的疲劳感，如图 10-17 所示。

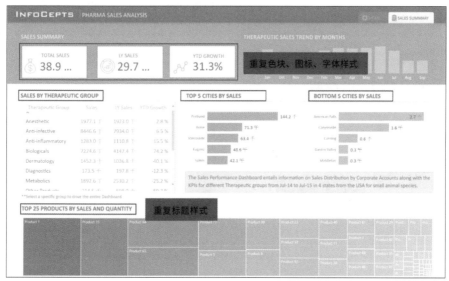

图 10-17　重复原则案例赏析：医药销售分析

10.3.4　亲密

亲密，是把相互关联、意思相近的元素梳理后归类、分组，即调整元素之间的距离。在设计中，元素之间存在不同的距离时，会产生不同的视觉含义。两个元素在视觉空间上的距离越大，会让受众感觉关联性越弱，反之则越强。

案例赏析　酒店管理预定概述

在 Power BI 报表排版时，可以考虑相关内容是否汇聚，无关内容是否分离。符合亲密原则，可以让视觉对象在页面中的关联性更加清晰，如图 10-18 所示。

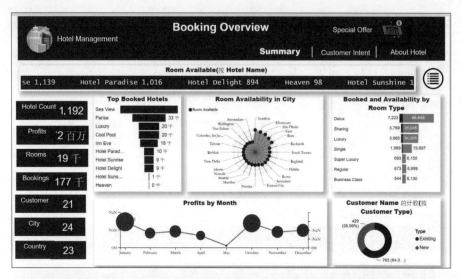

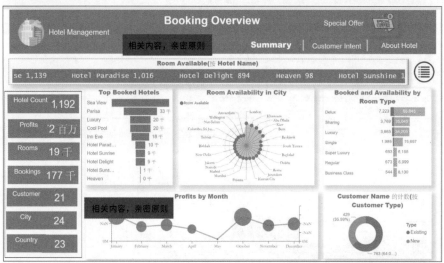

图 10-18　亲密原则案例赏析：酒店管理预定概述

　　Power BI 报表之所以有设计感，是因为遵循了对比、对齐、重复、亲密等设计原则，我们可以通过多欣赏优秀的 Power BI 报表，慢慢掌握这些设计原则，创建更加清晰、简洁并且有设计感的报表。

第 11 章

常用视觉对象的类型及
高端数据分析工具的使用方法

Power BI 通过视觉对象，将数据故事讲述与事实对应，让受众能够迅速接收信息。使用引人注目的视觉对象，可以更加有效地共享见解，提升数据的吸引力，强化理解、记忆效果。要达到这一目的，用户必须了解各视觉对象的适用范围。

本章将详细介绍 Power BI 中多种内置视觉对象的特点、适用范围、制作方法及格式设置操作，以及组功能、预测功能等高端数据分析工具的使用方法。

11.1 常用视觉对象的类型

Power BI 内置了丰富的视觉对象，有简单的柱形图、折线图、饼图、切片器，也有气泡图、瀑布图、树状图，甚至仪表、KPI 等相对复杂的视觉对象。

还有一些视觉对象，是用来装饰图表或整个页面的，它们可以是图标、图像素材，也可以是视频素材。在 Power BI 报表的设计过程中，它们可以把数据转换为图示，把抽象转换为具象，正所谓"有图有真相，一图胜千言"，好的素材会说话，可以抓住受众的心。

设计师离开素材，寸步难行，在互联网这座宝库中，会搜集素材也是一种能力。为了更好地找到合适的素材，可以使用相关素材网站。

11.1.1 图标类

在 Power BI 报表装饰中，图标是使用频率最高的素材之一，特别是在设计各种利润、收入、成本等卡片图时，适当地添加一些图标，不仅可以避免页面单调，还可以帮助受众理解数据，减少受众认知成本。

1. iconfont

这是阿里巴巴官方推出的素材网站，主推扁平化图标元素，素材非常多，而且支持下载多种格式的图标，用户可以自由地进行图标色彩转换。但需要一个新浪微博账号，才能免费下载并使用其中的素材。

2. FLATICONS

在这个网站中，用户不仅可以获取扁平化图标，还可以找到更多样式的图标。这里的图标有一个亮点，即可以根据商务类型、卡通类型等类型的不同，分别成组，在报表页面上保持视觉风格的一致。

案例赏析 客户情绪分析报表

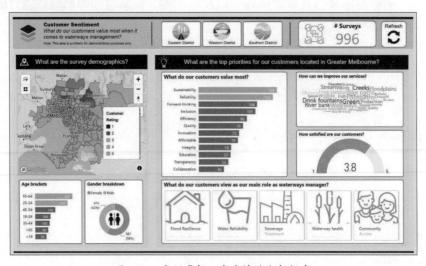

图 11-1　案例赏析：客户情绪分析报表

在如图 11-1 所示的客户情绪分析报表页面中，报表下方有大量图标素材，用以装饰图表与页面、让图表更加直观、让易于理解，让页面整体生动形象。

11.1.2 图片类

1. Microsoft Bing

这是微软官方推出的搜索网站，搜索出的图片清晰度高，且用户可以选择直接下载透明背景图片，不需要在使用前做抠图处理，就可以方便地应用到 Power BI 报表中。

2. 花瓣网

这是一个综合型图片网站，网站上的很多素材是网友们自发分享的，不但质量高、内容新颖，而且数量多。

3. Piqsels

这是一个免费的图库网站，不仅支持免费下载高质量的图片素材，还支持中文搜索，对于英文水平有限的小伙伴来说，是一个很不错的选择。

4. Pexels

在这个网站中，不但可以搜索高清无版权图片，还可以搜索高清视频。

案例赏析 COVID-19 世界抗疫行动报表

图 11-2 案例赏析：COVID-19 世界抗疫行动报表

在如图 11-2 所示的 COVID-19 世界抗疫行动报表页面中，背景图使用地球素材，让页面视野开阔，大气感十足；标题下方使用笔刷素材，叠加红色半透明效果，让重点突出，起到很强的警示作用。

案例赏析 环法自行车赛的历史报表

图 11-3 案例赏析：环法自行车赛的历史报表

在如图 11-3 所示的环法自行车赛的历史报表中，首页使用了人物骑行素材，紧扣主题，让页面具有活力，动感十足。

案例解析 漫威电影分析报表

图 11-4 案例赏析：漫威电影分析报表

在如图 11-4 所示的漫威电影分析报表页面中，中间的人物海报素材与主题相呼应，能够引起受众对电影的共鸣；左侧加入电影宣传视频，增强受众的视觉体验，让其观赏起来更具愉悦感；下方展示的其他电影海报添加了交互式动态效果，切换时比较灵动，页面更有活力。

11.1.3 柱形图

柱形图是用户使用较多的一类视觉对象，以垂直放置的柱状图形来表示数据点，以柱形的高度来表示数值的大小。柱形图通常用于在不同时期或不同类别的数据之间进行比较，也可以用于反映不同时期或不同类别数据的差异。例如，可以将柱形图用于比较各个时期的生产指标、产品质量的等级或多个时期多种销售指标的差异等。

柱形图的分类轴（水平轴）用来表示时间或类别；值轴（垂直轴）用来展示参照数据值的大小。

Power BI 中的柱形图可以细化为多种图表类型，包括簇状柱形图、堆状柱形图、百分比堆积柱形图。

（1）簇状柱形图，比较相交于分类轴的数值大小。

（2）堆积柱形图，比较相交于分类轴上的每一数值占总数值的大小。

（3）百分比堆积柱形图，比较相交于分类轴上的每一数值占总数值的百分比大小。

以各销售人员销售总额对比簇状柱形图为例，创建及分析的具体操作步骤如下。

步骤 1 创建簇状柱形图。单击【可视化】窗格中的【簇状柱形图】控件，在【字段】窗格中依次勾选【度量值表】选项区域内的【2020 年销售总额】复选框，【数据源】选项区域内的【销售人】复选框。在【可视化】窗格的【字段】选项卡下，可以看到各字段在视觉对象中的位置，如"销售人"位于【轴】位置，"2020 年销售总额"位于【值】位置，如图 11-5 所示。

步骤 2 自定义视觉对象。设置标题、数据颜色、X 轴及 Y 轴字体大小，最终效果如图 11-6 所示。

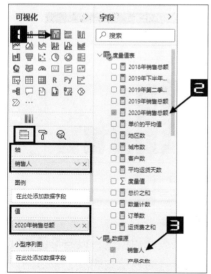

图 11-5　创建簇状柱形图

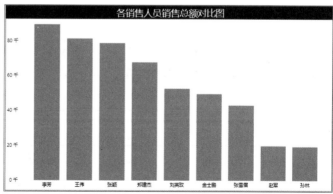

图 11-6　自定义视觉对象

步骤 ❸ 单击选中柱形图后,在【可视化】窗格中单击【分析】选项卡,可以分别添加恒定线、最小值线、最大值线、平均值线、中值线、百分位数线等,展示更多数据信息,如图 11-7 所示。

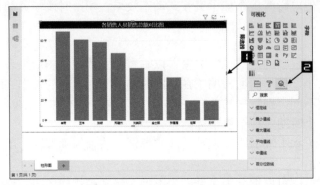

图 11-7 【分析】选项卡

以添加【平均值线】为例,介绍添加分析线的具体操作步骤。

步骤 ❶ 选中视觉对象,拖动【分析】选项卡右侧的滚动条至【平均值线】选项区域,单击【添加】按钮,在添加的平均值线文本框中输入平均值线的名称"销售总额平均值",设置【颜色】为"黑色",【透明度】为"0",【线条样式】为"点线"。将【数据标签】滑块移至【开】,设置【颜色】为"黑色",【文本】为"名称和值",【水平位置】为"右",其他保持默认设置,完成对平均值线的设置,如图 11-8 所示。

步骤 ❷ 预览视觉对象的最终效果,如图 11-9 所示。

图 11-8 设置平均值线

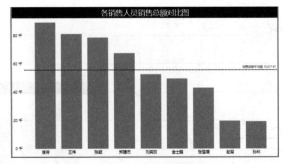

图 11-9 最终效果

▷11.1.4 条形图

条形图可以看作是水平放置的柱形图,以水平的条状图形来表示数据点,以条形的长度来表示数值的大小。条形图主要用于比较不同类别数据之间的差异。与柱形图相反,条形图以垂直方向的坐标轴为分类轴,水平方向的坐标轴为值轴。

Power BI 中的条形图包括三种图表类型。

（1）簇状条形图，比较相交于类别轴的数值大小。

（2）堆积条形图，比较相交于类别轴上的每一数值占总数值的大小。

（3）百分比堆积条形图，比较相交于类别轴上的每一数值占总数值的百分比大小。

以各销售人员销售总额对比簇状条形图为例，创建及分析的具体操作步骤如下。

步骤 1 创建簇状条形图。单击【可视化】窗格中的【簇状条形图】控件，在【字段】窗格中依次勾选【度量值表】选项区域内的【2019 年销售总额】复选框，【数据源】选项区域内的【销售人】复选框。在【可视化】窗格的【字段】选项卡下，可以看到各字段在视觉对象中的位置，如"销售人"位于【轴】位置，"2019 年销售总额"位于【值】位置，如图 11-10 所示。

步骤 2 自定义视觉对象。设置标题、数据颜色、X 轴及 Y 轴字体大小等，最终效果如图 11-11 所示。

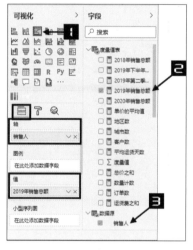

图 11-10　创建簇状条形图

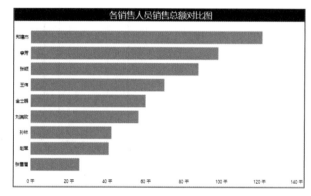

图 11-11　自定义视觉对象

步骤 3 单击选中条形图后，在【可视化】窗格中单击【分析】选项卡，可以分别添加恒定线、最小值线、最大值线、平均值线、中值线、百分位数线等，展示更多数据信息，如图 11-12 所示。

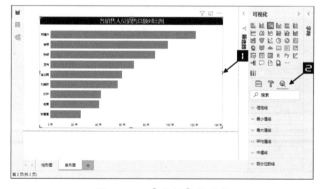

图 11-12　【分析】选项卡

以添加【恒定线】为例，介绍添加分析线的具体操作步骤。

步骤 ① 选中视觉对象，依次单击【分析】选项卡→【恒定线】下拉按钮，在展开的【恒定线】选项区域内单击【添加】按钮，在添加的恒定线文本框中输入恒定线的名称"销售总额高于"，在【值】文本框中输入销售总额要高于的值，如"80000"，设置【颜色】为"黑色"，【透明度】为"7%"，【线条样式】为"点线"。将【数据标签】滑块移至【开】，设置【颜色】为"黑色"，【文本】为"名称和值"，【垂直位置】为"下"，【显示单位】为"千"，【小数位数】为"0"，完成对恒定线的设置，如图 11-13 所示。

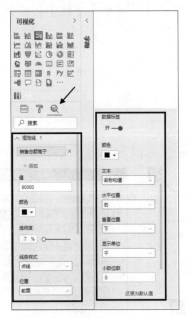

图 11-13　设置恒定线

步骤 ② 在视觉对象中，可以直观地查看各销售人员的销售总额及销售总额高于 80,000 元的销售员情况，最终效果如图 11-14 所示。

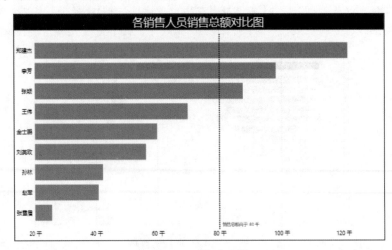

图 11-14　最终效果

深入了解

可以添加恒定线、最小值线、最大值线、平均值线、中值线、百分位数线 6 种参照线的图表类型有：柱形图、条形图、折线图、分区图。

还有一些图表仅可以添加恒定线，如堆积面积图、瀑布图等。

11.1.5 折线图和分区图

折线图是用来表示数据随时间推移而变化的图表，以点状图形为数据点，向左向右用直线将各点连接成折线，折线的起伏可反映数据的变化趋势。折线图用一条或多条折线来绘制一组或多组数据，通过观察，可以判断每一组数据的峰值与谷值，了解折线变化的方向、速率和周期等特征。对于多条折线，可以观察各折线的变化趋势是否相近或相异，并据以说明问题。

分区图是折线图的另一种表现形式，利用各系列折线与坐标轴围成的图形，表达各系列数据随时间推移的变化趋势。除分区图外，还有堆积面积图，也是折线图的扩展表现形式之一，利用各系列折线与坐标轴围成的图形，表达各系列数据随时间推移的变化趋势。

以各地区每月份销售总额走势折线图为例，创建及分析的具体操作步骤如下。

步骤 **1** 创建折线图。单击【可视化】窗格中的【折线图】控件，将【字段】窗格中的"2020年销售总额"拖至【值】文本框中；"发货日期"拖至【轴】文本框中，单击【发货日期】右侧的下拉按钮，取消显示"年""季度""日"，保留"月份"，随后，将"地区"拖至【图例】文本框中，如图 11-15 所示。

步骤 **2** 自定义视觉对象。设置标题、图例、X 轴及 Y 轴字体大小、边框等，最终效果如图 11-16 所示。

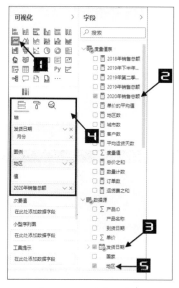

图 11-15　创建折线图

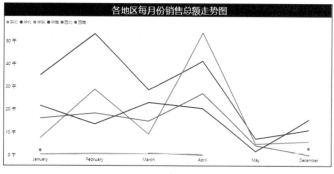

图 11-16　自定义视觉对象

步骤 **3** 添加切片器。在【可视化】窗格中单击【切片器】控件，在【字段】窗格中单击【数据源】选项区域内的【地区】字段，如图 11-17 所示。

步骤 **4** 自定义切片器，即取消切片器标头、设置字体大小等。删除折线图图例，将切片器放置在折线图右上角，同时选中折线图和切片器，依次单击【格式】→【排列】区域内的【分组】→【分组】选项。

步骤 ⑤ 单击"华东"，即可显示华东地区每月份的销售总额走势，如图11-18所示。

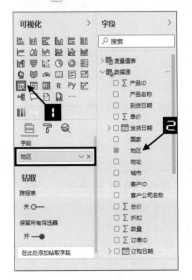

图11-17　添加切片器

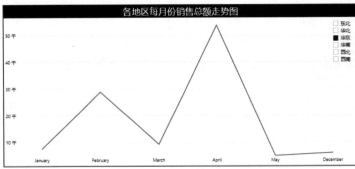

图11-18　组合并筛选效果

以各运货商每月份销售利润走势分区图为例，创建及分析的具体操作步骤如下。

步骤 ① 创建分区图。单击【可视化】窗格中的【分区图】控件，将【字段】窗格中的"总价"拖至【值】文本框中；"发货日期"拖至【轴】文本框中，单击【发货日期】右侧的下拉按钮，取消显示"年""季度""日"，保留"月份"，随后，将"运货商公司名称"拖至【图例】文本框中，如图11-19所示。

步骤 ② 自定义分区图。设置标题、图例、X轴及Y轴字体大小等，最终效果如图11-20所示。

图11-19　创建分区图

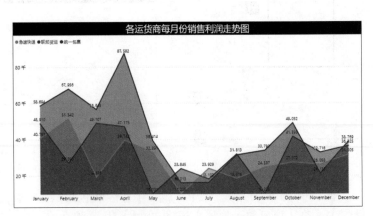

图11-20　自定义视觉对象

通过分区图的重叠情况，可以明显看出，运货商"统一包裹"的销售利润高于其他两个运货商。

11.1.6 饼图和环形图

饼图通常只有一个数据系列，将一个圆划分为若干个扇形，每个扇形代表数据系列中的一项数据，扇形的大小表示相应数据占该数据系列总和的比例值。饼图通常用来描述构成比例方面的信息，例如，某基金投资各金融产品的比例、某企业的产品销售构成等。

环形图与饼图类似，也用来描述构成比例。不同的是环形图中间是空的，用环形的长度来描述数据占比的大小。

以各运货商销售总额占比饼图和环形图为例，创建及分析的具体操作步骤如下。

步骤 ❶ 创建饼图。单击【可视化】窗格中的【饼图】控件，在【字段】窗格中依次勾选【度量值表】选项区域内的【2019 年销售总额】复选框，【数据源】选项区域内的【运货商公司名称】复选框。在【可视化】窗格的【字段】选项卡下，可以看到各字段在视觉对象中的位置，如"运货商公司名称"位于【图例】位置，"2019 年销售总额"位于【值】位置，如图 11-21 所示。

步骤 ❷ 自定义视觉对象。设置饼图的标题、图例、数据颜色、详细信息、背景等，最终效果如图 11-22 所示。

图 11-21　创建饼图

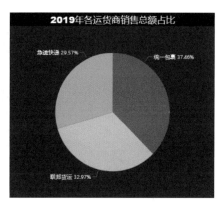

图 11-22　自定义视觉对象

步骤 ❸ 创建环形图。单击【可视化】窗格中的【环形图】控件，在【字段】窗格中依次勾选【度量值表】选项区域内的【2020 年销售总额】复选框，【数据源】选项区域内的【运货商公司名称】复选框。在【可视化】窗格的【字段】选项卡下，可以看到各字段在视觉对象中的位置，如"运货商公司名称"位于【图例】位置，"2020 年销售总额"位于【值】位置，如图 11-23 所示。

> **提示** 选中饼图后按 <Ctrl+C> 组合键复制，然后按 <Ctrl+V> 组合键粘贴，把复制后粘贴的饼图拖至合适位置并选中，单击【可视化】窗格中的【环形图】控件，可以得到一个与原饼图自定义格式完全一样的环形图。

步骤 **4** 自定义视觉对象。设置环形图的标题、图例、数据颜色、详细信息、背景等，最终效果如图 11-24 所示。

图 11-23 创建环形图

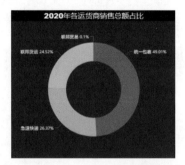

图 11-24 自定义视觉对象

观察饼图和环形图，可以看到运货商"统一包裹"在 2019 年和 2020 年的销售比例明显占优，如图 11-25 所示。

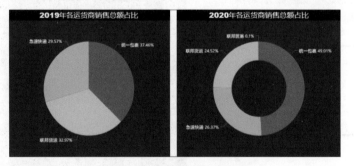

图 11-25 饼图与环形图效果

11.1.7 散点图

散点图用于说明一组或多组变量间的相互关系，每一个数据点都由两个分别对应于 X 轴、Y 轴的变量构成，每一组数据构成一个数据系列。想在大量散乱的数据中发现规律，可以使用散点图。

已知各产品的销售数量与折扣率数据，需要分析出其中的潜力产品，制定合理的销售方案，创建图表及分析数据的具体操作步骤如下。

步骤 **1** 创建散点图。单击【可视化】窗格中的【散点图】控件，依次将【字段】窗格【明星产品】选项区域内的"产品名"字段、"折扣"字段和"销售数量"字段分别拖至【可视化】窗格【字段】选项卡中的"详细信息""X轴"和"Y轴"文本框中,如图11-26所示。

步骤 **2** 自定义视觉对象。设置【X轴】选项区域内的【开始】值为"0.2",取消对【反转轴】的显示,设置字体【颜色】为白色,【文本大小】为"11磅",其他保持默认设置;设置【Y轴】选项区域内的【开始】值为"0",【结束】值为"1000",取消对【反转轴】的显示,设置字体【颜色】为白色,【文本大小】为"11磅",其他保持默认设置;设置【类别标签】选项区域内的字体【颜色】为"白色",其他保持默认设置;设置【背景】选项区域内的【颜色】为"深灰色";设置【标题】为"明星产品分析"等,部分设置如图11-27所示。

图 11-26　创建散点图

图 11-27　自定义视觉对象

步骤 **3** 添加X轴、Y轴恒线。选中散点图,单击【可视化】窗格中的【分析】选项卡。单击【X轴恒线】下方的【添加】按钮,添加一条恒线,设置【值】为目标值"0.7",并自定义相关格式,如图11-28左侧图所示;单击【Y轴恒线】下方的【添加】按钮,添加一条恒线,设置【值】为目标值"491.9",并自定义相关格式,如图11-28右侧图所示。

观察散点图,可以看到产品2和产品3的销售数量与折扣率均高于标准值,如图11-29所示。

图 11-28　添加恒线并自定义

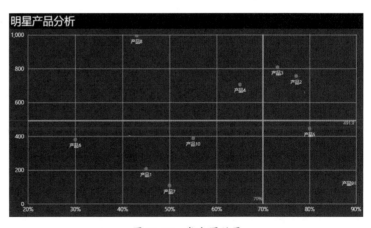

图 11-29　散点图效果

11.1.8 气泡图

气泡图是散点图的扩展，相当于在散点图的基础上增加第三个变量，即气泡的尺寸。气泡所处的坐标值代表对应于水平轴和垂直轴的两个变量值，气泡的大小则用来表示数据系列中第三个变量的值，数据越大，气泡越大。气泡图可以用于分析更加复杂的数据关系，即除两组数据之间的关系外，还可以对另一组相关指标的数值大小进行描述。

例如，在投资项目分析中，各项目都有风险、成本和收益三个方面的估计值。将风险和成本数据作为气泡图 X 轴和 Y 轴的源数据，将收益数据作为气泡大小的源数据，即可绘制出同时反映不同项目的风险、成本及收益之间关系的图表。

已知各产品的销售品种、销售单价及销售总额，需要分析出其中的潜力产品，制定合理的销售方案，创建图表及分析数据的具体操作步骤如下。

步骤 **1** 创建气泡图。单击【可视化】窗格中的【散点图】控件，依次将【字段】窗格【度量值表】选项区域内的"单价的平均值"字段、"总价之和"字段和"数量计数"字段分别拖至【可视化】窗格【字段】选项卡中的【Y 轴】【大小】和【X 轴】文本框中，将【数据源】选项区域内的"产品名称"字段拖至【可视化】窗格中的【详细信息】文本框中，如图 11-30 所示。

步骤 **2** 自定义视觉对象。设置气泡图的 X 轴、Y 轴、标题、颜色、类别标签、背景等，效果如图 11-31 所示。

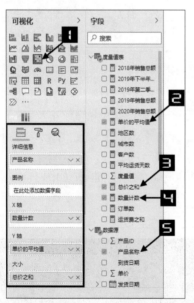

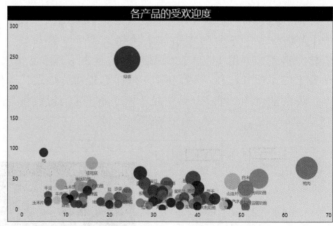

图 11-30　创建气泡图　　　　　　图 11-31　自定义视觉对象

观察气泡图，可以看到绿茶最受欢迎，其次是鸭肉。

11.1.9 瀑布图

瀑布图（Waterfall Plot）也称阶梯图，出现的历史并不长，最初为麦肯锡所创，因自上而下形似瀑布而得名，面世之后，因其展示效果清晰且流畅，被广为接受，经常在经营分析和财务分析中使用。

瀑布图依据数据的正负值表示增加和减少，并以此调整柱子的上升和下降，用柱子的升降变化表达最终数据的生成过程。

根据不同的数据类型和应用场景，瀑布图也衍生出了多种类型，常见的有组成瀑布图和变化瀑布图。

1. 组成瀑布图

组成瀑布图用于表达构成整体的各个组成部分的比例关系，使用组成瀑布图展示、对比、分析各销售员的产品订单量，创建图表及分析数据的具体操作步骤如下。

[步骤 1] 创建组成瀑布图。单击【可视化】窗格中的【瀑布图】控件，在【字段】窗格中勾选【度量值表】选项区域内的【订单数】复选框、【数据源】选项区域内的【销售人】复选框。在【可视化】窗格的【字段】选项卡下，可以看到各字段在视觉对象中的位置，如"销售人"位于【类别】位置，"订单数"位于【值】位置，如图 11-32 所示。

[步骤 2] 自定义视觉对象。设置组成瀑布图的 X 轴、Y 轴、标题、图例、背景等，效果如图 11-33 所示。

图 11-32　创建组成瀑布图

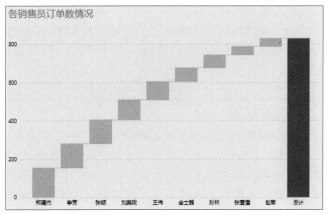

图 11-33　自定义视觉对象

观察组成瀑布图，总计的高度正好等于各销售员柱子高度之和，表现出总分结构关系。用户可以根据柱子的高低，判断各销售员订单量的比例、多少。

2. 变化瀑布图

变化瀑布图用于通过一系列柱子的升降变化，直观呈现过程数据的变化细节。利用变化瀑布图展示一周的收支明细，创建图表及分析数据的具体操作步骤如下。

[步骤 1] 创建变化瀑布图。单击【可视化】窗格中的【瀑布图】控件，在【字段】窗格中勾选【收支明细】选项区域内的【收支金额】和【日期】复选框，在【可视化】窗格【字段】选项卡【类别】选项区域内，取消显示【日期】的"年""月""季度"，仅保留"日"，如图 11-34 所示。

[步骤 2] 自定义视觉对象。设置变化瀑布图的 X 轴、Y 轴、标题、图例、背景等，效果如图 11-35 所示。

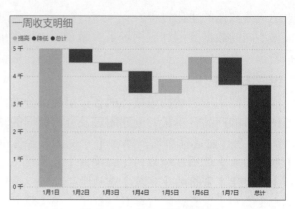

图 11-34　创建变化瀑布图　　　　　图 11-35　自定义视觉对象

变化瀑布图使用不同颜色的柱子反映每天的收支情况，上升用绿色表示，下降用红色表示，可以快速区分收入和支出。每天的柱子起始高度是前一天的余额数据，最终形成总计金额。

11.1.10　树状图

树状图，顾名思义，应该是像树的图表，但今天所讲的图表一点都不像树，严格来说，应该称为矩形树图。

不过，既然可以称为树状图，当然还是和树有关系的。树状图把整体数据当作一棵树，其中每一个数据就是一个枝叶，放在一个矩形中，每个数据矩形错落有致地排放在一个整体的大矩形中。

树状图，可以分为单层树状图和双层树状图。

1. 单层树状图

利用单层树状图展示各城市销售总额，创建图表及分析数据的具体操作步骤如下。

步骤❶　创建单层树状图。单击【可视化】窗格中的【树状图】控件，在【字段】窗格中勾选【度量值表】选项区域内的【总价之和】复选框、【数据源】选项区域内的【城市】复选框。在【可视化】窗格的【字段】选项卡下，可以看到各字段在视觉对象中的位置，如"城市"位于【组】位置，"总价之和"位于【值】位置，如图 11-36 所示。

步骤❷　自定义视觉对象。设置单层树状图的标题、边框等，效果如图 11-37 所示。

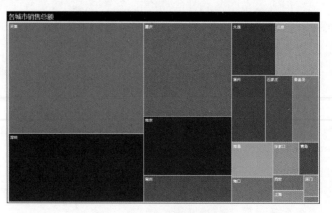

图 11-36　创建单层树状图　　　　　图 11-37　自定义视觉对象

从单层树状图中可以看出，天津市的销售总额最好，其次是深圳市。

2. 双层树状图

树状图不仅可以用来展示单层数据结构关系，还可以用来展示双层数据结构关系。在原单层树状图的基础上，将【数据源】选项区域内的"运货商公司名称"字段拖至【字段】选项卡下的【详细信息】文本框中，如图 11-38 所示。

如图 11-39 所示，可以看到每一种颜色的矩形代表一个城市，通过矩形的大小，可以判断各城市的销售总额；在各个城市的矩形内部，根据各运货商的销售总额分成一系列小矩形，很直观地表现了两个层级的数据结构关系。

图 11-38　创建双层树状图

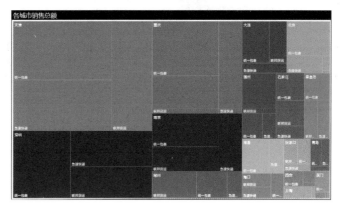

图 11-39　双层树状图效果

11.1.11　丝带图

丝带图，顾名思义，应该是像丝带的图表，实际上，是折线图和面积图，以及柱形图的另一种形式，只有一个轴，代表分类。丝带图用丝带的形状表示数据的变化趋势，用柱形高度及丝带的面积表示数据的大小，适用于比较不同时期或不同类别多个数据系列之间的变化趋势和大小，如果只有一个数据系列，则显示为柱形图的样式。

利用丝带图展示某年各城市各月份的销售总额对比情况，创建图表及分析数据的具体操作步骤如下。

步骤 1　创建丝带图。单击【可视化】窗格中的【丝带图】控件，分别将【字段】窗格【度量值表】选项区域内的"2020年销售总额"字段和【数据源】选项区域内的"发货日期""城市"字段，拖至【可视化】窗格【字段】选项卡下的【值】【轴】和【图例】文本框中，取消显示【发货日期】中的"年""季度""日"，仅保留"月份"，如图 11-40 所示。

步骤 2　自定义视觉对象。设置标题、X 轴、图例、丝带、背景等，效果如图 11-41 所示。

图 11-40　创建丝带图

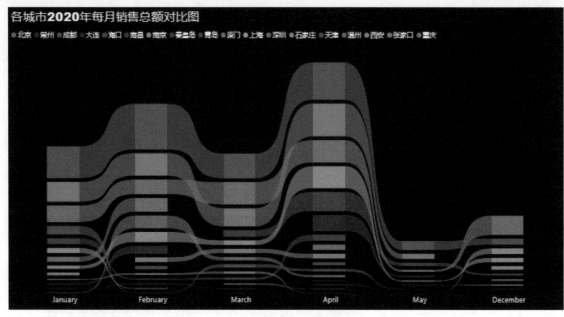

图 11-41　自定义视觉对象

丝带图的丝带形状变化展示了各城市月销售总额的变化趋势，其中，天津市和重庆市的销售总额一直名列前茅，但重庆市在三月份时位居第三。

11.1.12　漏斗图

漏斗图的命名也与其图表样式有关，整个图表呈漏斗状，可以观察数据在不同阶段产生的变化。漏斗图显示按顺序连接的阶段线性过程，其中，项目按顺序从一个阶段流动到下一个阶段，适用于业务或销售环境。漏斗图对于呈现工作流非常有用，如从潜在客户转移到意向客户，再到提议购买和销售。

利用某公司一个业务营销活动中各个阶段客户群体的人数数据，在报表中展示各个阶段的业务流程情况，并从中找出需要优化的环节，创建图表及分析数据的具体操作步骤如下。

步骤❶　创建漏斗图。单击【可视化】窗格中的【漏斗图】控件，在【字段】窗格中分别勾选【营销活动】选项区域内的【人数】和【类别】复选框，如图 11-42 所示。

步骤❷　自定义视觉对象。设置数据标签、标题、转换率标签、背景等，其中，将【数据颜色】设置成渐变色——单击【数据颜色】选项区域右侧的【条件格式】按钮 f_x，在【默认颜色 - 数据颜色】对话框中，设置【格式模式】为"色阶"，最小值颜色为"主题颜色 3，60%，较浅"，最大值颜色为"主题颜色 3，50%，较深"，单击【确定】按钮，如图 11-43 所示。

图 11-42　创建漏斗图

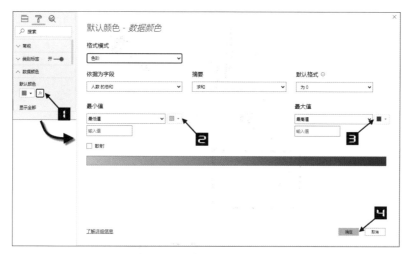

图 11-43　自定义视觉对象

漏斗图最终效果如图 11-44 所示，从漏斗图中可以看出，最终签单率为 4%，其中"有采购意向"的人群还可以继续挖掘。

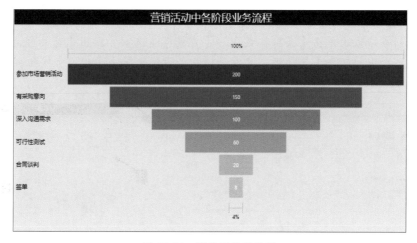

图 11-44　漏斗图最终效果

11.1.13 表

在 Power BI 中，视觉对象"表"同样是以逻辑序列的行和列表示相关数据的报表。表非常适合用于定量比较，既可以研究一个类别的多个明细数据，也可以使用条件格式功能，为不同的字段设置不同的格式，让数据的比较方式更加多样化。

利用表直观展示某公司某商品的销售数据，比较各商品的销售利润、销售金额及成本等，创建图表及分析数据的具体操作步骤如下。

步骤① 创建表。单击【可视化】窗格中的【表】控件，在【字段】窗格中勾选【产品名称】【销售成本】【销售金额】和【销售利润】复选框，如图 11-45 所示。在【可视化】窗格的【值】选项区域，用鼠标拖动的方法，或用依次单击字段名称后面的下拉按钮，在弹出的【移动】选项中单击【向上】或【向下】选项的方法，可以调整字段的排列顺序。

图 11-45　创建表

[步骤 2] 自定义视觉对象一。在【值】选项区域中单击字段"销售金额"右侧的下拉按钮，在弹出的下拉列表中依次单击【条件格式】→【背景色】选项。弹出【背景色 - 销售金额】对话框，勾选【添加中间颜色】复选框，其他保持默认设置。单击【确定】按钮，完成对背景色的设置，如图 11-46 所示。

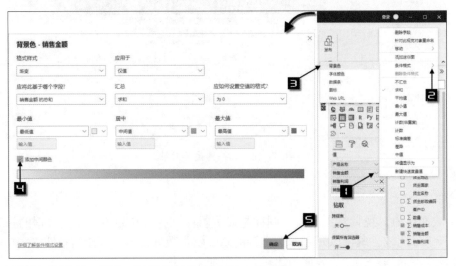

图 11-46　自定义视觉对象一

[步骤 3] 自定义视觉对象二。在【值】选项区域中单击字段"销售利润"右侧的下拉按钮，在弹出的下拉列表中依次单击【条件格式】→【字体颜色】选项。弹出【字体颜色 - 销售利润】对话框，设置【格式样式】为"规则"，在第一条规则中添加条件：如果值为 0~10，000，设置字体颜色为"黄色"。单击【新规则】按钮，重复以上操作，设置相应条件。完成对所有条件的设置后，单击【确定】按钮，完成对字体颜色的设置，如图 11-47 所示。

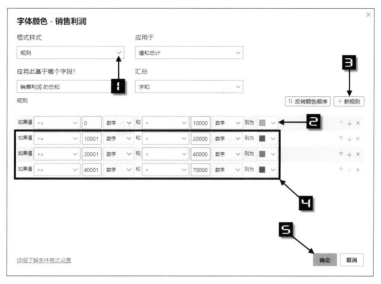

图 11-47　自定义视觉对象二

步骤 4　自定义视觉对象三。在【值】选项区域中单击字段"销售成本"右侧的下拉按钮,在弹出的下拉列表中依次单击【条件格式】→【数据条】选项。弹出【数据条 - 销售成本】对话框,勾选【仅显示条形图】复选框,其他保持默认设置,单击【确定】按钮,如图 11-48 所示。

步骤 5　自定义视觉对象四。选中表,在【格式】选项卡中分别设置【列标题】和【总数】选项区域内的"背景"颜色和"字体"颜色,如图 11-49 所示。

图 11-48　自定义视觉
对象三

图 11-49　自定义
视觉对象四

步骤 6　创建切片器。单击【可视化】窗格中的【切片器】控件,在【字段】窗格中勾选【地区】复选框,如图 11-50 所示,可添加"地区"切片器,进一步查看各地区各商品的销售数据。

图 11-50　创建切片器

步骤 **7**　设置切片器格式，如设置【常规 - 方向】为"水平"，设置【切片器标头】选项区域内的【背景】为"黑色"、【字体】为"白色"等。

步骤 **8**　单击【华南】按钮，可以看到视觉对象中只显示"华南"地区各商品的销售数据。通过设置的条件格式，可以直观地比较该地区各商品的销售情况，如图 11-51 所示。

地区		产品名称	销售全额	销售利润	销售成本
东北	华南	白米	6,650.00	4,824.43	
		光明奶酪	17,644.00	15,862.05	
		海苔酱	4,019.35	2,445.61	
		烤肉酱	9,821.20	8,447.78	
		苏打水	3,192.00	1,891.05	
		浓缩咖啡	2,132.80	859.92	
		里臂奶酪	4,100.00	2,869.09	
		汽水	1,801.80	649.00	
		蜜桃汁	3,510.00	2,413.28	
		蕃茄酱	1,390.00	312.33	
华北	西北	黄豆	8,438.85	7,380.84	
		猪肉	4,368.00	3,413.66	
		花生	2,102.00	1,149.82	
		花奶酪	8,738.00	7,809.02	
		鸭肉	9,455.88	8,528.88	
		小米	4,251.00	3,339.10	
		德国奶酪	3,268.00	2,362.43	
		桂花糕	7,614.00	6,709.48	
		龙虾	1,312.80	409.30	
		牛奶	3,553.00	2,655.74	
		虾子	2,500.70	1,610.76	
		虾米	6,111.20	5,231.95	
		海鲜粉	3,570.00	2,731.59	
		山渣片	7,591.40	6,780.28	
		棉花糖	3,269.04	2,486.24	
华东	西南	绿茶	12,911.50	12,141.93	
		啤酒	2,951.20	2,190.16	
		猪肉干	11,151.20	10,412.77	
		黑奶酪	7,214.40	6,493.31	
		雪鱼	959.50	276.58	
		黄鱼	3,038.67	2,367.33	
		总计	256,200.84	211,693.88	44,506.96

图 11-51　表最终效果

11.1.14 仪表图

仪表图可用于显示朝着目的或目标前进的进展，或者用于显示单个度量的运行状况，广泛应用于经营数据分析、财务指标跟踪、绩效考核等领域。

仪表图圆弧末端的值表示默认的最大值，始终是实际值的两倍。要创建逼真的视觉对象，应分别指定每个值，用户可以将包含数值的正确字段放入【可视化】窗格的【目标值】【最小值】和【最大值】选项区域内，完成此任务。

仪表图圆弧中的阴影表示目标进度，圆弧内的值表示进度值。从最小值（最左边的值）到最大值（最右边的值），在仪表图中，沿弧平均分布所有可能的值。

已知某年的销售额数据，需要在报表中直观展示该年度的实际销售金额是否达到了目标值，创建图表及分析数据的具体操作步骤如下。

 创建仪表图。单击【可视化】窗格中的【仪表】控件，在【字段】窗格中勾选【度量值表】选项区域内的【2020 年销售总额】【最大值】和【目标值】复选框，在【可视化】窗格中，放置位置对应为【值】【最大值】和【目标值】，【最小值】省略，如图 11-52 所示。

> 提示　如果不设置最大值和目标值，Power BI 会默认将最小值设置为 0，将最大值设置为跟踪数据的 2 倍，即 "2020 年销售总额" 的 2 倍。

 自定义视觉对象。设置数据颜色、数据标签、标题、目标、背景、边框等，如图 11-53 所示。

> 提示　在【格式】选项卡的【测量轴】中，可以重新设置最大值和目标值。

图 11-52　创建仪表图

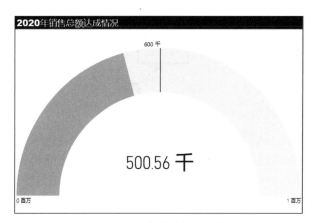

图 11-53　自定义视觉对象

观察仪表图，可以看到当年的实际销售额为 500.56 千元，目标值为 600 千元，蓝色的圆弧离目标指针还有一定的距离，说明没有达到目标。

11.1.15 KPI

KPI（Key Performance Indicator，关键绩效指标）是衡量流程绩效的目标式量化管理指标，也是企业绩效管理的基础。建立明确的、切实可行的 KPI 体系，是做好绩效管理的关键。

Power BI 中的 KPI 视觉对象基于特定的指标值，旨在帮助用户针对既定的目标，评估指标的当前值和状态。因此，创建 KPI 视觉对象，需要一个用于计算值的基础指标值、一个目标指标或指标值，以及一个阈值或目标。

已知某年的销售明细及销售目标数据，完成对 KPI 的创建，具体操作步骤如下。

步骤１ 创建 KPI。单击【可视化】窗格中的【KPI】控件，将【字段】窗格【度量值表】选项区域内的 "销售总额" 字段拖放至【指标】字段区域、"销售目标" 字段拖放至【目标值】字段区域，将【日期】选项区域内的 "月份" 字段拖放至【走向轴】字段区域，如图 11-54 所示。

其中，【指标】是需要分析的指标；【走向轴】显示分析所有值的走势坡向；【目标值】是需要达到的目标值。

步骤 ❷　自定义视觉对象。设置指标、走向值、目标、标题、颜色编码、背景等，如图 11-55 所示。

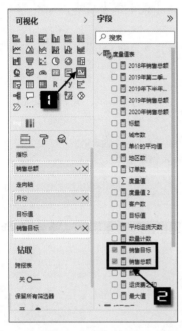

图 11-54　创建 KPI

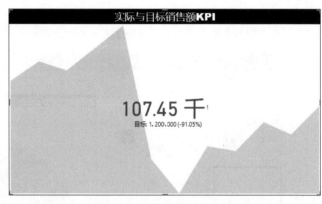

图 11-55　自定义视觉对象

图 11-55 中，最中央的数据是 12 月份的实际销售额，其下括号外的数据是 12 月份的目标销售额，括号中的数据是实际销售额距离目标销售额的百分比，背景中的阴影部分是实际销售在 12 个月中的变化趋势。

在【颜色编码】中，【方向】是指标与目标的关系。如果指标比目标高更好，选择【较高合适】选项；反之，如果指标比目标低更好，比如费用率、应收账款周转天数等，选择【较低适合】选项。设置颜色时，【颜色正确】代表达成目标；【中性色】代表和目标持平；【颜色错误】代表未达成目标，具体颜色可根据实际需求更改。

11.1.16 卡片图和多行卡

卡片图用于显示单个值、单个数据点，这种类型的可视化主要应用于要在 Power BI 仪表板或报表上跟踪的重要统计信息，例如，总价值、年初至今的销售额或同比变化。

多行卡用于显示一个或多个数据点，每行一个数据点。

以展示某公司一年的销售总额、订单数、运货费之和为例，创建与设置卡片图和多行卡的具体操作步骤如下。

步骤 ❶　创建卡片图。单击【可视化】窗格中的【卡片图】控件，在【字段】窗格中勾选【度量值表】选项区域内的【销售总额】复选框，如图 11-56 所示。

步骤 ❷　自定义视觉对象。设置卡片图数据标签、类别标签、标题、背景等，如图 11-57 所示。

图 11-56　创建卡片图　　　图 11-57　自定义视觉对象

步骤 **3**　复制卡片图并自定义视觉对象。选中设置好的卡片图，按 <Ctrl+C> 组合键复制，然后按 <Ctrl+V> 组合键粘贴，重复复制并粘贴的操作，复制多个卡片图。将复制后粘贴的卡片图拖至合适的位置，选中并添加相关字段，修改相应的标题，可快速得到多个卡片图，如图 11-58 所示。

步骤 **4**　创建多行卡。单击【可视化】窗格中的【多行卡】控件，在【字段】窗格中，依次勾选【度量值表】选项区域内的【订单数】【运货费之和】【销售总额】复选框、【数据源】选项区域内的【地区】复选框，如图 11-59 所示。

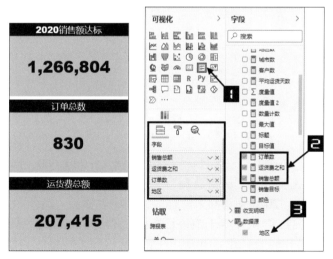

图 11-58　复制并粘贴多个卡片图　　　图 11-59　创建多行卡

步骤 **5**　自定义视觉对象。设置多行卡数据标签、类别标签、卡标题、卡片图、标题、背景、边框等，如图 11-60 所示。

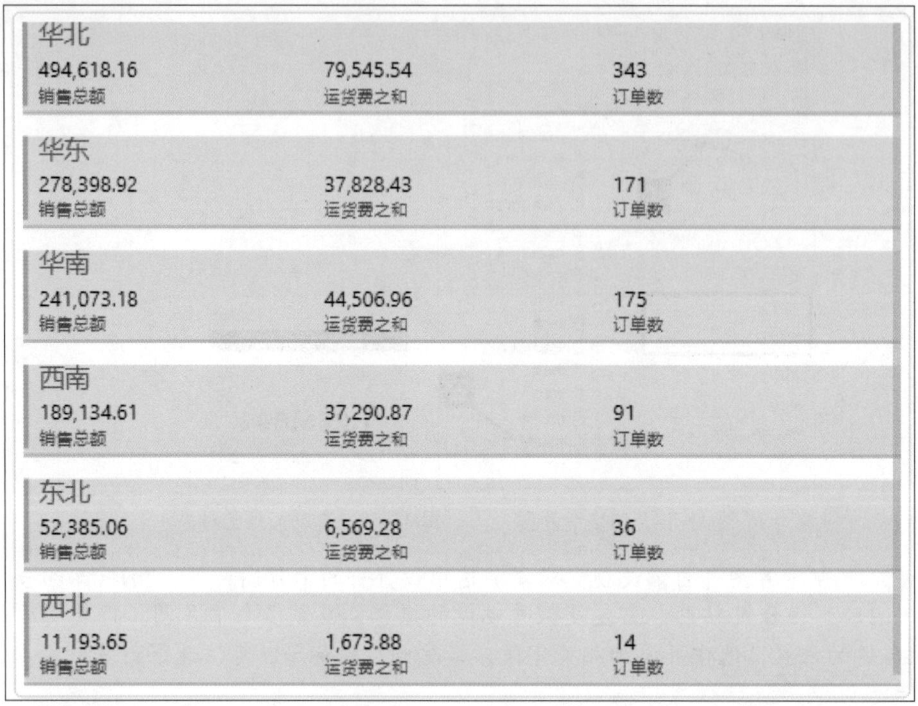

图 11-60　自定义视觉对象

卡片图实用、简单、易操作，除以上设置外，用户还可以使用【条件格式】按钮，制作具有动态交互功能的卡片图。以设置动态卡片图的标题和背景颜色为例，具体操作步骤如下。

步骤❶　新建度量值。单击【新建度量值】按钮，分别在编辑框中输入如下公式，完成对相应度量值的创建。

```
销售目标 = 1,200,000
标题 = IF('度量值表'[销售总额]>='度量值表'[销售目标],"2020销售额达标","2020
      销售额未达标")
颜色 = IF('度量值表'[销售总额]>='度量值表'[销售目标],"#79D4CD","#F35D0D")
```

公式的含义为：创建名称为"销售目标"的度量值，1,200,000；创建名称为"标题"的度量值，用IF函数作判断，如果"销售总额"大于等于销售目标值，则标题显示为"2020销售额达标"，否则显示为"2020销售额未达标"；创建名称为"颜色"的度量值，同样用IF函数作判断，如果"销售总额"大于等于销售目标值，背景颜色显示为颜色代码为"#79D4CD"的颜色，否则显示为颜色代码为"#F35D0D"的颜色。

步骤❷　设置标题。选中已创建的"2020年销售总额"卡片图，在【可视化】窗格的【格式】选项卡中，单击【标题】选项区域内【标题文本】右侧的【条件格式】按钮，在弹出的【标题文本】对话框中，设置【格式模式】为"字段值"，设置【依据为字段】为度量值"标题"，单击【确定】按钮，完成设置，如图11-61所示。

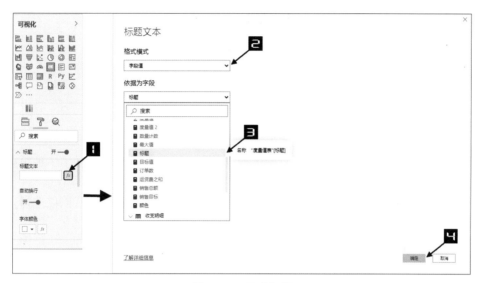

图 11-61　设置标题

步骤 3　设置颜色。再次选中当前卡片图，在【可视化】窗格的【格式】选项卡中，单击【背景】选项区域内【颜色】右侧的【条件格式】按钮，在弹出的【颜色】对话框中，设置【格式模式】为"字段值"，设置【依据为字段】为度量值"颜色"，单击【确定】按钮，完成设置，如图 11-62 所示。

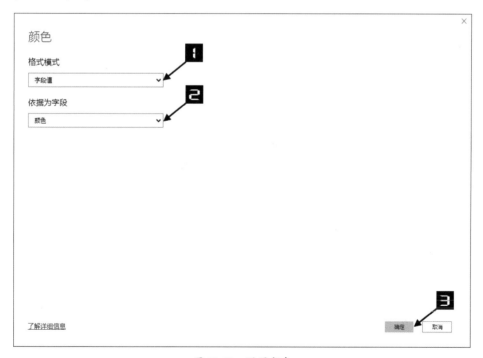

图 11-62　设置颜色

步骤 4　此时，如果将"销售目标"的值修改为 1,300,000，标题和背景颜色会随之改变，如图 11-63 所示。

图 11-63　条件格式下的卡片图

11.1.17　切片器

切片器是一个独立图表，用于筛选页面中的其他视觉对象。切片器提供了一种更高级的自定义筛选方式，相比之下，【筛选器】窗格更适用于基本的筛选操作。

切片器有列表、下拉和介于等不同的样式，用户可以对其进行格式化，以仅选择一个、选择多个或选择所有可用值。

切片器在报表中的作用如下。

（1）在报表画布上可视化常用或重要的筛选器，以便访问。

（2）不需要打开下拉列表，即可查看当前筛选状态。

（3）对数据表中不需要的列和隐藏的列进行筛选。

（4）通过将切片器放在重要的视觉对象旁边，创建更具针对性的报表。

已知某公司的销售数据及部分可视化报表，需要在报表中灵活查看各业务类型下商品的销售数据，以及各时间段的销售利润，使用各类型切片器的具体操作步骤如下。

1. 列表切片器

步骤❶　创建列表切片器。打开目标文件，单击【可视化】窗格中的【切片器】控件，在【字段】窗格中勾选【用户划分】选项区域内的【用户类型】复选框，如图 11-64 所示。

图 11-64　创建列表切片器

步骤❷　自定义视觉对象。取消切片器标头，设置项目、标题等，如图 11-65 所示。

步骤❸　单击选中某一用户类型，如"企业"，可以发现，"利润总和"为"244 百万"，"收入总和"为"9,789 百万"，所有相关的视觉对象都会随之进行筛选，如图 11-66 所示。

图 11-65　自定义视觉对象

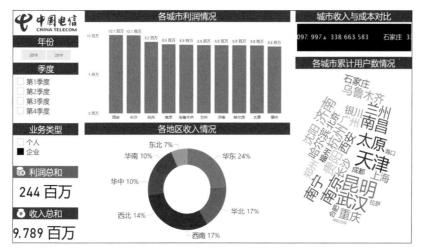

图 11-66　筛选数据

　　默认情况下，报表页中的切片器会影响该页中所有其他元素的可视化效果，切片器间也会相互影响。在刚创建的列表和日期滑块中选择值时，请注意对其他可视化元素呈现效果的影响。筛选后的数据，是两个切片器中所选值的交集。

　　若需要设置某一视觉对象不受切片器的影响，可使用【格式】选项卡下的"编辑交互"功能，具体操作步骤如下。

步骤 ❶　选中已创建的切片器，如"用户类型"，依次单击【格式】→【编辑交互】按钮，此时，报表页中所有视觉对象的右上角都会出现【筛选器控件】，每个控件都有【筛选器】和【无】选项。默认设置下，所有控件都选择了【筛选器】选项。设置不参与切片器筛选的视觉对象，单击对应控件的【无】选项即可，如在视觉对象"各地区收入情况"【筛选器控件】上单击【无】选项，如图 11-67 所示。

步骤 ❷　再次单击切片器"用户类型"，"各地区收入情况"视觉对象将保持不变。

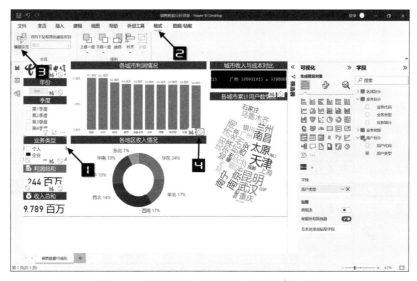

图 11-67　控制受切片器影响的页面视觉对象

2. 按钮切片器

步骤 1　创建按钮切片器。单击【可视化】窗格中的【切片器】控件，在【字段】窗格中勾选【业务明细】选项区域内的【年份】复选框，如图 11-68 所示。

步骤 2　自定义视觉对象。单击切片器右上角的【选择切片器类型】按钮，在弹出的下拉列表中单击【列表】选项，如图 11-69 所示。保持切片器的选中状态，切换至【可视化】窗格，在【格式】选项卡下的【常规】选项区域，设置【方向】为"水平"，如图 11-70 左侧图所示；设置其他格式，如项目、标题等，最终效果如图 11-70 右侧图所示。

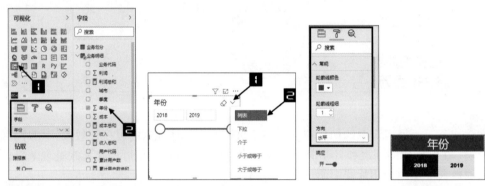

图 11-68　创建按钮切片器　图 11-69　自定义按钮切片器　图 11-70　自定义切片器

3. 日期切片器

创建日期切片器和创建普通切片器一样，都是把切片器视觉对象拖到画布上，不同之处在于创建日期切片器的字段是日期类型。

日期切片器默认为滑块模式，通过单击右上角的下拉按钮，可以看到，其功能选项很多，如图 11-71 所示。

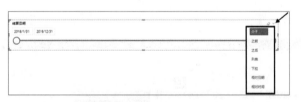

图 11-71　日期切片器选项

其中，日期切片器特有的选项含义如下。

（1）介于，通过滑块可以自由控制起止日期，选择需要的区间数据。

（2）之前，开始日期是固定的，只能更改结束日期。

（3）之后，结束日期是固定的，只能更改开始日期。

（4）相对日期／时间，相对日期／时间切片器是日期类型切片器所独有的，选择【相对日期】选项后，切片器变成如图 11-72 所示的样式。

图 11-72　相对日期切片器

在如图 11-72 所示的相对日期切片器中，各区域内容含义如下。

（1）在左侧选项框中，可以选择"上一段""下一段"和"当前"，如果右侧选项是"年"，这三项分别是"上一年""本年"和"下一年"的意思。

（2）中间的输入框为选择区间的数值，比如 1 年、2 年、3 年。

（3）最后一个选项是日期的具体选项，可以选择"天""星期""周（日历）""月"和"年"其中，括号内带日历的选项为日历上的整个区间。

使用日期切片器的具体操作步骤如下。

步骤 1 创建切片器。单击【可视化】窗格中的【切片器】控件，在【字段】窗格中勾选【业务明细】选项区域内的【结算日期】复选框，如图 11-73 所示。

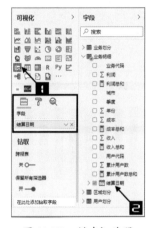

图 11-73 创建切片器

步骤 2 自定义切片器。设置切片器标头、日期范围、滑块、标题等，最终效果如图 11-74 所示。

图 11-74 自定义切片器

步骤 3 在切片器上拖动滑块，可以进行日期筛选。除了拖动滑块进行筛选，还可以直接在日期输入框中输入要筛选的日期，其格式必须为"yyyy/m/d"，或者在展开的日历中选择要筛选的日期，例如，在切片器中单击开始日期的输入框，在展开的日历中选择要开始筛选的日期为"2018 年 5 月 28 日"，如图 11-75 所示。

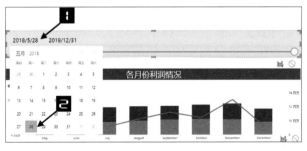

图 11-75 在日历上选择日期

4. "同步切片器" 功能

使用 Power BI 中的 "同步切片器" 功能, 可以在报表的任何页或所有页中使用同一个切片器进行数据筛选。

在当前报表中, "销售数据可视化" 报表页包含 "用户类型" 切片器, 如果希望在 "城市利润" 报表页中添加该切片器, 可以使用 "同步切片器" 功能, 具体操作步骤如下。

步骤❶ 选中目标切片器, 依次单击【视图】→【显示窗格】选项区域内的【同步切片器】按钮, 打开【同步切片器】窗格。该窗格中会显示所有页面名称, 且切片器所在报表页后面的【同步】和【可见】复选框处于被勾选状态, 如图 11-76 所示。

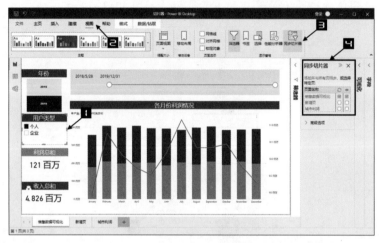

图 11-76　同步切片器

步骤❷ 勾选报表页 "城市利润" 后面的【同步】和【可见】复选框, 如图 11-77 所示, 当前切片器即可在 "城市利润" 报表页中呈现, 且 "城市利润" 报表页中的切片器与 "销售数据可视化" 报表页中的切片器相同。

切片器以与原始页面相同大小和相同位置的方式出现在同步页面中后, 用户可以在不同页面中独立移动、调整和格式化同步切片器。

如果将切片器同步到一个页面中, 但不让其在该页面中可见, 在其他页面中所做的切片器选择仍然会筛选该页面中的数据。

切片器还有更多设置选项, 如切片器的分组设置等, 这里不一一赘述, 用户可以自行尝试。

图 11-77　【同步】和【可见】

11.1.18 矩阵

Power BI 报表中的矩阵视觉对象类似于表, 但表支持两个维度, 且数据是平面结构, 即表显示但不聚合重复值, 矩阵则可以轻松地跨多个维度, 有目的地显示数据, 因为它支持梯级布局。矩阵会自动聚合数据, 可用于向下钻取内容。

在矩阵视觉对象中, 同表一样, 可以使用条件格式功能, 突出显示各数据元素的大小。

矩阵内的元素可以与相应报表页中的其他视觉对象一起交叉突出显示。例如, 可以选择行、列和各个单元格，交叉突出显示。此外，还可以将选择的单个单元格和多个单元格数据复制并粘贴至其他应用程序。

已知某公司销售数据，要在报表中展示和比较各地区各商品的销售数据，具体操作步骤如下。

步骤❶ 创建矩阵。打开目标文件，单击【可视化】窗格中的【矩阵】控件，将【字段】窗格【发货单】选项区域内的"产品名称"字段和"货主名称"字段拖至【行】字段区域、"货主地区"字段拖至【列】字段区域、"销售金额"字段和"销售利润"字段拖至【值】字段区域，如图 11-78 所示。

步骤❷ 自定义视觉对象。单击【格式】选项卡，设置【常规】【样式】【网格】【列标题】【行标题】【值】等多个选项的格式，如图 11-79 所示。

图 11-78　创建矩阵　　　图 11-79　自定义视觉对象

1. 展开和折叠行标题

有以下两种等效操作可展开和折叠行标题。

⚫ 使用右键快捷菜单。在行标题任意一点处右击，在弹出的快捷菜单中单击【展开】选项，弹出的次级菜单中有【选择】【整个级别】和【所有】选项，这里选择【所有】选项，如图 11-80 所示。折叠行标题的方法同上，将"单击【展开】选项"换为"单击【折叠】选项"即可。

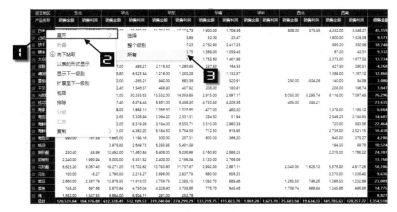

图 11-80　展开或折叠行标题

- 使用【格式】选项卡中的【行标题】选项。默认情况下，【+/–】按钮为打开状态。用户可以根据个人喜好设置【+/–】按钮的颜色和大小。添加图标后，其工作方式类似于 Excel 中的数据透视表图标，单击【+】可以打开下一级，单击【–】可以折叠下一级。

2. 钻取行标题

如果在【字段】中的“行”部分添加多个字段，矩阵视觉对象的行将启动钻取操作。这类似于创建层次结构，以便用户钻取（并备份）层次结构，分析每个级别的数据。

其中，↑为向上钻取；↓为向下钻取；⇊为转至层次结构中的下一级别；⫛为展开层次结构中的所有级别，如图 11-81 所示。

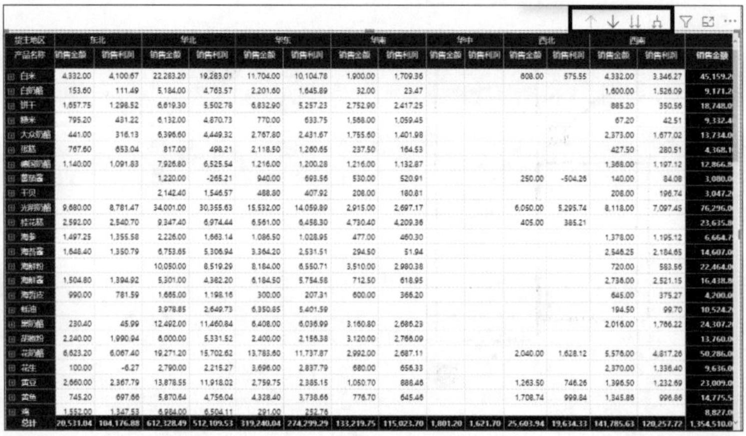

货主地区	东北		华北		华东		华南		华中		西北		西南		
产品名称	销售金额	销售利润	销售金额	销售利润	销售金额	销售利润	销售金额	销售利润	销售金额	销售利润	销售金额	销售利润	销售金额	销售利润	销售金额
⊞ 白米	4,332.00	4,100.67	22,283.20	19,283.01	11,704.00	10,104.78	1,900.00	1,709.36			608.00	575.55	4,332.00	3,346.27	45,159.2
⊞ 白奶酪	153.60	111.49	5,184.00	4,763.57	2,201.60	1,645.89	32.00	23.47					1,600.00	1,526.09	9,171.2
⊞ 饼干	1,657.75	1,298.52	6,619.30	5,502.78	6,832.90	5,257.23	2,752.90	2,417.25					885.20	350.56	18,748.0
⊞ 糙米	795.20	431.22	6,132.00	4,870.73	770.00	633.75	1,568.00	1,059.45					67.20	42.51	9,332.4
⊞ 大众奶酪	441.00	316.13	6,396.60	4,449.32	2,767.80	2,431.67	1,755.60	1,401.98					2,373.00	1,677.02	13,734.0
⊞ 蛋糕	767.60	653.04	817.00	498.21	2,118.50	1,260.65	237.50	164.53					427.50	280.51	4,368.1
⊞ 德国奶酪	1,140.00	1,091.83	7,926.80	6,525.54	1,216.00	1,200.28	1,216.00	1,132.87					1,368.00	1,197.12	12,866.8
⊞ 番茄酱			1,220.00	-265.21	940.00	693.56	530.00	520.91			250.00	-504.26	140.00	84.08	3,080.0
⊞ 干贝			2,142.40	1,546.57	488.80	407.92	208.00	180.81					208.00	196.74	3,047.2
⊞ 光明奶酪	9,680.00	8,781.47	34,001.00	30,355.63	15,532.00	14,059.89	2,915.00	2,697.17			6,050.00	5,295.74	8,118.00	7,097.45	76,296.0
⊞ 桂花糕	2,592.00	2,540.70	9,347.40	6,974.44	6,561.00	6,458.30	4,730.40	4,209.36			405.00	385.21			23,635.8
⊞ 海参	1,497.25	1,355.58	2,226.00	1,663.14	1,086.50	1,028.95	477.00	460.30					1,378.00	1,195.12	6,664.7
⊞ 海苔酱	1,648.40	1,350.79	6,753.65	5,306.94	3,364.20	2,531.51	294.50	51.94					2,546.25	2,184.65	14,607.0
⊞ 海鲜粉			10,050.00	8,519.29	8,184.00	6,550.71	3,510.00	2,980.38					720.00	583.56	22,464.0
⊞ 海鲜酱	1,504.80	1,394.92	5,301.00	4,382.20	6,184.50	5,754.58	712.50	618.95					2,736.00	2,521.15	16,438.8
⊞ 海蜇皮	990.00	781.59	1,665.00	1,198.16	300.00	207.31	600.00	366.20					645.00	375.27	4,200.0
⊞ 蚝油			3,978.85	2,649.73	6,350.85	5,401.59							194.50	99.70	10,524.2
⊞ 黑奶酪	230.40	45.99	12,492.00	11,460.84	6,408.00	6,036.99	3,160.80	2,686.23					2,016.00	1,766.22	24,307.2
⊞ 胡椒粉	2,240.00	1,990.94	6,000.00	5,331.52	2,400.00	2,156.38	3,120.00	2,766.09							13,760.0
⊞ 花奶酪	6,623.20	6,067.40	19,271.20	15,702.62	13,783.60	11,737.87	2,992.00	2,687.11			2,040.00	1,628.12	5,576.00	4,817.26	50,286.0
⊞ 花生	100.00	-6.27	2,790.00	2,215.27	3,696.00	2,837.79	680.00	656.33					2,370.00	1,336.40	9,636.0
⊞ 黄豆	2,660.00	2,367.79	13,878.55	11,918.02	2,759.75	2,385.15	1,050.70	888.46			1,263.50	746.26	1,396.50	1,232.69	23,009.0
⊞ 黄鱼	745.20	697.66	5,870.64	4,756.04	4,328.40	3,738.66	776.70	645.46			1,708.74	999.84	1,345.86	996.86	14,775.5
⊞ 鸡	1,552.00	1,347.53	6,984.00	6,504.11	291.00	252.76									8,827.0
总计	20,531.04	104,176.88	612,328.49	512,109.53	319,240.04	274,299.29	133,219.75	115,023.70	1,801.20	1,621.70	25,603.94	19,634.33	141,785.63	120,257.72	1,354,510.0

图 11-81　钻取

3. 钻取列标题

与钻取行标题类似，也可以钻取列标题。当“列”字段中有两个以上字段时，就形成了类似于上文中的行层次结构，钻取列标题的方法同上。

当行和列都可以进行钻取时，钻取功能区会出现【行 / 列】选项，单击右侧的下拉按钮，在弹出的选项中单击【行】或【列】选项，即可分别进行行或列钻取，如图 11-82 所示。

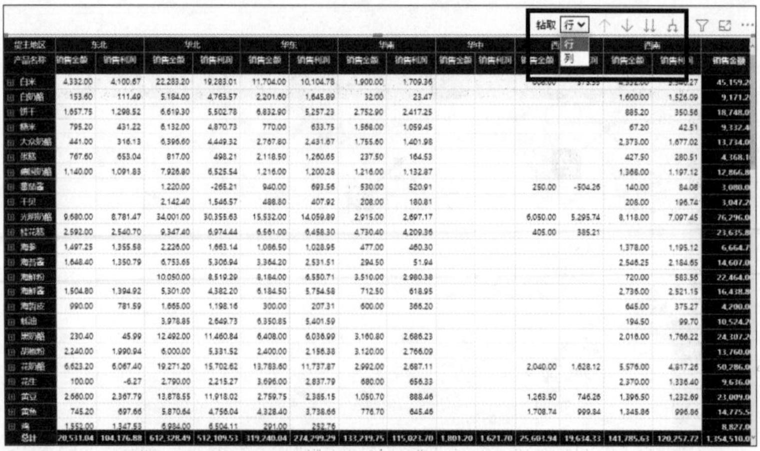

货主地区	东北		华北		华东		华南		华中		西		西南		
产品名称	销售金额	销售利润	销售金额	销售利润	销售金额	销售利润	销售金额	销售利润	销售金额	销售利润	售金额		销售金额	销售利	销售金额
⊞ 白米	4,332.00	4,100.67	22,283.20	19,283.01	11,704.00	10,104.78	1,900.00	1,709.36							45,159.2
⊞ 白奶酪	153.60	111.49	5,184.00	4,763.57	2,201.60	1,645.89	32.00	23.47					1,600.00	1,526.09	9,171.2
⊞ 饼干	1,657.75	1,298.52	6,619.30	5,502.78	6,832.90	5,257.23	2,752.90	2,417.25					885.20	350.56	18,748.0
⊞ 糙米	795.20	431.22	6,132.00	4,870.73	770.00	633.75	1,568.00	1,059.45					67.20	42.51	9,332.4
⊞ 大众奶酪	441.00	316.13	6,396.60	4,449.32	2,767.80	2,431.67	1,755.60	1,401.98					2,373.00	1,677.02	13,734.0
⊞ 蛋糕	767.60	653.04	817.00	498.21	2,118.50	1,260.65	237.50	164.53					427.50	280.51	4,368.1
⊞ 德国奶酪	1,140.00	1,091.83	7,926.80	6,525.54	1,216.00	1,200.28	1,216.00	1,132.87					1,368.00	1,197.12	12,866.8
⊞ 番茄酱			1,220.00	-265.21	940.00	693.56	530.00	520.91			250.00	-504.26	140.00	84.08	3,080.0
⊞ 干贝			2,142.40	1,546.57	488.80	407.92	208.00	180.81					208.00	196.74	3,047.2
⊞ 光明奶酪	9,680.00	8,781.47	34,001.00	30,355.63	15,532.00	14,059.89	2,915.00	2,697.17			6,050.00	5,295.74	8,118.00	7,097.45	76,296.0
⊞ 桂花糕	2,592.00	2,540.70	9,347.40	6,974.44	6,561.00	6,458.30	4,730.40	4,209.36			405.00	385.21			23,635.8
⊞ 海参	1,497.25	1,355.58	2,226.00	1,663.14	1,086.50	1,028.95	477.00	460.30					1,378.00	1,195.12	6,664.7
⊞ 海苔酱	1,648.40	1,350.79	6,753.65	5,306.94	3,364.20	2,531.51	294.50	51.94					2,546.25	2,184.65	14,607.0
⊞ 海鲜粉			10,050.00	8,519.29	8,184.00	6,550.71	3,510.00	2,980.38					720.00	583.56	22,464.0
⊞ 海鲜酱	1,504.80	1,394.92	5,301.00	4,382.20	6,184.50	5,754.58	712.50	618.95					2,736.00	2,521.15	16,438.8
⊞ 海蜇皮	990.00	781.59	1,665.00	1,198.16	300.00	207.31	600.00	366.20					645.00	375.27	4,200.0
⊞ 蚝油			3,978.85	2,649.73	6,350.85	5,401.59							194.50	99.70	10,524.2
⊞ 黑奶酪	230.40	45.99	12,492.00	11,460.84	6,408.00	6,036.99	3,160.80	2,686.23					2,016.00	1,766.22	24,307.2
⊞ 胡椒粉	2,240.00	1,990.94	6,000.00	5,331.52	2,400.00	2,156.38	3,120.00	2,766.09							13,760.0
⊞ 花奶酪	6,623.20	6,067.40	19,271.20	15,702.62	13,783.60	11,737.87	2,992.00	2,687.11			2,040.00	1,628.12	5,576.00	4,817.26	50,286.0
⊞ 花生	100.00	-6.27	2,790.00	2,215.27	3,696.00	2,837.79	680.00	656.33					2,370.00	1,336.40	9,636.0
⊞ 黄豆	2,660.00	2,367.79	13,878.55	11,918.02	2,759.75	2,385.15	1,050.70	888.46			1,263.50	746.26	1,396.50	1,232.69	23,009.0
⊞ 黄鱼	745.20	697.66	5,870.64	4,756.04	4,328.40	3,738.66	776.70	645.46			1,708.74	999.84	1,345.86	996.86	14,775.5
⊞ 鸡	1,552.00	1,347.53	6,984.00	6,504.11	291.00	252.76									8,827.0
总计	20,531.04	104,176.88	612,328.49	512,109.53	319,240.04	274,299.29	133,219.75	115,023.70	1,801.20	1,621.70	25,603.94	19,634.33	141,785.63	120,257.72	1,354,510.0

图 11-82　行列钻取选项

4. 渐变布局

在【格式】选项卡的【行标题】选项区域中，【渐变布局】的开或关，可以控制"阶梯布局"格式和"表面布局"格式的切换，如图 11-83 所示。

移动【渐变布局缩进】滑块，可以调整缩进的大小。

5. 使用矩阵视觉对象进行交叉突出显示

借助矩阵视觉对象，可以选择矩阵中的任意元素作为交叉突出显示的依据。用户单击矩阵视觉对象中的某列时，Power BI 会突出显示相应列，就像突出显示报表页中的其他视觉对象一样，其他区域选项呈灰色显示，并且，报表页中的其他视觉对象中，也会反映矩阵视觉对象中所选项的数据，如图 11-84 所示。

图 11-83　渐变布局

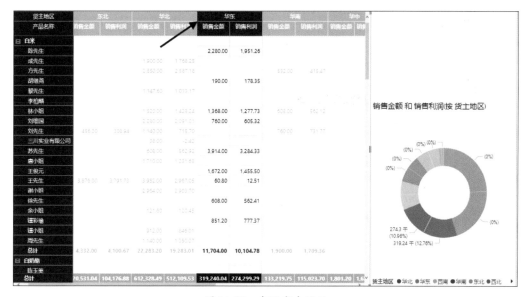

图 11-84　交叉突出显示

再次单击，取消目标区域的突出显示。

6. 复制 Power BI 中的值供其他应用程序使用

要将矩阵或表中的内容用于其他应用程序，如 Dynamics CRM、Excel 或其他 Power BI 报表，可以在 Power BI 中右击，先将单个单元格或多个单元格的集合复制到剪贴板中，再将它们粘贴到其他应用程序中。

（1）若要复制单个单元格的值，选中目标单元格，右击，在弹出的快捷菜单中依次单击【复制】→【复制值】选项。

（2）若要复制多个单元格的集合，选择目标单元格范围，或按住 <Ctrl> 键的同时依次选中多个单元格，右击，在弹出的快捷菜单中依次单击【复制】→【复制所选内容】选项，如图 11-85 所示。

图 11-85　复制所选内容

（1）复制包括复制列标题和行标题。

（2）若要创建仅包含选定单元格视觉对象本身的副本，按住 <Ctrl> 键的同时依次选中一个或多个单元格，右击，在弹出的快捷菜单中依次单击【复制】→【复制视觉对象】选项即可。副本将是另一个矩阵可视化效果，仅包含复制的数据。

在矩阵中设置条件格式与在表中设置条件格式类似，这里不再赘述。

11.1.19　组合图

在 Power BI 中，组合图是指将两个图表合并为一个图表的单个视觉对象，目前有折线图和堆积柱形图、折线图和簇状柱形图两种类型。通过将两个图表合并为一个图表，可以更快地进行数据比较。组合图可以有一个或两个 Y 轴。

已知某商品的两年销售额及毛利润数据，需要利用组合图对比同年的月销售额及毛利润，并展示上一年销售额的变化趋势，具体操作步骤如下。

步骤 ❶　创建组合图。单击【可视化】窗格中的【折线图和簇状柱形图】控件，将【字段】窗格【度量值表】选项区域内的"2019 年销售总额"字段拖至【行值】字段区域、"2020 年销售总额"字段和"2020 年销售毛利总额"字段拖至【列值】字段区域，并将【日期】选项区域内的"月份"字段拖至【共享轴】字段区域，如图 11-86 所示。

步骤 ❷　筛选 X 轴显示的月份。由于需要对比的是两年中上半年的数据，可以把 X 轴显示的月份筛选为目标月份。在【筛选器】窗格中，单击【月份】选项区域的下拉按钮，在弹出的选项中勾选 1 月至 6 月的复选框，如图 11-87 所示。

图 11-86　创建组合图　　　图 11-87　筛选 X 轴
需要显示的月份

步骤 ③　自定义视觉对象。设置标题、数据标签、X 轴及 Y 轴字体大小等，最终效果如图
11-88 所示。

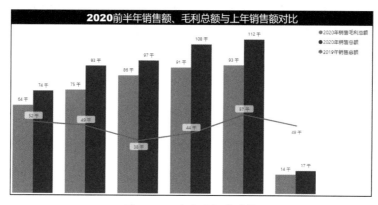

图 11-88　自定义视觉对象

在组合图中，不但可以对比本年销售额与毛利额，还可以查看上年度销售额的同期变化
趋势。

11.2 组功能使图表更美观

在 Power BI 中，对柱形图及条形图等视觉对象进行数据点分组，可以增强视觉对象的可
视化，帮助用户更清晰地浏览、查看和分析视觉对象中的数据。

已知商品销售数据对比情况，需要将商品根据不同属性进行分组，以便清楚地查看对比数
据，具体操作步骤如下。

步骤 ①　创建柱形图。单击【可视化】窗格中的【堆积柱形图】控件，在【字段】窗格中勾选
【数据源】选项区域内的【产品名称】和【数量】复选框，如图 11-89 所示。

图 11-89　创建简单的柱形图

步骤② 新建组。按住 <Ctrl> 键的同时，在视觉对象中依次单击需要分组的数据系列，右击选中的数据系列，在弹出的快捷菜单中单击【为数据分组】选项，或在【数据/钻取】选项卡中依次单击【组】→【新建数据组】选项，（第二种方法）如图 11-90 所示。

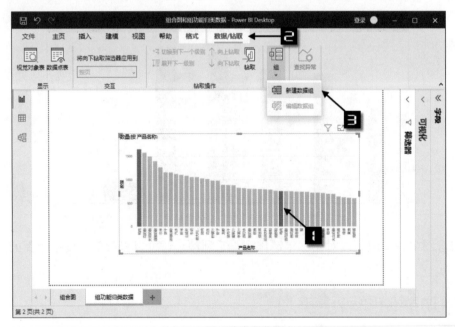

图 11-90　新建数据组

步骤③ 编辑组。依次单击【数据/钻取】→【组】→【新建数据组】选项后，打开【组】对话框。选中要编辑的组，按住 <Ctrl> 键，在【未分组值】列表框中把需要添加的值名称依次选中，单击【分组】按钮。双击组名称，进入编辑状态，修改组名称为"肉类"，单击【确定】按钮，完成对当前组的创建，如图 11-91 所示。

图 11-91　编辑组

步骤④ 继续创建新组。单击【可视化】窗格【图例】组的下拉按钮，在弹出的下拉列表中单击【编辑组】选项，打开【组】对话框。按住 <Ctrl> 键，在【未分组值】列表框中把需要添加的值名称选中，如"白奶酪""大众奶酪"等，单击【分组】按钮。双击组名称，进入编辑状态，修改组名称为"奶类"，单击【确定】按钮，完成对当前组的创建，如图 11-92 所示。

重复以上操作，完成对所有组的创建，如图 11-93 所示。

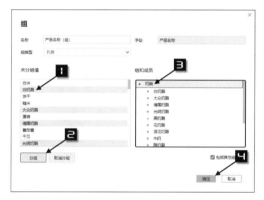

图 11-92　继续创建新组

图 11-93　创建其他组

如图 11-94 所示，完成对所有组的创建后，可以看到，不同组中的商品数据系列显示为不同的颜色，同一组中的商品数据系列显示为同一种颜色，用户可以更加直观地对比各类商品的销售数据。

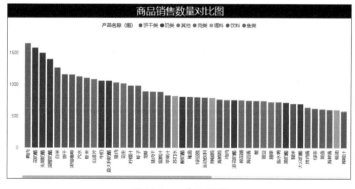

图 11-94　最终效果

11.3 折线图的销售预测分析

虽然通过对消费者进行调查，可以在一定程度上了解同行业其他品牌的各方面情况，但在进行竞争对手分析时，仅有这些数据是不够的，有时需要根据竞争对手的销售情况进行销售预测分析，根据预测的结果，调整企业的营销策略。

使用 Power BI 折线图，可以高效地完成销售预测分析，具体操作步骤如下。

已知某年某商品销售额折线图，需要预测其未来三个月的销售趋势，创建图表及分析数据的具体操作步骤如下。

步骤① 1 创建折线图。单击【可视化】窗格中的【折线图】控件，在【字段】窗格中勾选【发货单】选项区域内的【订购日期】和【销售总额】复选框，如图 11-95 所示。

步骤② 2 调整日期显示格式。单击【轴】选项区域内的【订购日期】下拉按钮，在弹出的下拉列表中单击【订购日期】选项，如图 11-96 所示。

步骤③ 3 启用"预测"功能。在选中折线图视觉对象的前提下，单击【可视化】窗格的【分析】选项卡，依次单击【预测】选项区域的下拉按钮→【添加】按钮。在添加的【预测 1】下的文本框中输入"预测未来 3 个月的销售额"，设置【预测长度】为"3 个月"、【置信区间】为"95%"、【季节性】为"90"点，单击【应用】按钮，如图 11-97 所示。

图 11-95　创建折线图　　　　图 11-96　调整日期显示格式　　　图 11-97　启用"预测"功能

步骤④ 4 自定义视觉对象。设置标题、X 轴及 Y 轴字体大小、背景等，如图 11-98 所示。

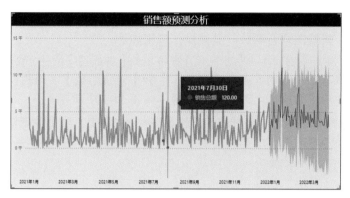

图 11-98　自定义视觉对象

完成对预测线的添加后，可以看到未来三个月的销售趋势，如图 11-99 所示。

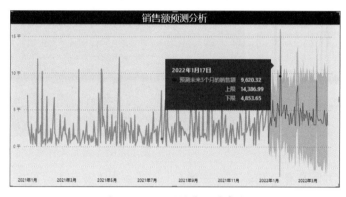

图 11-99　预测销售额最高点

11.4 高亮显示特定数据

11.4.1 高亮显示某一数据系列

折线图是使用频率非常高的视觉对象之一，可以清晰地反映数据的增减趋势，但如果数据系列较多，折线图看起来会比较乱，导致想更清楚地查看某一数据系列的信息时很困难，遇到这种情况，用户需要把当前数据系列高亮显示，以便突出某一条折线，而将其他折线作为背景，如图 11-100 所示。

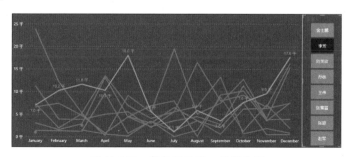

图 11-100　高亮显示某一数据系列

图 11-100 既能高亮显示当前数据系列，又不会失去其他数据系列的参照，实现这一视觉效果，只需要将两个折线图重合叠放。具体操作步骤如下。

步骤① 创建下层折线图。单击【可视化】窗格中的【折线图】控件，在【字段】窗格中勾选【发货单】选项区域内的【订购日期】【销售人】和【销售总额】复选框，删除【轴】选项区域内【订购日期】中除【月份】之外的其他选项，如图 11-101 所示。

步骤② 自定义视觉对象。设置标题、X 轴、Y 轴、背景等，为了后期达到理想的"背景"效果，将所有数据系列设置为同一颜色，最终效果如图 11-102 所示。

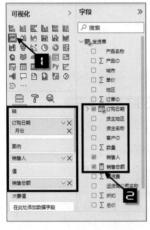

图 11-101　创建折线图

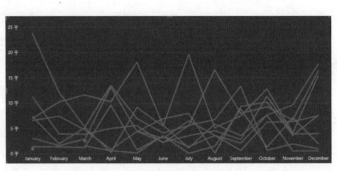

图 11-102　自定义视觉对象

步骤③ 创建与上层折线图相关的切片器表。依次单击【数据】模块的【表工具】→【新建表】按钮，在编辑框中输入如下公式，添加一个表名为"切片销售人表"的数据表，如图 11-103 所示。

切片销售人表 = VALUES('发货单'[销售人])

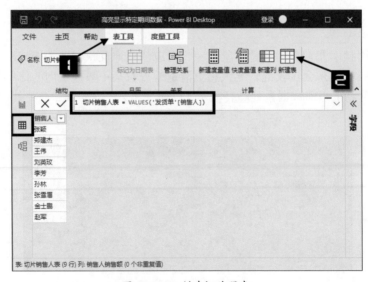

图 11-103　创建切片器表

步骤 ④ 新建度量值。依次单击【数据】模块的【表工具】→【新建度量值】按钮，在编辑框中输入如下公式，创建"销售人销售额"度量值。

销售人销售额 = CALCULATE([销售总额],TREATAS('切片销售人表','发货单'[销售人]))

该度量值的作用是将切片器中的产品与模型中的"销售总额"相关联。其中，TREATAS 函数能够使未建立关系的"切片销售人表"等价于已建立关系的"发货单"。

步骤 ⑤ 创建上层折线图。选中下层折线图，按 <Ctrl+C> 组合键复制，然后按 <Ctrl+V> 组合键粘贴。选中复制后粘贴的折线图，在【可视化】窗格中将【图例】选项区域内的数据删除、将【值】选项区域内的数据换为"销售人销售额"，如图 11-104 所示。

步骤 ⑥ 自定义视觉对象。设置标题、数据颜色、数据标签、X 轴、Y 轴、背景等，为了后期达到"透明"效果，将背景的透视度设置为"100%"，最终效果如图 11-105 所示。

图 11-104 创建单数据折线图

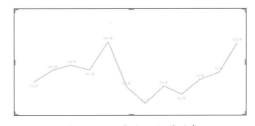

图 11-105 自定义视觉对象

步骤 ⑦ 创建切片器。单击【可视化】窗格中的【切片器】控件，在【字段】窗格中勾选【切片销售人表】选项区域内的【销售人】复选框，如图 11-106 所示。

图 11-106 创建切片器

步骤 ⑧ 自定义视觉对象。设置切片器的标题、背景等。

步骤 ⑨ 设置两个折线图重叠。在创建两个折线图时，由于进行了复制粘贴，其大小、Y 轴等一些细节是完全一样的。分别设置两个折线图时，可以使用【选择】窗格中的功能。依次单击【视图】→【显示窗格】选项区域内的【选择】按钮，可以打开【选择】窗格，如图 11-107 所示。单击各视觉对象后面的按钮，可以将其在显示与隐藏之间切换；单击某一视觉对象的名称，可以选中该视觉对象，从而对各视觉对象进行操作。

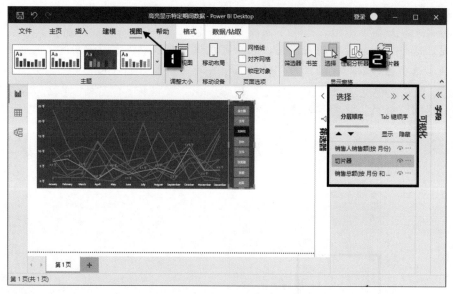

图 11-107 【选择】窗格

11.4.2 高亮显示某一特定区间数据

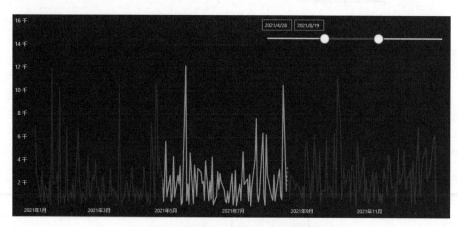

图 11-108 高亮显示特定区间数据效果图

如图 11-108 所示，为高亮显示特定区间数据的效果。要实现这一视觉效果，可以使用折线图的 X 轴恒线，具体操作步骤如下。

步骤 ① 添加数据表。依次单击【表工具】→【新建表】按钮，在编辑框中输入如下公式，添加一个表名为"独立日期表"的数据表，如图 11-109 所示。

> 独立日期表 = CALENDARAUTO()

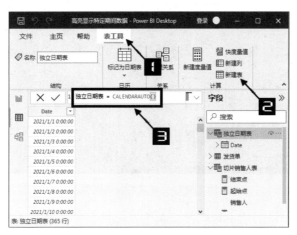

图 11-109　独立日期表

步骤 ② 新建度量值。单击【新建度量值】按钮，在编辑框中输入如下公式，创建名为"销售额 折线图"的度量值。

> 销售额 折线图 = CALCULATE([销售总额],TREATAS('独立日期表','发货单'[订
> 购日期]))

公式中，TREATAS 函数能够将未建立关系的"独立日期表"视同"发货单"中的"订购日期"，用来计算每日的销售总额。

步骤 ③ 创建折线图。单击【可视化】窗格中的【折线图】控件，在【字段】窗格中勾选【独立日期表】选项区域内的【Date】复选框、【发货单】选项区域内的【销售额 折线图】复选框，并设置【Date】为日期模式，如图 11-110 所示。

图 11-110　创建折线图

步骤 ④ 自定义视觉对象。设置标题、数据颜色、X 轴、Y 轴、背景等，如图 11-111 所示。

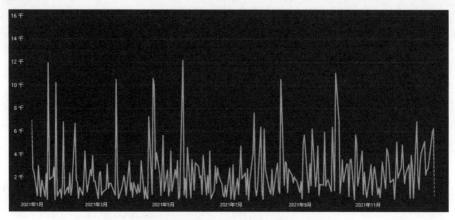

图 11-111　自定义视觉对象

步骤 ⑤ 添加 X 轴恒线。选中折线图，在【可视化】窗格中单击【分析】选项卡，在【X 轴恒线】选项区域中单击【添加】按钮，修改添加的 X 轴恒线名称为"起始点"。单击【值】选项区域右侧的自定义按钮，在弹出的【值－起始点】对话框中，设置【应将此基于哪个字段】为度量值"起始点"，单击【确定】按钮。设置【线条颜色】与折线图背景颜色相同、【阴影区域】为"之前"，【阴影颜色】同样与折线图背景颜色相同，如图 11-112 所示。

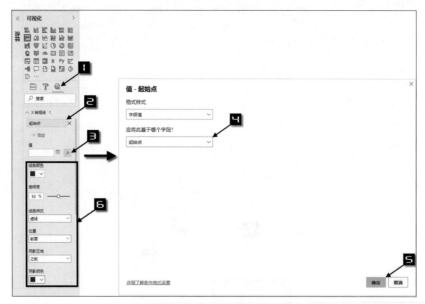

图 11-112　添加 X 轴恒线

步骤 ⑥ 单击【添加】按钮，再添加一条 X 轴恒线，命名为"结束点"。设置其【阴影区域】为"之后"，其他设置同"起始点" X 轴恒线。

步骤 ⑦ 创建切片器。单击添加【切片器】，勾选【字段】窗格→【发货单】选项区域内的【订购日期】复选框，将"订购日期"字段添加为切片器的字段，如图 11-113 所示。

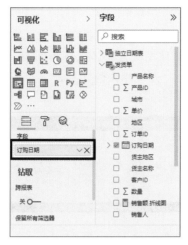

图 11-113　创建切片器

步骤 ⑧　自定义切片器视觉对象，背景同折线图的背景，取消标题设置。

步骤 ⑨　将切片器与折线图放置在合适的位置，并设置为"组"。随着切片器时间的改变，折线图高亮显示区间会发生改变，如图 11-114 所示。

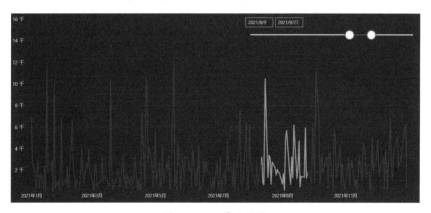

图 11-114　最终效果

对于柱形图，也可以做出同样的高亮显示效果。

11.5 巧用"工具提示"功能

使用 Power BI 中的"工具提示"功能，用户可以制作悬浮提示信息，即随着鼠标的移动，自动筛选可视化结果，并以提示的方式展示出来。这种悬浮提示信息，可以为用户提供更精确、更有趣的数据表现形式。

这样制作报表，不仅视觉上感觉很酷，还可以节省页面空间。报表的页面空间是有限的，如果已经精心做好了一个报表，最后发现要补充更细粒度或更多维度的数据，而空间已经不够用或者必须得改变原有的报表结构时，使用工具提示是一个很好的选择。这样可以保持页面整洁——太多维度的数据堆在一起，势必会造成页面的杂乱，而将细节的数据放在工具提示中，可以避免这种情况；同时，也能满足不同层次的用户需求，将最受关注的数据直接展示在页面中，一目了然。

已知各运货商每月的销售利润走势图，需要在该视觉对象上同步展示各地区相应的销售额、订单数，以及各地区的销售对比情况，具体操作步骤如下。

步骤 **1** 新建并命名报表页。打开目标文件，单击【新建页】按钮，添加报表页并将新报表页命名为"工具提示"，如图 11-115 所示。

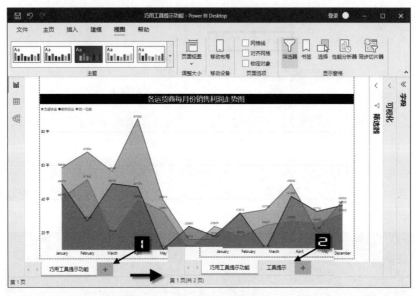

图 11-115　添加报表页

步骤 **2** 启用"工具提示"功能。在"工具提示"报表页中，单击【可视化】窗格的【格式】选项卡，在【页面信息】选项区域内，将【工具提示】滑块移至【开】，设置【名称】为"工具提示"，如图 11-116 所示。

图 11-116　启用"工具提示"功能

步骤 **3** 调整页面大小。页面提示会悬浮在普通视觉对象上方,所以其页面大小和一般的页面有所不同,有专门的页面大小设置。单击【页面大小】选项区域内的【类型】下拉按钮,在弹出的下拉列表中单击【工具提示】选项,如图 11-117 所示。

步骤 **4** 查看工具提示页面的大小。依次单击【视图】→【页面视图】按钮,在弹出的下拉列表中单击【实际大小】选项,如图 11-118 所示。可以看到,报表界面中虚线框的大小即为工具提示页面的大小。

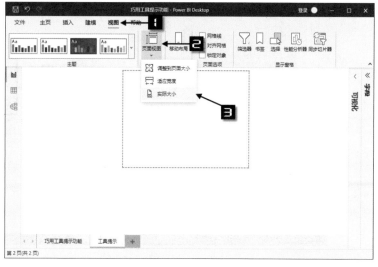

图 11-117　设置页面大小　　　　　　　　　　图 11-118　页面视图

步骤 **5** 创建条形图和卡片图。创建各地区的销售总额条形图、销售总额卡片图和订单数卡片图,并自定义各视觉对象,最终效果如图 11-119 所示。

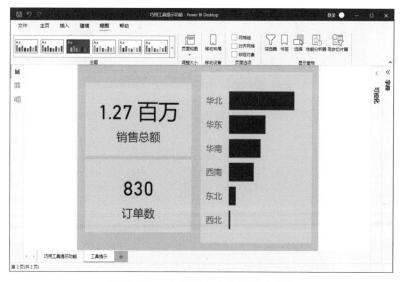

图 11-119　条形图和卡片图创建效果

步骤 6 为视觉对象添加报表页作为工具提示。切换至"巧用工具提示功能"报表页，选中分区图视觉对象，在【可视化】窗格中的【格式】选项卡下，将【工具提示】滑块移至【开】，设置【类型】为"报表页"、【页码】为"工具提示"，如图 11-120 所示。

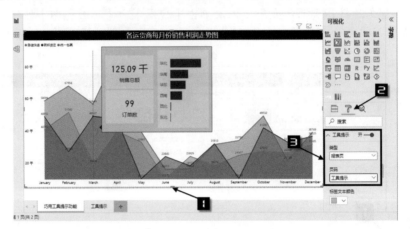

图 11-120　添加报表页为工具提示

步骤 7 将鼠标指针放置在 5 月份数据区域，工具提示中即可显示当前月份的销售总额和订单数，以及各地区的销售额对比，如图 11-121 所示。

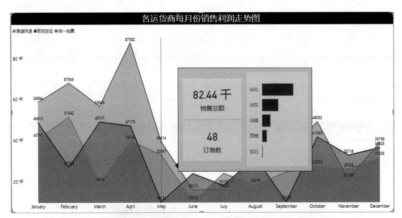

图 11-121　最终效果

 根据本书前言的提示，可观看"Power BI 图表高阶分析功能"的视频讲解。

第 12 章

Power BI 服务

　　Power BI 服务是基于云的服务，或者说，软件即服务（SaaS）。它支持团队和组织的报表编辑与协作，也支持连接到 Power BI 服务中的数据源，但不支持建模。Power BI 服务常用于创建仪表板、创建和共享应用、分析和浏览数据以发现业务见解等。

　　致力于商业智能项目的大多数 Power BI 报表设计者都使用 Power BI Desktop 创建 Power BI 报表，使用 Power BI 服务开展协作并分发报表。

　　本章将详细介绍 Power BI 报表的发布、仪表板的制作和编辑、Power BI 的协作和共享等。

12.1 报表的发布

Power BI 的云在线服务，可以帮助用户随时随地便捷地通过可配置资源共享、维护、管理、分析数据，在此之前，用户需要将报表发布至 Power BI 服务中。

将制作完成的报表发布至 Power BI 服务中，具体操作步骤如下。

步骤1 打开目标文件，依次单击【主页】选项卡→【共享】选项区域内的【发布】按钮，如图 12-1 所示。

图 12-1　发布报表

步骤2 登录 Power BI。若用户处于未登录状态，会弹出【输入你的电子邮件地址】对话框，输入正确的邮件地址，单击【继续】按钮，如图 12-2 所示。

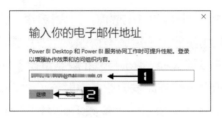

图 12-2　输入电子邮件地址

步骤3 在弹出的【登录到您的账户】对话框中，单击要登录的账户，输入密码，单击【登录】按钮，如图 12-3 所示。

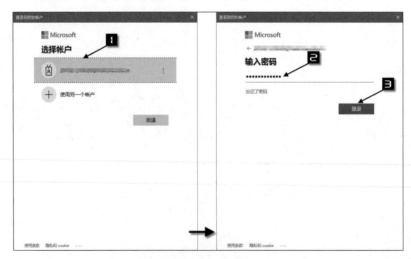

图 12-3　选择账户

步骤 4 打开【发布到 Power BI】对话框，单击选择具体的发布地址，如"我的工作区"，单击【选择】按钮，如图 12-4 所示。

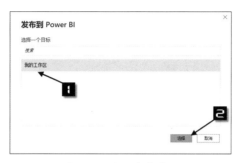

图 12-4 选项发布地址

步骤 5 发布报表。在弹出的【发布到 Power BI】对话框中，会显示报表正在发布，如图 12-5 所示。等待一段时间后，报表发布完成，对话框中会显示报表发布后的链接，单击该链接，可进入"我的工作区"进行查看，如图 12-6 所示。

图 12-5 报表正在发布   图 12-6 成功发布

步骤 6 查看发布的报表。如果是首次进入工作区，可能会弹出【Power BI】提示对话框，输入正确的电子邮件地址后，单击【提交】按钮，再次输入密码，单击【登录】按钮，如图 12-7 所示。

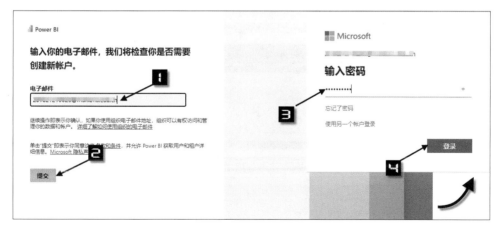

图 12-7 Power BI 提示对话框

此时，在打开的浏览器中，可以看到在 Power BI 服务中发布的报表的效果，如图 12-8 所示。

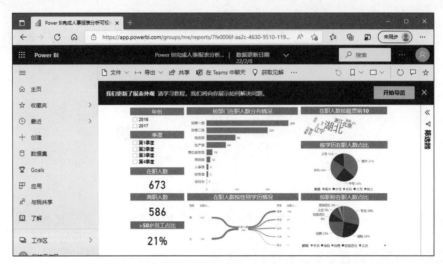

图 12-8　已发布的报表

12.2 Power BI 服务界面

已注册 Power BI 账户的用户，在浏览器的地址栏中输入 Power BI 官网网址，即可登录 Power BI 服务。

进入 Power BI 服务，可以看到其工作界面非常简洁，主要有导航窗格、搜索框、工作区界面及一些图标按钮，如图 12-9 所示。

图 12-9　Power BI 服务界面

12.3 认识仪表板

Power BI 仪表板是使用可视化效果讲述故事的单个页面，常被称为画布。因为被限制为一页，设计精良的仪表板仅包含故事的亮点。

仪表板上的可视化效果被称为"磁贴"，从报表中，可以将磁贴"固定"到仪表板上。仪表板上的可视化效果源自报表，并且每个报表基于一个数据集。

对于仪表板，有一种看法是它是基础报表和数据集的入口，选择一个可视化效果，即可转到其所基于的报表（和数据集）。

1. 仪表板的优点

使用仪表板，是监控业务及查看所有重要指标的绝佳方法。仪表板上的可视化效果可能来自一个或多个基础数据集，也可能来自一个或多个基础报表。仪表板可以将本地数据和云数据合并在一起提供合并视图，无论数据源自哪里。

仪表板不仅仅用于展示美观的图片，它具有高度互动性，磁贴会随着基础数据的更改而更新。

2. 创建仪表板

创建仪表板被视为创建者功能，创建者需要拥有报表编辑权限。报表创建者及其所授予访问权限的同事拥有报表编辑权限。

3. 仪表板与报表

仪表板与报表类似，两者都是填充可视化效果的画布，但还是有一些区别，如表 12-1 所示。

表 12-1　仪表板与报表的区别

功能	仪表板	报表
页面	一个页面	一个或多个页面
数据源	每个仪表板的一个或多个报表、一个或多个数据集	每个报表的单个数据集
在视觉对象中向下钻取	仅适用于将整个报表页固定在仪表板上的情况	是
可用于 Power BI Desktop	否	是。可在 Power BI Desktop 中生成和查看报表
筛选	否。无法对仪表板进行筛选或切片，可筛选焦点模式下的仪表板磁贴，但无法保存筛选器	是。可通过不同的方式筛选、突出显示和切片
特别推荐	是。可将一个仪表板设置为精选仪表板	否
收藏夹	是。可将多个仪表板设置为收藏夹	是。可将多个报表设置为收藏夹
自然语言查询（"问答"）	是	是。前提是有权编辑报表及基础数据集
设置警报	是。可在某些情况下用于仪表板磁贴	否

续表

功能	仪表板	报表
订阅	是。可订阅仪表板	是。可订阅报表页面
看基础数据集表和字段	否。可以导出数据，但看不到仪表板本身的表和字段	是

12.4 创建仪表板

Power BI 中的仪表板是在 Power BI 服务中创建的单页可视化效果集合，用户可以使用固定报表中的视觉对象的方式创建仪表板。

需要注意的是，用户无法在 Power BI 和移动设备上创建仪表板，但可以在移动设备上查看和共享仪表板。

使用 Power BI 服务中的报表创建仪表板时，既可以将报表中的单个视觉对象创建为仪表板，又可以将整个报表中的视觉对象创建为仪表板。

12.4.1 将报表中的单个视觉对象创建为仪表板

将视觉对象固定到仪表板上，类似于将图片固定到墙上的木板上，即将视觉对象固定到特定位置，供其他人查看。

步骤 ① 选择报表。切换至 Power BI 服务的【我的工作区】界面，单击要用于创建仪表板的报表，如图 12-10 所示。

图 12-10　我的工作区

步骤 ② 固定视觉对象。在报表的编辑视图中，单击目标视觉对象右上角的【固定视觉对象】按钮，如图 12-11 所示。

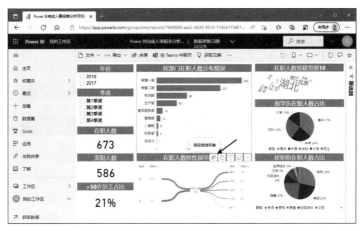

图 12-11　固定视觉对象

步骤 ③　固定到仪表板。在打开的【固定到仪表板】对话框中，保持选中【新建仪表板】单选钮的默认状态，设置【仪表板名称】为"人事部在职人数性别学历情况"，单击【固定】按钮，如图 12-12 所示。

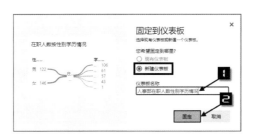

图 12-12　新建仪表板

步骤 ④　查看创建的仪表板。在【我的工作区】界面，单击对应的仪表板名称，即可看到刚刚创建的仪表板，如图 12-13 所示。

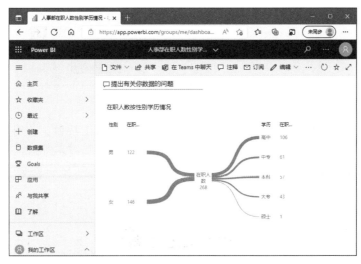

图 12-13　仪表板效果

12.4.2 将整个报表页创建为仪表板

步骤 ❶ 若要在 Power BI 服务中将整个报表页创建为仪表板，可依次单击【更多选项】→【固定到仪表板】选项，如图 12-14 所示。

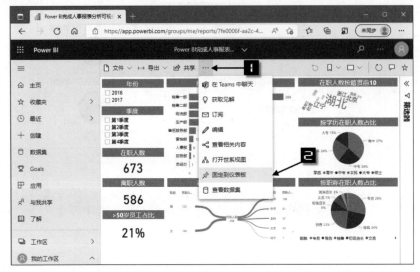

图 12-14　固定到仪表板

步骤 ❷ 在弹出的【固定到仪表板】对话框中，选中【新建仪表板】单选钮，在【仪表板名称】编辑框中输入名称"人事信息分析"，单击【固定活动页】按钮，如图 12-15 所示。

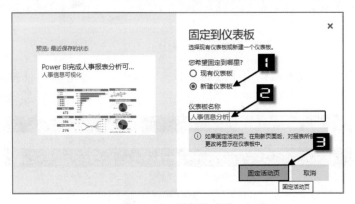

图 12-15　固定活动页

步骤 ❸ 单击【已固定至仪表板】对话框的【转至仪表板】按钮，如图 12-16 所示，即可转至当前创建的仪表板界面。可以看到，整个报表页面中的视觉对象都被固定到了仪表板中，如图 12-17 所示。

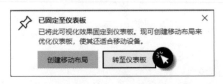

图 12-16　转至仪表板

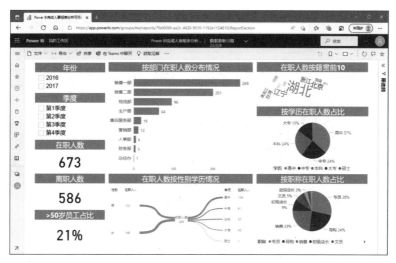

图 12-17　仪表板效果

12.5 制作和编辑仪表板

除了使用现有报表创建仪表板之外，用户还可以在 Power BI 服务中制作仪表板。

12.5.1 获取数据

制作仪表板时，需要导入数据。可导入数据的来源和类型有很多，本示例以导入本地的 Excel 工作簿为例制作仪表板，具体操作步骤如下。

步骤 ① 获取数据。进入自己的 Power BI 服务页面，单击【导航窗格】下方的【获取数据】按钮，进入【获取数据】界面，单击【新建内容】选项区域【文件】的【获取】按钮，如图 12-18 所示。

图 12-18　获取数据

步骤 ② 获取本地文件。在新的界面中单击【本地文件】选项，如图 12-19 所示。

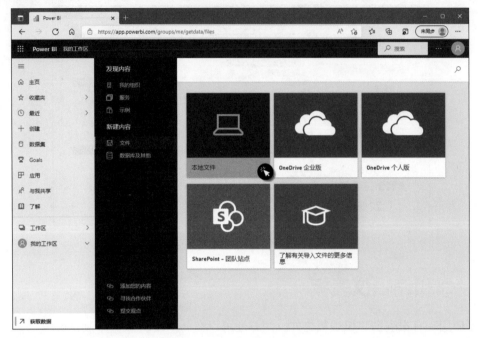

图 12-19　获取本地文件

步骤 ③ 选中目标文件。在【打开】对话框中选中目标文件，单击【打开】按钮，如图 12-20 所示。

图 12-20　【打开】对话框

步骤 ④ 导入本地文件。在弹出的【本地文件】界面中单击【导入】按钮，将该文件添加为数据集，如图 12-21 所示。

图 12-21　导入本地文件

步骤⑤　导入完成。等待一段时间后，数据集导入完成，弹出【成功】提示对话框，依次单击【转至仪表板】→【数据源 .xlsx】，如图 12-22 所示，可进入 Power BI 服务的报表编辑视图。

图 12-22　导入完成

Power BI 服务的报表编辑视图如图 12-23 所示。

图 12-23 Power BI 服务的报表编辑视图

12.5.2 制作仪表板

在 Power BI 服务中连接到数据后，可以制作报表，进而创建仪表板来监视数据。

步骤 ❶ 创建视觉对象。在报表编辑视图右侧的【可视化】窗格中单击【折线图】控件，在【字段】窗格中依次勾选【表】选项区域内的【发货日期 Month】【地区】和【总价】复选框，如图 12-24 所示。

图 12-24 创建视觉对象

步骤 **2** 自定义视觉对象并固定。设置视觉对象的标题、背景、X 轴、Y 轴等，调整视觉对象的大小和位置后，单击视觉对象右上角的【固定视觉对象】按钮，如图 12-25 所示。

图 12-25 自定义视觉对象并固定

步骤 **3** 保存报表。在弹出的【保存报表】对话框中输入要保存的报表的名称，单击【保存】按钮，如图 12-26 所示。

图 12-26 保存报表

步骤 **4** 固定到仪表板。依次单击【更多选项】→【固定到仪表板】选项，在弹出的【固定到仪表板】对话框中，选中【新建仪表板】单选钮，在【仪表板名称】文本框中输入名称，单击【固定活动页】按钮，如图 12-27 所示。

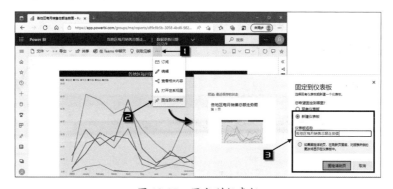

图 12-27 固定到仪表板

步骤 **5** 当视觉对象成功固定至仪表板后，弹出如图 12-28 所示的【已固定至仪表板】对话框。单击对话框中的【转至仪表板】按钮，即可查看刚刚创建的仪表板，如图 12-28 所示。

图 12-28 已固定至仪表板

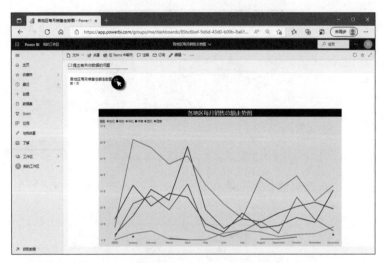

图 12-29 仪表板效果

步骤 **6** 单击图 12-29 中左上角的磁贴，即可返回创建仪表板的报表页。仪表板中的视觉对象会随着报表数据的变化不断更新，用户可以随时跟踪最新数据。

12.5.3 巧用"问答"功能

使用仪表板中的"问答"功能，可以快速浏览和探索更多数据信息，并将所选信息作为视觉对象，固定至仪表板，具体操作步骤如下。

步骤 **1** 单击仪表板上的【提出有关你数据的问题】按钮，Power BI 服务会提供一些数据建议供用户选择，如"average 单价"，如图 12-30 所示。

图 12-30 "问答"功能的启用

步骤 ❷ 单击【average 单价】按钮，可以看到，"单价"的平均值为 26.22。单击界面右上角的【固定视觉对象】按钮，在弹出的【固定到仪表板】对话框中，保持勾选【现有仪表板】单选钮等默认设置，单击【固定】按钮，如图 12-31 所示，即可将该视觉对象固定至"各地区每月销售走势图"仪表板上。

图 12-31　固定视觉对象

步骤 ❸ 用户可以在【问答搜索框】编辑框中输入有关数据的问题，如"运货费"，单击【固定视觉对象】按钮，如图 12-32 所示，其他操作同上。

图 12-32　搜索数据问题

步骤 ❹ 单击进入仪表板，可以看到操作后的效果，如图 12-33 所示。

图 12-33　最终效果

〉12.5.4〉 编辑仪表板中的磁贴

如果仪表板中磁贴的大小、位置等不符合实际需求，用户可以在仪表板中进行编辑，具体操作步骤如下。

[步骤] **1** 调整磁贴大小。将鼠标指针放置在磁贴右下角时，鼠标指针变为👆，上下左右拖动该控制柄，即可调整磁贴的大小，如图 12-34 所示。

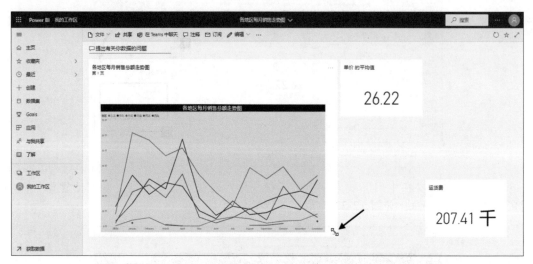

图 12-34　磁贴控制柄

[步骤] **2** 移动磁贴位置。在磁贴上按住鼠标左键不放并拖动，即可移动磁贴在仪表板中的位置，如图 12-35 所示。

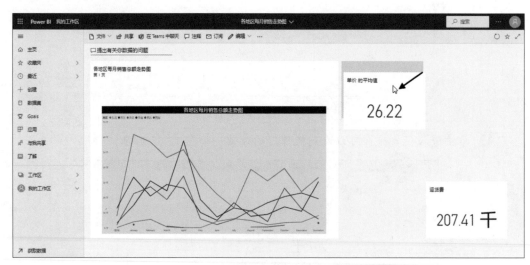

图 12-35　移动磁贴

[步骤] **3** 编辑磁贴详细信息。单击磁贴右上角的【更多选项】按钮，在弹出的下拉列表中单击【编辑详细信息】选项，如图 12-36 所示。

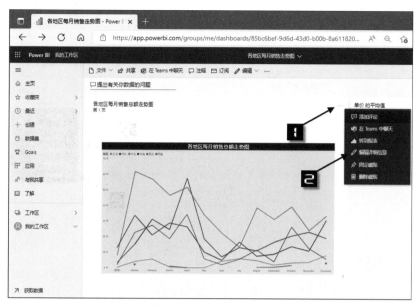

图 12-36　编辑详细信息

步骤 4　在弹出的【磁贴详细信息】对话框中，可以为磁贴添加更多信息及应用。完成设置后，单击【应用】按钮，即可完成对更多信息的编辑，如图 12-37 所示。

图 12-37　【磁贴详细信息】对话框

步骤 5　删除磁贴。如果需要删除仪表板中的某个磁贴，依次单击【更多选项】→【删除磁贴】选项即可，如图 12-38 所示。

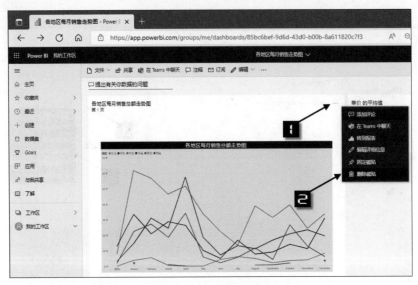

图 12-38　删除磁贴

在仪表板中添加其他视觉元素

　　在仪表板中，除了可以添加视觉对象类型的磁贴外，还可以添加文本框、图像、视频等类型的磁贴。

　　本示例以添加文本框磁贴为例，具体操作步骤如下。

步骤❶　添加磁贴——文本框。在仪表板界面依次单击【编辑】→【添加磁贴】选项，在弹出的【添加磁贴】窗格中单击【文本框】选项，单击【下一步】按钮，如图 12-39 所示。

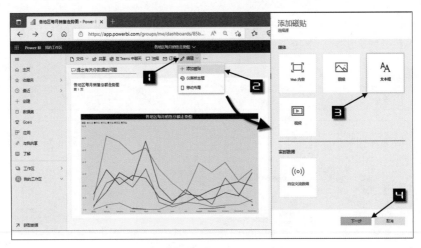

图 12-39　添加磁贴——文本框

步骤❷　添加文本框磁贴。在【添加文本框磁贴】窗格中设置各选项，如勾选【显示标题和副标题】复选框、添加【标题】文本、设置字体及大小等，单击【插入链接】按钮，可以添加能链接到的地址，并在文本框中输入链接地址的说明。完成设置后，单击【应用】按钮，如图 12-40 所示。

图 12-40 【添加文本框磁贴】对话框

步骤③ 进入仪表板界面，可以看到添加的文本框。适当调整各磁贴的大小和位置，最终效果如图 12-41 所示。

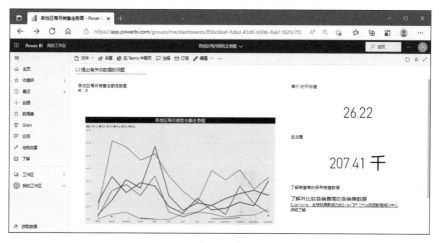

图 12-41 添加文本框后的仪表板

12.5.6 为仪表板添加数据警报

在 Power BI 服务中，可以为固定到仪表板上的仪表、KPI、卡片图等类型的视觉对象设置数据警报，即在数据更改超出设置的范围时通知用户。不过，数据警报仅适用于有更新的数据，不适用于静态数据。

本示例设置运货费超过 250,000 元时每天提醒一次的数据警报，具体操作步骤如下。

步骤① 管理警报。依次单击运货费卡片图右上角的【更多选项】→【管理警报】选项，如图 12-42 所示。

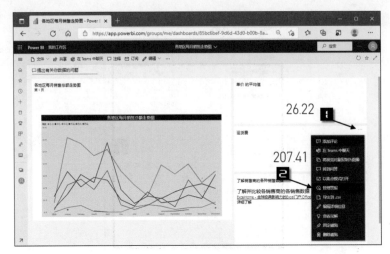

图 12-42　管理警报

步骤 **2**　设置警报规则。在弹出的【管理警报】窗格中，单击【添加警报规则】按钮，在【运货费报警】选项区域内设置相关警报规则，将【可用】滑块移至【开】，将【警报标题】设置为"运货费报警"、【条件】设置为"见上方"（即"大于"）、【阈值】设置为"250,000"、【最大通知频率】设置为"最多每24小时一次"，勾选【同时向我发送电子邮件】复选框，单击【保存并关闭】按钮，如图 12-43 所示。

 当跟踪的数据达到用户设置的某个阈值时，Power BI 会检查自最后一个警报发送以来是否已超过 24 小时或 1 小时（具体取决于用户选择的选项），如果超过，用户将收到警报，即 Power BI 会向通知中心发出警报，并以电子邮件形式发送给用户。每个警报都包含数据的直接链接，单击链接可以浏览查看和了解详细信息的相关磁贴。

步骤 **3**　若需要删除数据警报，单击【管理警报】窗格中警报名称右侧的【删除】按钮即可，如图 12-44 所示。

图 12-43　添加警报规则　　图 12-44　删除数据警报

12.5.7　为仪表板应用主题

除了自定义视觉对象之外，用户还可以使用"主题"格式化仪表板。主题是一组格式选项组合，包括背景图像、背景色、磁贴背景、磁贴字体颜色、磁贴不透明率等。应用仪表板主题，可以使仪表板具有专业外观，具体操作步骤如下。

步骤❶　依次单击目标仪表板上方的【编辑】→【仪表板主题】选项，如图 12-45 所示。

图 12-45　仪表板主题

步骤❷　在弹出的【仪表板主题】对话框中，单击主题选项右侧的下拉按钮，在弹出的下拉列表中选择其中一种，如"深色"，单击【保存】按钮，即可快速为仪表板应用主题，如图 12-46 所示。

步骤❸　用户可以针对不同的数据内容选择主题，也可以按自己对颜色、图像等的喜好来自定义主题。单击图 12-46 下拉列表中的【自定义】选项，在【仪表板主题】对话框中自定义各选项并保存，如图 12-47 所示，即可创建自定义仪表板主题。

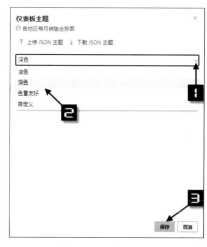

图 12-46　应用主题

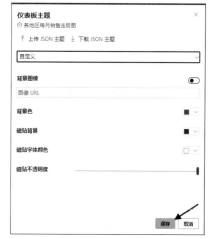

图 12-47　自定义主题

12.5.8　删除仪表板

若需要删除已有的仪表板，切换至 Power BI 服务的【我的工作区】界面，依次单击需要删除的仪表板名称后的【更多选项】→【删除】选项即可，如图 12-48 所示。

图 12-48　删除仪表板

删除工作区的数据集、报表等，与上述方法相同。

12.6 Power BI 中的协作和共享

12.6.1 创建工作区

在团队协同工作时，经常需要访问相同的文档，以便快速协作。在 Power BI 工作区中，团队能够共享其仪表板、报表、数据集和工作簿的所有权及管理权，需要提醒的是，只有具有 Power BI Pro 许可证，方可创建工作区。

步骤 1 创建工作区，需要在 Power BI 服务界面单击导航窗格中【工作区】右侧的下拉按钮，在弹出的【我的工作区】窗格中单击最下方的【创建工作区】按钮，如图 12-49 所示。

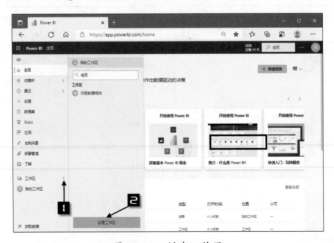

图 12-49　创建工作区

步骤② 在弹出的【创建工作区】对话框中，设置【工作区名称】为"EHgzq"，添加【说明】为"ExcelHome 作者协作工作区"，单击启用【高级】选项，添加工作区人员并设置权限，单击【保存】按钮，如图 12-50 所示，完成对工作区的创建。

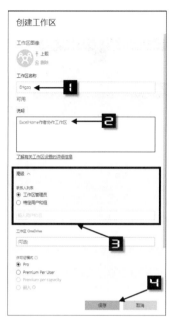

图 12-50　【创建工作区】对话框

步骤③ 创建工作区后，Power BI 服务会自动进入工作区界面，单击导航窗格中工作区名称"EHgzq"后面的下拉按钮，或该名称下的【新建】按钮，可以看到有"报表""仪表板""工作簿"等各种选项供添加使用，如图 12-51 所示。单击主操作界面的【添加内容】按钮，可以进入【获取数据】界面，更多操作，用户可以自行尝试。

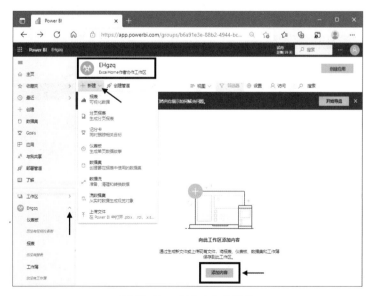

图 12-51　应用工作区界面

步骤 4 单击选项区的【设置】按钮，在弹出的【设置】窗格中，可以对当前工作区的"工作区名称""说明"及其他详细信息进行修改；单击下方的【删除工作区】按钮，可以删除当前工作区，如图 12-52 所示。

图 12-52 【设置】窗格

12.6.2 共享仪表板

设置共享仪表板，可以让有权限的用户查看并访问 Power BI 服务中的仪表板。

有以下两个等效操作可以打开【共享仪表板】对话框。

● 在【我的工作区】界面的项目列表中，单击需要设置共享仪表板的项目的【共享】选项，如图 12-53 所示。

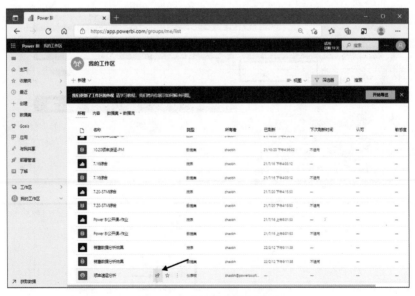

图 12-53 【共享】选项之一

● 单击当前仪表板上方的【共享】选项，如图 12-54 所示。

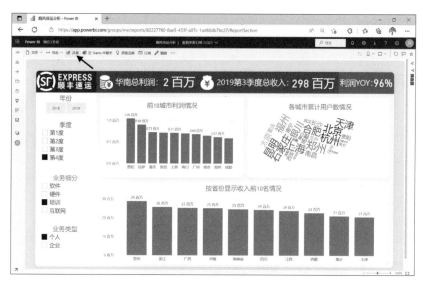

图 12-54　【共享】选项之二

完成任一操作，都可以打开如图 12-55 所示的【共享仪表板】对话框。在对话框中添加允许访问的成员姓名或邮件地址（可以添加多个），完成相关设置。单击【授予访问权限】按钮，即可完成共享仪表板操作，如图 12-55 所示。

图 12-55　【共享仪表板】对话框

如果需要停止共享，单击【共享仪表板】下方的【删除访问权限】按钮即可。

 根据本书前言的提示，可观看 "Power BI 发布与共享" 的视频讲解。

Power BI 实战演练

本章将借助一个完整案例，帮助读者快速回顾 Power BI 的基础知识和重点功能，以巩固读者所学，并帮助读者加深理解。

需要说明的是，本案例中的数据均为虚拟数据，如有相似，纯属巧合。

13.1 案例背景

　　某企业的主要业务是在全国范围内经营软硬件销售并提供配套服务，业务范围有软件、硬件、培训和互联网。已知该企业近两年的销售明细数据，企业管理者需要使用 Power BI 软件从地区、省市、年度三个维度对各业务类型和用户群体的销售数据进行分析，并将分析结果分享到 Power BI 服务中，便于同事和领导查看并讨论当前销售市场的状况，进一步优化销售策略，获取更多利润。

13.2 导入数据

　　本案例的部分经营数据已从 ERP 中导出到 Excel 中，只需要将 Excel 工作簿中的数据导入 Power BI 即可，具体操作步骤如下。

步骤 1　导入 Excel 工作簿。启动 Power BI 应用程序，依次单击【主页】→【数据】选项区域内的【Excel 工作簿】按钮，在弹出的【打开】对话框中选中目标工作簿，单击【打开】按钮，如图 13-1 所示。

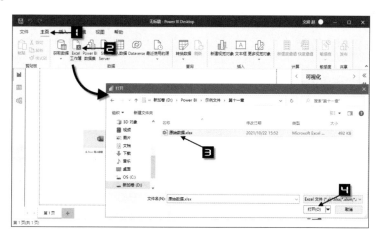

图 13-1　导入 Excel 工作簿

步骤 2　转换数据。在弹出的【导航器】对话框中勾选需要添加的数据表，单击【转换数据】按钮，进入 Power Query 编辑器，如图 13-2 所示。

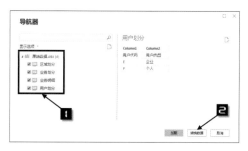

图 13-2　转换数据

步骤 ③ 初步整理数据。在 Power Query 编辑器中选中要处理的表，依次单击【主页】→【转换】选项区域内的【将第一行用作标题】按钮，如图 13-3 所示。

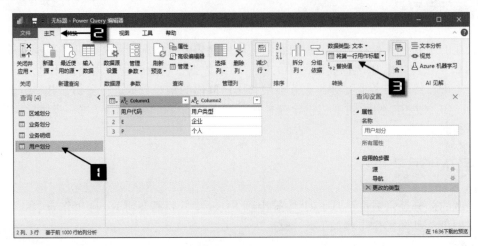

图 13-3　初步整理数据

步骤 ④ 完成数据的初步整理后，依次单击【主页】→【关闭并应用】按钮，返回 Power BI 中，完成对数据的载入。

13.3 建立数据关系

在 Power BI 中，如果要根据不同的维度、不同的逻辑对多个表格的数据进行可视化分析，需要为这些数据表建立关系，具体操作步骤如下。

步骤 ① 单击进入【模型】模块，可以看到各表已经自动创建的关系，如图 13-4 所示。

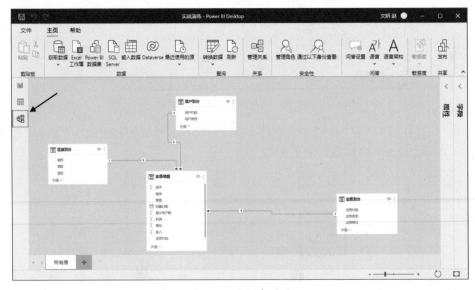

图 13-4　数据表关系

步骤 2 若存在未能自动创建的表关系，可依次单击【主页】→【关系】选项区域内的【管理关系】按钮，添加和编辑各表之间的关系，如图 13-5 所示。

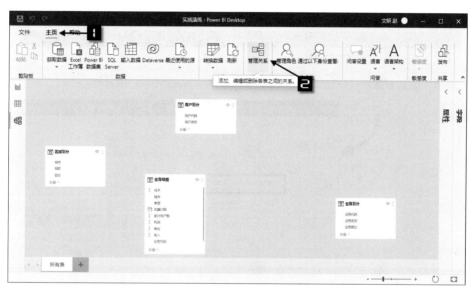

图 13-5　管理关系

步骤 3 在弹出的【管理关系】对话框中单击【自动检测】按钮，等待一段时间，完成自动检测后会弹出【自动检测】提示对话框，提示用户检测到了新关系，单击【关闭】按钮，如图 13-6 所示。

步骤 4 返回【管理关系】对话框，如果不需要做修改，直接单击【关闭】按钮，完成对表关系的创建，如图 13-7 所示。

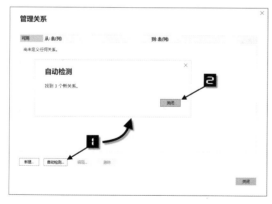

图 13-6　自动检测

图 13-7　完成对表关系的创建

13.4 新建表和度量值

将在报表中使用 DAX 函数创建的度量值放置在度量值表中，具体操作步骤如下。

步骤 1 新建度量值表。依次单击【建模】→【计算】选项区域内的【新建表】按钮，在公式编辑栏中输入如下公式，按 <Enter> 键确认，如图 13-8 所示。

```
度量值表 = ROW(" 度量值 ",BLANK())
```

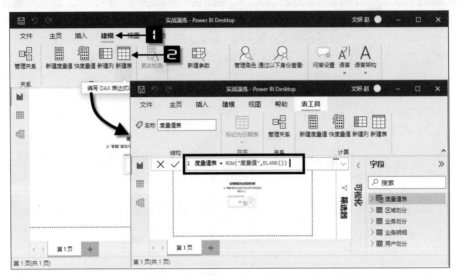

图 13-8　新建度量值表

步骤 2 新建度量值。在度量值表中，依次单击【表工具】→【计算】选项区域内的【新建度量值】按钮，在公式编辑栏中输入如下公式，按 <Enter> 键确认，如图 13-9 所示。

```
利润总和 = SUM(' 业务明细 '[ 利润 ])
```

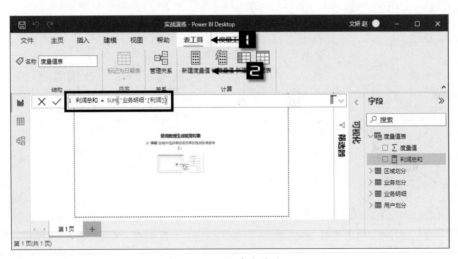

图 13-9　新建度量值

步骤 3 重复以上操作，在公式编辑栏中分别输入如下公式，完成对所有度量值的创建。

```
成本总和 = SUM(' 业务明细 '[ 成本 ])
收入总和 = SUM(' 业务明细 '[ 收入 ])
```

累计用户数总和 = SUM('业务明细'[累计用户数])

利润排名 = RANKX(ALL('区域划分'[省份]),[利润总和])

D-利润排名 = RANKX(ALL('区域划分'[地区]),[利润总和])

[步骤④] 依次单击【表工具】→【计算】选项区域内的【快度量值】按钮,打开【快度量值】对话框。单击【计算】右侧的下拉按钮,在弹出的下拉列表中选中【年增率变化】选项,使用鼠标拖动【业务明细】选项区域内的"利润"字段至左侧的【基值】编辑框中,使用同样的方法,添加"结算日期"字段至【日期】编辑框中,单击【确定】按钮,如图13-10所示。

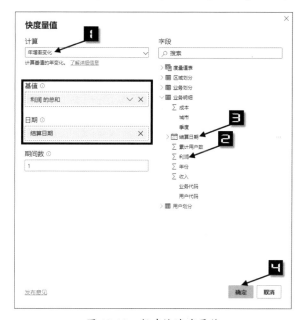

图13-10 新建快速度量值

[步骤⑤] 单击【确定】按钮后,在度量值编辑框中自动生成如图13-11所示的"利润YoY%"度量值表达式,并添加度量值"利润YoY%"。

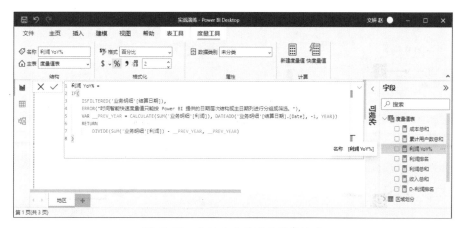

图13-11 自动生成的度量值表达式

步骤 **6** 隐藏空白字段。度量值表中存在的空白字段无法被删除，为了避免影响对其他度量值的查看和使用，可以将其隐藏。在该字段上右击，在弹出的快捷菜单中单击【隐藏】选项即可，如图 13-12 所示。

图 13-12　隐藏空白字段

13.5 制作导航按钮

使用报表导航，既方便用户快速简单地阅读不同的报表页，又方便用户快速掌握报表的主要信息。

使用按钮和书签制作报表导航的具体操作步骤如下。

步骤 **1** 设置"页面背景"。在【可视化】窗格中，单击【格式】选项卡【页面背景】选项区域内的【添加映像】按钮，在弹出的【打开】对话框中找到目标图像文件并选中，单击【打开】按钮，添加页面背景映像，设置【图像匹配度】为"正常"，如图 13-13 所示。

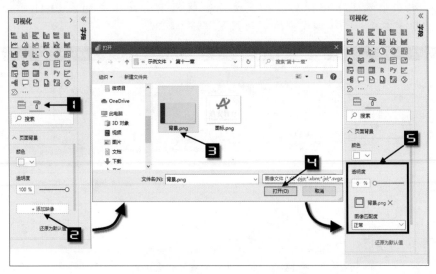

图 13-13　插入"页面背景"图像

步骤 **2** 插入图像。依次单击【插入】→【元素】选项区域内的【图像】按钮，在弹出的【打开】对话框中找到目标图像文件并选中，单击【打开】按钮，如图 13-14 所示。

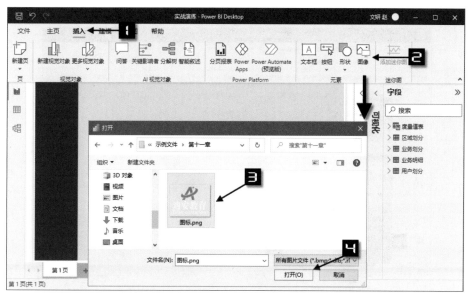

图 13-14　插入图像

步骤 **3** 插入按钮。依次单击【插入】→【元素】选项区域内的【按钮】按钮，在弹出的下拉列表中单击【空白】选项，如图 13-15 所示。

步骤 **4** 设置按钮格式。选中插入的按钮，在弹出的【"格式"按钮】窗格中，分别设置按钮在"默认状态"和"按下时"的【填充】【文本】【图标】等，如图 13-16 所示。

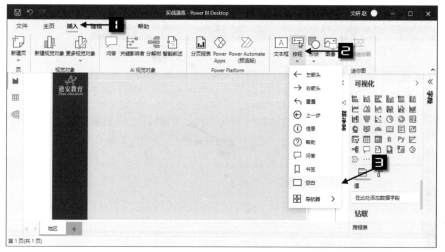

图 13-15　插入按钮

图 13-16　设置按钮格式

步骤 **5** 调整按钮大小及位置。使用鼠标拖动按钮四周的控制柄，即可调整按钮的大小。如果需要微调，可以使用【"格式"按钮】窗格【常规】选项区域内的【宽度】和【高度】进行设置。

步骤 **6** 复制按钮。选中当前按钮，按 <Ctrl+C> 组合键复制，然后按 <Ctrl+V> 组合键粘贴，复制并粘贴两个按钮后，分别选中，设置文本、格式等，并放置在合适位置。

步骤 **7** 复制页。右击报表标签，在弹出的快捷菜单中单击【复制页】选项，如图 13-17 所示。

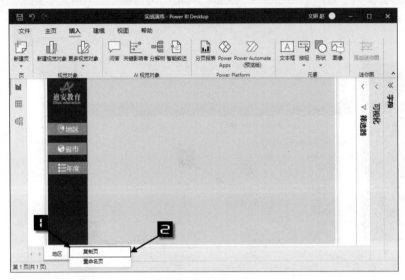

图 13-17　复制页

步骤 **8** 重复以上操作，再次复制页，并将三个报表页依次命名为"地区""省市"和"年度"。

步骤 **9** 添加书签。切换至"地区"报表页，依次单击【视图】→【显示窗格】选项区域内的【书签】按钮，在弹出的【书签】窗格中单击【添加】按钮，为本报表页添加书签，并命名为"地区"，如图 13-18 所示。

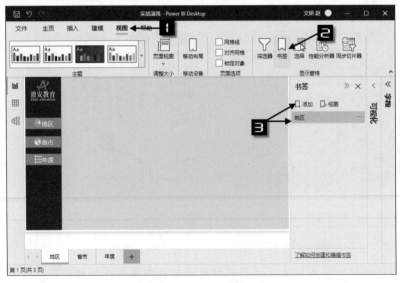

图 13-18　添加书签并命名

步骤 ⑩ 链接目标。在"地区"报表页中选中按钮"地区",在【"格式"按钮】窗格中,将【操作】滑块移至【开】,设置【类型】为"书签"、【书签】为"地区",如图 13-19 所示。

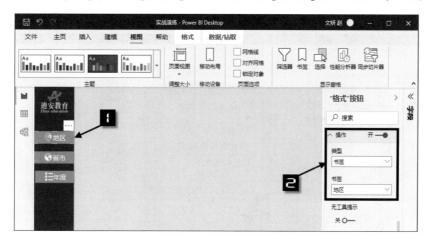

图 13-19　链接目标

步骤 ⑪ 重复步骤 9 和步骤 10 的操作,分别为"省市"报表页和"年度"报表页添加书签,并链接相应的按钮。

13.6 实现报表的可视化

实现数据可视化是 Power BI 的最根本功能。

步骤 ① 创建视觉对象。切换至"地区"报表页,在【可视化】窗格中单击【卡片图】和【丝带图】控件,为报表页添加此类视觉对象,并自定义格式,最终效果如图 13-20 所示。

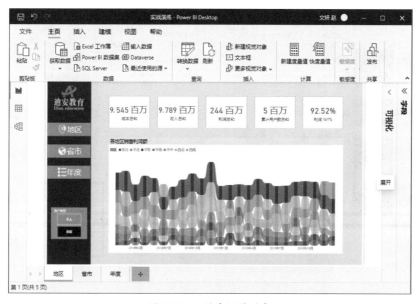

图 13-20　创建视觉对象

步骤 **2** 创建"工具提示"视觉对象。单击【新建页】按钮，添加一个新报表页，将【工具提示】滑块移至【开】，设置【名称】为"地区工具提示"，在报表页中添加卡片图、表格和饼图，并自定义格式，最终效果如图 13-21 所示。

图 13-21　创建"工具提示"视觉对象

步骤 **3** 为视觉对象添加工具提示。选中"各地区销售利润额"视觉对象，在【可视化】窗格的【格式】选项卡中，将【工具提示】滑块移至【开】，设置【类型】为"报表页"，【页码】为"地区工具提示"，如图 13-22 所示。

图 13-22　为视觉对象添加工具提示

步骤 **4** 创建视觉对象。切换至"省市"报表页，在【可视化】窗格中单击【环形图】【卡片图】【树状图】和【簇状柱形图】控件，为报表页添加此类视觉对象，并自定义格式，最终效果如图 13-23 所示。

图 13-23　"省市"报表页

步骤 **5**　创建"工具提示"视觉对象。复制"地区工具提示"报表页并重命名为"省市工作提示"，修改相关字段，最终效果如图 13-24 所示。

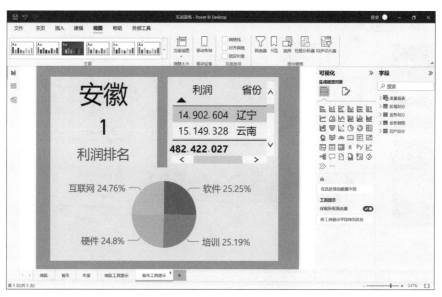

图 13-24　"省市工具提示"报表页

步骤 **6**　为视觉对象添加工具提示。重复步骤 3 的操作，为"利润排名"和"地理位置"视觉对象添加工具提示，最终效果如图 13-25 所示。

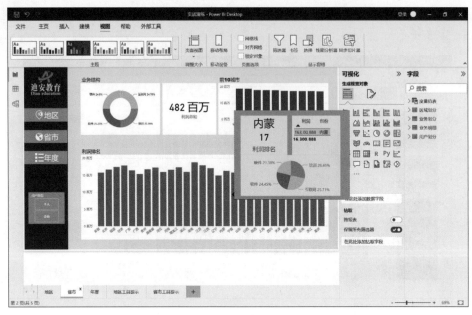

图 13-25　为视觉对象添加工具提示

步骤 ⑦ 创建视觉对象。切换至"年度"报表页，在【可视化】窗格中单击【分区图】和【卡片图】控件，为报表页添加此类视觉对象，并自定义格式，最终效果如图 13-26 所示。

图 13-26　"年度"报表页

步骤 ⑧ 查看最终效果。如图 13-27 所示，为"地区"报表页的最终效果；按住 <Ctrl> 键单击按钮"省市"，切换至"省市"报表页，如图 13-28 所示；按住 <Ctrl> 键单击按钮"年度"，切换至"年度"报表页，如图 13-29 所示。

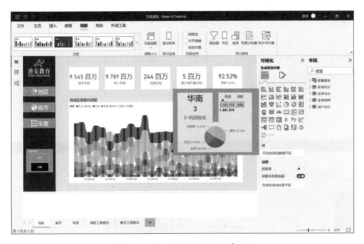

图 13-27　"地区"报表页

图 13-28　"省市"报表页

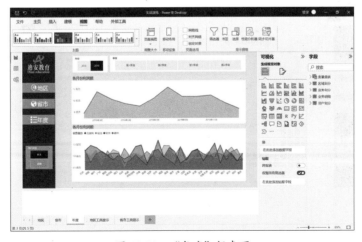

图 13-29　"年度"报表页

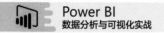

13.7 分享报表

报表完成后，需要发布至 Power BI 服务中，以便领导和同事浏览、阅读。

步骤 **1** 隐藏不需要发布的报表。分别右击"地区工具提示"和"省市工具提示"报表页，在弹出的快捷菜单中单击【隐藏页】选项，对不需要发布的报表页做隐藏处理，如图 13-30 所示。

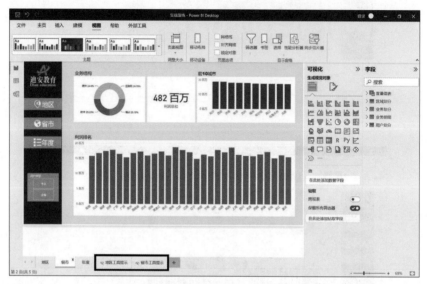

图 13-30　隐藏工作表

步骤 **2** 发布报表。在报表的任一非隐藏页中，依次单击【主页】→【共享】选项区域内的【发布】按钮，弹出【发布到 Power BI】对话框，在【选择一个目标】区域内，选择"我的工作区"，单击【选择】按钮，如图 13-31 所示。

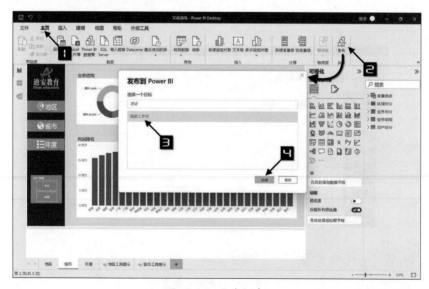

图 13-31　发布报表

步骤 ③ 完成发布。等待一段时间后，弹出【发布到 Power BI】提示对话框，并出现发布链接，如图 13-32 所示。

图 13-32　发布成功

步骤 ④ 查看发布后的效果。单击图 13-32 中的链接，可以跳转至 Power BI 服务（如果用户未登录，需要先登录），进入发布的报表页，可以看到有 3 页，如图 13-33 所示。

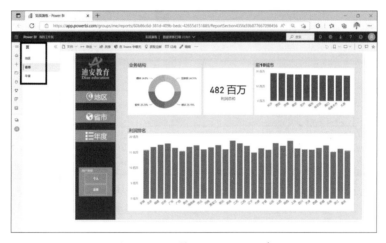

图 13-33　跳转至 Power BI 服务

步骤 ⑤ 在 Power BI 中单击任一按钮，可以直接跳转至相应的报表页，如图 13-34 所示，显示的是在"企业"业务中，"天津"的利润排名为 12、总销售利润为 244 百万元等数据信息。

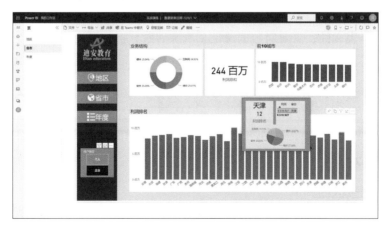

图 13-34　在 Power BI 服务中查看

步骤 **6** 共享报表。单击界面上方的【共享】按钮,在弹出的【发送链接】对话框中根据实际情况完成相关设置后,单击【应用】按钮,如图 13-35 所示。

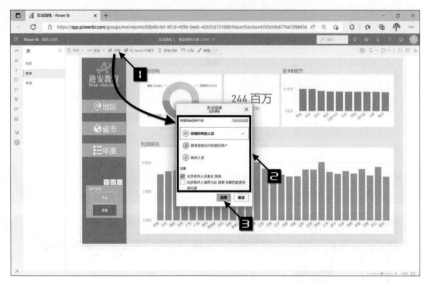

图 13-35　共享报表

13.8 更多实战案例分享

在 Power BI 中,从导入数据到生成报表,需要进行数据汇总、清洗规范、数据建模、生成图表、美化设计等一系列步骤和流程。下面通过展示 Power BI 在财务、人事、销售等模块的实战案例,帮助读者全面提高 Power BI 的使用效率,以及在数据分析方面的实际应用能力,以便读者能够结合具体工作,解决常见的数据分析问题。

13.8.1 使用 Power BI 完成财务数据报表分析可视化

13.8.1.1　案例背景
某企业每年都会产生 12 个月的财务管理费用表,此次操作的数据源有 2014 年与 2015 年共计 24 个月的工作表文件,需要对数据源汇总清洗后做分析与可视化呈现。

13.8.1.2　解决思路
使用 Power BI 组件 Power Query 的 M 函数,将数据源放到指定文件夹内进行汇总。这样的操作是一劳永逸的,如果有新的数据产生,只需要复制并粘贴到文件夹中,在 Power BI 中刷新数据即可。数据汇总清洗后,即可做数据建模与可视化报表呈现。

13.8.1.3　技术要点

1. 获取数据且整理规范
获取数据文件夹,保留日期列,删除其他列;选择日期与科目列,逆透视其他列。需要注意的是,记得把分公司的"合计"筛选掉,通过日期建立"年""季度""月"分析辅助列。

2. 创建数据模型 - 度量值

包括金额总和、平均金额。

3. 财务数据可视化呈现

添加切片器、折线图、卡片图、条形图、圆饼图。

4. 美化报表

使用取色器吸取 Logo 中的色彩，为报表搭配主色与点缀色。

13.8.1.4 最终效果

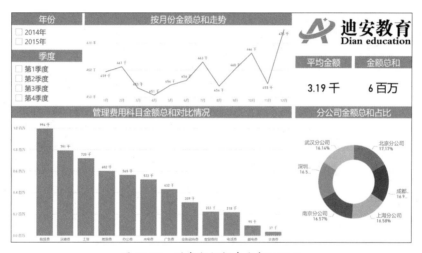

图 13-36 财务数据报表分析可视化

根据本书前言的提示，可观看"使用 Power BI 完成财务数据报表分析可视化"的视频讲解。

13.8.2 使用 Power BI 完成人事信息报表分析可视化

13.8.2.1 案例背景

某企业每月从人事系统中导出 CSV 信息数据文件，这些 CSV 文件中有员工的基础信息。需要依据 CSV 文件按日期、性别、学历等维度，查看在职人数和离职人数情况。

13.8.2.2 解决思路

在 Power BI 中导入 CSV 文件，使用智能日期函数生成日期维度表，创建表关系，添加日期、性别等分析维度的辅助列，生成各种可视化所需的度量值，制作人事可视化看板。

13.8.2.3 技术要点

1. 获取数据且整理

导入 CSV 人事数据，进行简单清洗。

2. 创建数据模型

使用 DAX 函数创建日期表，创建年、季度、月的分析维度，提取籍贯、出生日期、性别。

3. 创建人事可视化信息报表

展示在职人员分布情况，包括在职人数，以及按性别、学历、职务等维度划分后的人数占比。

4. 美化报表

设置页面大小，添加背景图，创建文本框与美化各种图表。

13.8.2.4　最终效果

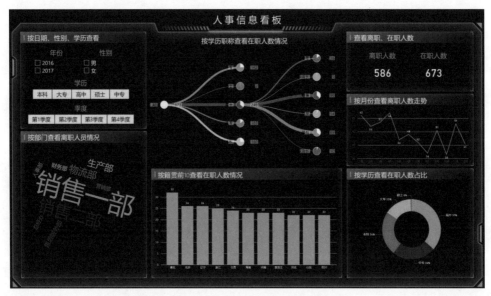

图 13-37　人事信息报表分析可视化

 根据本书前言的提示，可观看"使用 Power BI 完成人事信息报表分析可视化"的视频讲解。

13.8.3 　使用 Power BI 完成制造业综合业务看板

13.8.3.1　案例背景

某企业的主要业务是在全国范围内经营电脑整机及电脑配件服务，已知该企业近三年的销售明细数据，企业管理者要使用 Power BI 软件，从地区、城市、日期等维度入手，对产品、业务人员销售额、利润等数据进行分析。

13.8.3.2　解决思路

在 Power BI 中导入数据源文件，创建日期表与度量值表，在日期表与数据源表之间创建关系，生成报表需要的各种度量值，添加主页、产品、销售报表页面。

13.8.3.3 技术要点

1. 创建日期表

使用 CALENDARAUTO、YEAR、MONTH、FORMAT 等函数。

2. 创建数据分析模型

创建表关系，生成度量值表，创建利润总和、成本总和、销售总和、订单数量、利润 YoY%、销售额 YoY% 度量值。

3. 报表页面设计与美化

搜索、下载图标并设计制作主页背景图、页面跳转按钮，设置页面大小，应用取色器，添加背景图、Logo、图标，创建文本框并美化各种图表。

13.8.3.4 最终效果

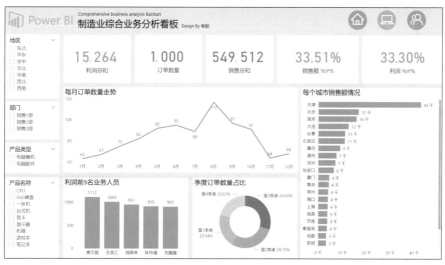

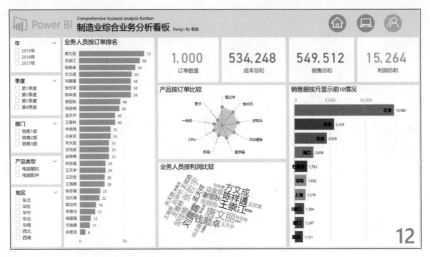

图 13-38　制造业综合业务看板

　根据本书前言的提示，可观看"使用 Power BI 完成制造业综合业务看板"的视频讲解。

13.8.4 使用 Power BI 完成销售业绩报表分析可视化

13.8.4.1　案例背景

某企业有销售记录、销售任务金额事实表，产品信息、员工信息、区域维度表，需要对各销售人员进行 KPI 考核、产品分析、区域分析，并完成可视化呈现。

13.8.4.2　解决思路

使用 Power BI 将员工信息表与销售记录、销售任务金额表形成关系，将销售记录表与区域、产品信息表形成关系，自动生成日期表并与销售记录、销售任务金额表形成关系。创建各种分析维度需要的辅助列、度量值，制作与美化主页、KPI 考核、产品分析、销售分析等报表页面。

13.8.4.3　技术要点

1. 导入数据整理与建模

创建表与表之间的关系，创建日期表中所需要的年、季度、月辅助列，制作销售总额、任务额总和、任务完成率、YoY 增长率等度量值。

2. 制作与美化主页报表页面

搜索、下载图标并美化，插入背景图、图标，添加文本框、主副标题，制作页面跳转导航按钮。

3. 制作与美化 KPI 考核报表页面

制作页面跳转导航栏，插入 KPI 考核外部图表，插入卡片图与切片器图表，使用取色器设置与美化图表。

4. 制作与美化产品分析报表页面

制作页面跳转导航栏，插入各种切片器图表、月份销售走势折线图，制作产品子分类占比圆环图、产品销售气泡图。

5. 制作与美化销售分析报表页面

制作页面跳转导航栏，插入销售代表切片器、照片预览图表，制作产品分类柱形图、地区销售占比饼图、产品销售明细表。

6. 设置页面跳转并发布 Web

制作各报表页面间的跳转按钮，隐藏 KPI 考核、产品分析、销售分析页面，发布 Web，查看在线版报表。

13.8.4.4 最终效果

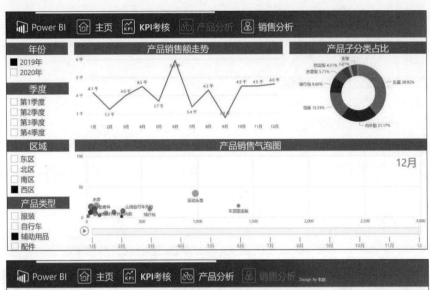

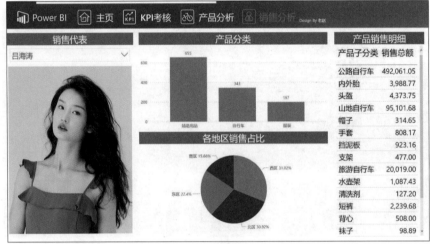

图 13-39　销售业绩报表分析可视化

视频　根据本书前言的提示，可观看"使用 Power BI 完成销售业绩报表分析可视化"的视频讲解。